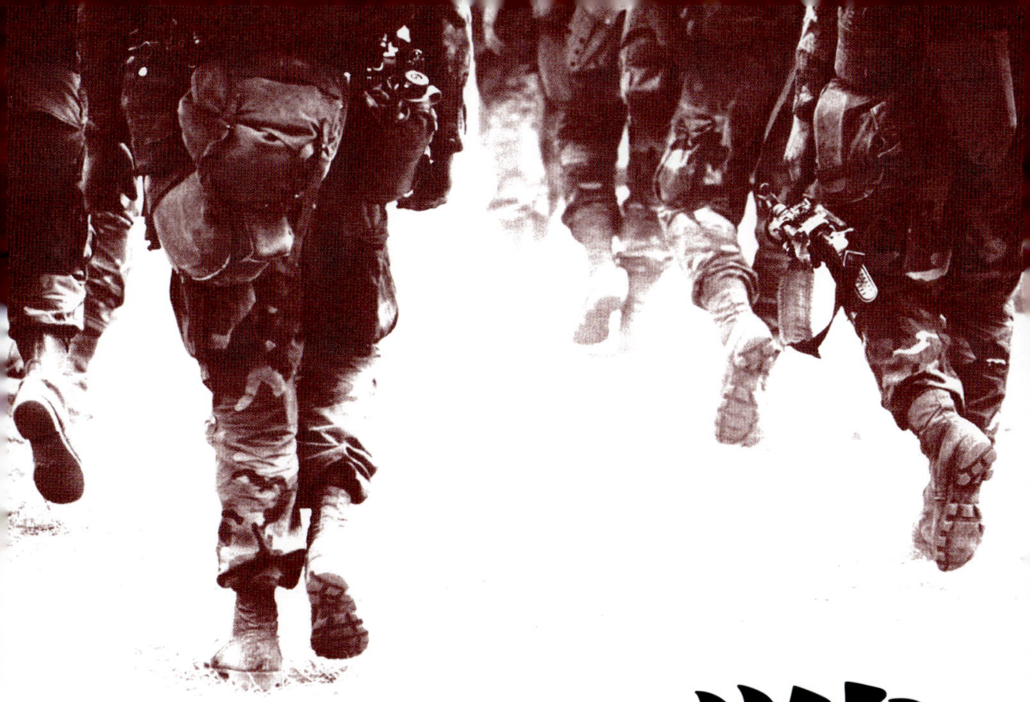

戦略論

現代世界の軍事と戦争

Strategy in the Contemporary World, 3rd ed.

ジョン・ベイリス／ジェームズ・ウィルツ／コリン・グレイ［編］
石津朋之［監訳］

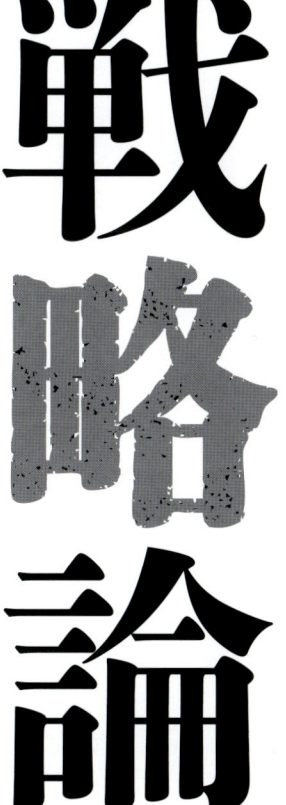

勁草書房

Strategy in the Contemporary World: An Introduction to Strategic Studies, Third Edition
edited by John Baylis, James J. Wirtz, and Colin S. Gray
Copyright © Oxford University Press 2010
"Strategy in the Contemporary World, Third Edition" was originally published in English in 2010.
This translation is published by arrangement with Oxford University Press.

監訳者はしがき

　本書は，John Baylis, James J. Wirtz, and Colin S. Gray, eds., *Strategy in the Contemporary World: An Introduction to Strategic Studies*, Third Edition (Oxford: Oxford University Press, 2010) の序章及びパート1の抄訳である。

　本書の初版は2002年に出版され，高い評価を得たが，図らずもその原稿の執筆前後に生起した「9.11アメリカ同時多発テロ事件」（2001年9月）を受けて，その章立て及び内容に大幅に変更を加えたものが第2版であり，その後，その内容をさらに深化させたのが本書（第3版）である。初版と比べて第3版は，戦略をめぐるより現代的な問題に焦点を当てているのが特色と言えよう。

　本書は初版，第2版，そしてこの第3版ともにアメリカやヨーロッパ諸国では高く評価され，いまでは大学や大学院などで基本文献として広く用いられている。その内容を日本にも紹介したいという考えから，この翻訳作業が始まった次第である。

　本書は監訳者である石津を中心に，加藤，道下，吉崎，塚本の5名で分担して翻訳した内容を監訳者たる石津の責任で修正したものである。翻訳の担当であるが，第1章と第7章を加藤が，第4章と第6章を道下が，第2章と第5章を吉崎が，第8章を塚本が，そして，序章と第3章を石津が行った。

　今回抄訳を行った序章とパート1は，第3版のなかでも戦略をめぐる基本的な知識を提供する章と位置づけられているため，本格的な戦略研究を志す者にとって本書は，アメリカやヨーロッパにおける最先端の研究を知るうえでも，きわめて有益な文献であると言える。翻訳の方針としては，本書が教科書であることを考え，学部生や大学院生が読んで難なく理解できるように，内容を正確にとらえつつも，わかりやすく，読みやすく，自然な日本語での叙述を心がけた。また，5名による共訳とはいえ，専門用語の統一など可能な限り平仄を整えたつもりである。

　先にも触れたとおり，本書は戦略研究を志す者にとっては基本文献である。本書が，こうした研究への手がかりを提供することができれば，われわれにと

っては望外の幸せである。なお，原著では各章末にFurther ReadingとWeb Linksが付されているが，それに代えて本書では各章末尾に日本の読者に向けて翻訳担当者による「文献ガイド」を掲載した。ぜひ読者にはこれも，本文とあわせて参考にしてもらいたい。

　最後になったが，本書の翻訳出版という貴重な機会を与えて下さり，われわれの遅れに遅れた原稿を最後まで辛抱強く待っていただいたばかりでなく，翻訳にあたっては的確なアドバイスを下さった勁草書房編集部の上原正信氏には，この場を借りて厚く御礼申し上げる。

監訳者　石津　朋之

日本語版への序文

　本書は版を重ねつつ，英語圏における戦略研究についての最も有力な教科書としての地位を確立したが，これに日本語版が加わったのは大変喜ばしいことである。

　戦略研究とは，政治目的を達成する手段として武力行使あるいはそれによる脅迫がどのように用いられるかに関する，包括的な学問分野のひとつである。私を含む本書の著者たちは，戦略研究の意味が曖昧になるのを避けるため，たとえば，環境問題を戦略問題として位置づけなかった。そして，現在の世界における安全保障上の核心的課題を読者に理解してもらうことに焦点を合わせたのである。

　この目的を達成するため，本書は多くの分野から知見を得た。政治学，社会学，経済学，そして重要性の高まりつつある心理学や人類学は戦略研究に大きく貢献してきた。しかし，本書の著者たちは，戦略研究の中核となるのは歴史，とくに軍事・外交史であると確信している。たとえ過去の事象についての研究に人気がないとしても，こうした認識は変わらない。歴史は必ずしも現状についての教訓を提供してくれない。そして，もしなんらかの教訓があったとしても，それは自明のものでもなければ直接的なものでもない。しかし，過去についての精緻な研究を行うことによって，自分たちがいまどこにいるのかを理解することはできる。それによって，私たちは人類の持つ経験や可能性がどれほど多様なものであるか，そして，現在の状況について予断を持つことがいかに危険なことかを知ることができる。戦略についても，あるいはほかの問題についても，歴史精神とは，慎重に，懐疑心を持って，深く物事を探求する態度を意味する。

　人びとはなぜ戦略を研究するのか。たとえば，軍事戦略とビジネスのあいだには明らかに類似点がある。類似点があれば類推が可能になる。そして，さらに考究を進め，軍事組織が紛争時にどのように機能するかを精緻に研究すれば，それによって得られた知見は軍隊以外の組織の研究にも役立つであろう。とは

いえ，戦略は2つの点で独自性を有する。第一に，戦略は公共の問題にどのように取り組むべきかについて政策決定者に有用な情報を提供する。そして第一の点に劣らず重要なのは，戦略を用いれば，一般の市民が多くの重要な課題を理解し，賢明な選択をすることが可能になるという事実である。

　自由な社会に住む人びとは，時々，自分たちの住む世界において戦略はなんの意味も持たなくなったという自己欺瞞に陥る。1970年代なかごろのアメリカで大学院生であった私は，当時，多くの優秀な教授たちに支持された概念である「有用性を失った軍事力（The Obsolescence of Military Force）」についての一連の会議に参加した。そして，1980年代末には再び，ソ連崩壊を受けてある論者が述べたように，「軍事力は有用性を失った」と多くの人が考えた。しかし，いずれの場合も結局，こうした考えが悲劇的な誤認であったことが明らかになった。人類が多くの異なる国家に分断され，法の支配，個人の威厳，宗教上の寛容といった基本的概念を共有せず，今後も専制指導者や専政的な集団がこのような信条を受け入れない限り，悲しくも戦争の可能性は残存するのである。

　現在の世界において，多くの場所で軍事力は現実の問題であり続けている。アメリカは多くの国々や組織とともに，イスラム・テロリストとの「長い戦争（Long War）」を遂行中である。アフリカ，アジア，ラテンアメリカでは内戦が続いている。無政府状態に陥った地域や破綻しつつある国家では，海賊行為や国際テロがはびこっている。大国間の伝統的な勢力争いも続いており，特筆すべきものとしては，東アジアにおけるアメリカおよびその同盟国と中国との勢力争い，南アジアではインドとパキスタンの勢力争いがあげられる。ロシアは本質的にソ連帝国の崩壊を受け入れておらず，かつてソ連を構成していた共和国のうちのひとつを侵略しさえした。そして，核保有国としての地位を明確なかたちで獲得しようとしている北朝鮮とイランは新たな脅威となっており，世界秩序に広範な脅威をもたらしている。人類は超大国による悲惨な戦争の可能性には直面していないが，深刻かつ理解困難な戦略上の課題に取り組まざるを得なくなっている。そして，問題を理解することができたとしても，それを解決するのが容易になるわけではない。

　本書はあくまで戦略研究への入り口に過ぎない。著者である私たちは，読者

が戦略研究にまつわる数多くの課題を考えるにあたって，本書に示されている参考資料や引用文献を参照してくれることを強く期待している。問題の多くは古くから存在するものであるが，いまだに正解は見つかっていないのであり，今後も考究し続けるに値する。思いつくだけでも，「政治家と軍人の関係はどうあるべきか」「正しい対ゲリラ戦略には，なにか核心となる要素があるのか。もしあるのであれば，それをどのように現実に適用すべきか」「情報技術の劇的な変化は戦争をどのように変質させたか。また，同様に劇的なバイオテクノロジーの進化はどのような意味を持っているのか」などの課題があるが，それ以外にも無数の課題が存在する。本書の読者の皆さんには，こうした問題に取り組む面白さを，以前，私が感じたのと同じように感じとっていただきたい。そして，その結果として得られた知識によって，皆さんがより良き市民となり，あるいは実際に政策担当者となられるのであれば幸いである。そしてなによりも，本書が皆さんにとって，戦略にまつわる問題を考究するためのしっかりとした基礎となれば，これに勝る喜びはない。

　　　　　　　　　　　著者を代表して　エリオット・コーエン

目　　次

監訳者はしがき　i

日本語版への序文　iii

序　章　今日の世界における戦略　　1
　　　　──「9.11 アメリカ同時多発テロ事件」以降の戦略

1. 第3版への「序文」　2
2. 戦略研究とは何か　6
3. 戦略研究と古典的現実主義の伝統　11
4. 戦略研究に関してどのような批判がなされているのか　14
5. 戦略研究と安全保障研究の関係とはどのようなものか　20

第1章　戦争の原因と平和の条件　　25

1. はじめに　26
2. 戦争の研究　27
3. 人間の本性による戦争の説明　40
4. 「内戦」と「外戦」　52
5. おわりに　56

第2章　近代戦争の展開　　61

1. はじめに──ナポレオンの遺産　62
2. 戦争の工業化　70
3. 海上での戦い　75

vii

4　総力戦　79

5　核兵器と革命戦争　87

6　おわりに——ポストモダン戦争　90

第3章　戦略理論　95

1　はじめに　96

2　戦略の論理　97

3　クラウゼヴィッツの『戦争論』　103

4　孫子，毛沢東，ジハーディスト　112

5　戦略の揺るぎない重要性　116

6　おわりに　119

第4章　戦略文化　123

1　はじめに　124

2　文化と安全保障を考える　125

3　政治文化　126

4　戦略文化と核抑止（1945〜90年）　128

5　戦略文化の源泉　130

6　コンストラクティヴィズムと戦略文化　135

7　今日的課題　139

8　非国家，国家，国家連合の戦略文化　143

9　戦略文化と大量破壊兵器　146

10　おわりに　150

第5章　法律・政治・武力行使　153

1　はじめに——国際法の有効性　154

2　なぜ国家は法に従うのか　157

3　国際法と武力行使　163

4　開戦法規（ユス・アド・ベラム）　168

5　戦闘規則（ユス・イン・ベロ）　174

6　おわりに　179

第6章　地理と戦略　183

1　はじめに──地勢　184

2　地上戦──勝利の追求　186

3　海洋戦略　193

4　エア・パワー　199

5　最後のフロンティア──宇宙戦争　204

6　おわりに──他の手段をもってする戦争：サイバースペース　206

第7章　技術と戦争　211

1　はじめに──技術熱中派と技術懐疑派　212

2　軍事技術に関するいくつかの考え方　212

3　軍事技術の位置づけ　219

4　RMA論争　222

5　新技術の挑戦　235

6　おわりに──軍事技術の将来　237

第8章　インテリジェンスと戦略　243

1　はじめに　244

2　インテリジェンスとは何か　246

3　アメリカの戦略を推進するものとしてのインテリジェンス　252

4　戦略的奇襲――原因と対処法　258

　　5　9.11以後の世界のインテリジェンス　266

　　6　おわりに　273

BOX 一覧

BOX 0.1　戦略の定義　7

BOX 0.2　学問としての戦略研究　17

BOX 1.1　戦争原因論を明確にする際に役立つ５つの区分　27

BOX 1.2　ルソーの「鹿狩り」の比喩　29

BOX 1.3　戦争の原因　41

BOX 1.4　戦争についてのいくつかの「事実」　54

BOX 2.1　ナポレオン戦争　68

BOX 2.2　クラウゼヴィッツにおける中心的な概念　69

BOX 2.3　植民地戦争　73

BOX 2.4　総力戦　82

BOX 2.5　電撃戦　83

BOX 2.6　軍事における革命　91

BOX 3.1　政治的手段としての戦争　102

BOX 4.1　文化に対するいくつかの異なる見解　125

BOX 4.2　戦略文化の定義　130

BOX 4.3　戦略文化の源泉となり得る要素　134

BOX 5.1　認識と現実のあいだのギャップの例　155

BOX 5.2　なぜ国家は国際法に従うのか　158

BOX 5.3　法の不履行を理解するために　162

BOX 5.4　武力紛争法　164

BOX 5.5　戦闘規則　176

BOX 6.1　機動戦と消耗戦　190

BOX 6.2　砲艦外交　197

BOX 6.3　制空権　201

BOX 7.1　M1A2 エイブラムズ 対 メルカヴァ Mk3　215
BOX 7.2　第二次世界大戦の戦闘機　228
BOX 8.1　インテリジェンスの定義　245
BOX 8.2　インテリジェンスの収集——情報源と手法　249
BOX 8.3　国家情報評価　255
BOX 8.4　大統領日報に見られる戦略的警告　261
BOX 8.5　警告をめぐる問題——避けられないインテリジェンスの失敗　263

引用・参考文献　277

事項索引　299

人名索引　307

著者・訳者紹介　311

※　翻訳にあたり，原文の（　）は訳文でも同様にした。訳文中の〔　〕は，訳者による補足である。

序　章
今日の世界における戦略
―― 「9.11アメリカ同時多発テロ事件」以降の戦略 ――

本章の内容
1. 第3版への「序文」
2. 戦略研究とは何か
3. 戦略研究と古典的現実主義の伝統
4. 戦略研究に関してどのような批判がなされているのか
5. 戦略研究と安全保障研究の関係とはどのようなものか

序章 今日の世界における戦略

1　第3版への「序文」

　本というものは往々にしてある特定の歴史的文脈を反映しており，著者や政策立案者が抱く希望，恐怖，そして問題によってかたちづくられている。これは，戦略，安全保障研究，そして公共政策に関する本についてとくに当てはまる。というのは，こういった分野を専門とする著者にとって，同時代の問題は非常に重要な意味を持っているからである。われわれの取り組みもまた，同時代の脅威と好機のありさまを反映している。2000年9月，本書の初版の章立てについて話し合うために集まったとき，戦略と戦略研究が依然として重要であるという主旨の教科書を書き，また戦略に関する古典的研究から得られた知見を使いながら現代の問題を解釈することを考えていた。当時，それから1年もしないうちにアルカイダによるアメリカ国防総省と世界貿易センターの攻撃で「新世界秩序」が崩壊するとは想像すらしていなかった。当時，外交・防衛政策を学ぶ学生や実務家たちは，まだ戦略の重要性に疑いの念を持っていたが，アフガニスタンとイラクでの戦争，2004年のマドリードと2005年のロンドンでの爆破テロ，また北朝鮮とおそらくイランへの核拡散の進行といった事柄は，それらの疑念をすべて吹き消してしまった。2008年9月，われわれが本書の第3版の執筆について話し合うために再び集まったのは，国家および国際安全保障に対して差し迫った喫緊の脅威に直面していると認識していたからであった。このような脅威に際して求められているのは戦略の復活である。

　いまとなっては，戦略研究に対する関心は周期的に変わるものであり，その時代を反映している，ということはわれわれにとって明らかである。戦略研究が台頭してきたのは冷戦の初期である。そのころ，安全保障問題に関心を抱いた政治指導者，政府高官，そして学者たちは，世界終末戦争がすぐそこまで迫っているかもしれない核の時代においてどのように生き残り，繁栄するかという問題に取り組んでいた。宥和政策と集団安全保障という「ユートピア」の思想では平和をほとんど確保できなかった1930年代の経験をもとに，冷戦時代には「現実主義(リアリズム)」が有力な思想となった。当時信じられていたのは，無秩序と

終わりのない競争を特徴とする世界において、国家は国益を守るため、パワーを行使せざるを得ないということであった。しかしながら、核の時代の現実主義者にとって、パワーは、当事国のみならず文明全体の壊滅につながり得る紛争を避けつつ、国益を推進するかたちで行使される必要があった。このような逼迫した情勢が、1950年代から1980年代にかけて戦略研究（実際には国際関係論）の文献を独占した抑止、限定戦争、軍縮の理論を生み出した。ハー

9.11アメリカ同時多発テロ事件。炎上する世界貿易センタービル［写真：Courtesy of the Prints and Photographs Division, Library of Congress］

マン・カーン（Herman Kahn）、バーナード・ブロディ（Bernard Brodie）、ヘンリー・キッシンジャー（Henry Kissinger）、アルバート・ウォールステッター（Albert Wohlstetter）、トマス・シェリング（Thomas Schelling）の論稿はこの分野での古典となった。

　戦略研究の文献に内在する主たる前提が特定の安全保障政策の採用につながったのであろうか、それとも、政策自体が戦略研究をめぐる論稿につながったのだろうか。これらの問題に対する回答は依然として論争の的となっている。文献というものはすでにある現実を反映していると信じる論者もいれば、論稿自体が世界の特定の見方を生み出す一因となり、軍事力の行使を正当化したと信じる者もいた。しかしながら、実際は反復プロセスが作用していた。というのは、理論と実践は互いに修正し、強化するものだからである。

　戦略研究の文献の大きな強みは、軍事力が（「ユートピア」的理想が存在するにもかかわらず）国家政策のひとつの手段であるという世界の厳しい現実を反映していることにあった。一方、その弱点のひとつは、現実主義的思考に内在する保守主義にあった。現実主義的思考は暗に、現代世界は選択肢になりうるあらゆる世界のなかで最良のものであるというニュアンスを含んでいる。理論的にも実践的にももっともな理由に基づいて、現実主義者は、アメリカとソ

連が大きく対立した冷戦が永遠に続くことを望んでいたのだ。情勢を大きく変えることは核による世界終末戦争の不安をかき立てたため，ほとんど恐ろしくて考えられるものではなく，行動のよりどころとするには危険すぎるような方向性であった。

　ソ連がわりと平和裏に崩壊した結果，現実主義は疑いの目にさらされ，軍縮論者とユートピア的思想家たちの思想や政策が政策立案者のあいだでより影響力を持つようになった。1990年代は，情報革命が消費文化とビジネス文化に浸透した結果，「平和の配当」と「ドットコム」の10年間となった。国家，ひいては国家による軍事力の行使をめぐる戦略家の関心は，新世代の「ユートピア」学者らによって，国際安全保障の問題それ自体の一部として受け取られた。戦略家たちはしばしば「恐竜」に例えられた。「古い思考」に夢中となった戦略家は，武力というものは世界政治において明らかに消えゆく要素であるという事実を進んで受け入れようとしているようには見えなかった。伝統的には安全保障の軍事的側面が強調されてきたが，それに対して，安全保障の概念はさらに広く，深くとらえるべきであると考える学者たちは異議申し立てを行ったのである。そのような学者の見解では，安全保障には政治的，経済的，社会的，環境的な側面があり，それらはこれまで見逃されてきたとされている。学者のなかには，概念としての「安全保障」は政治エリートたちによって，ある問題を政治課題の上位に押し上げたり，特定の政策や政府組織，軍事計画について追加財源を確保したりするために利用されてきた，と主張する者もいる。何人かの批評家の見解では，公的な政策というものは軍事請負企業と〔兵器〕製造業者から構成される軍隊，官僚，軍人自身によって推し進められてきた。このような人びとは，職業と生活を維持するため，戦争を生かしておくことに既得権益を持つのである。

　伝統的な現実主義的思考に対するこのような批判は，1990年代半ばまでには主流の学問にかたちを変えた。安全保障研究は知的探求の領域として台頭し，戦略研究をますます失墜させた。研究者たちは安全保障それ自体の性質に注目し，軍事的な観点からのみ定義された冷戦時代の国家安全保障への関心よりも，個人，社会，さらには世界レベルでより優れた安全保障がいかにして達成され得るかという問題に焦点を当てるようになった。安全保障研究は，戦略研究が

それまで描いていたよりもさらに幅広い理論的立場を反映していたものの，とくにポスト実証主義者たちの主張からすれば，その論稿の多くには（現実主義者であればユートピア的と呼ぶであろう）強い規範的側面があった。冷戦の終結は現実主義（そして戦略研究に関する文献）における保守主義的傾向に真っ向から挑戦したのである。その結果，平和的改革が現実のものとなり，軍事力はもはや安全保障の主たる前提条件ではなくなるというのが多くの見方となった。当時，東側と西側とのあいだの恐怖の均衡は（戦略研究の文献で提示された理論に沿ったかたちで）単純には緩和されなかったものの，克服され，より平和な新世界への展望を開いた。

ポスト冷戦における陶酔感と，それに続いて出版された文献はその時代の産物であった。しかし，それから21世紀にいたるまでの数年間において，フランシス・フクヤマが「歴史の終わり」（つまり，大規模な紛争の終焉）と名づけた平和が到来したというのは時期尚早だったのかもしれないことを示す危険信号が発せられていた。第一次湾岸戦争，ユーゴスラヴィア解体に関連した紛争，そしてアフリカでの民族紛争はすべて，軍事力は現代世界において依然として偏在する特徴であるという事実をあまりに明白に示していた。2001年9月に〔ニューヨークの〕ツインタワーとアメリカ国防総省への攻撃が起きたが，この本の初版が出版されたのはまさにそのような時であった。初版は，おそらく，安全保障研究の論稿において，あまりに非軍事安全保障に力点が置かれ過ぎてきたことへの感情の高まりを反映していた。初版の議論は，同書は有用ではあるものの，軍事力が依然として国際政治の重要な側面であるという悲しいが存続する現実に焦点を当てた論稿や学問について，いまだに掘り下げる余地があるというものであった。初版は時代の産物そのものであり，2001年9月11日の朝，状況は一変した。

初版はわれわれの現状をよく代弁していたものの，第2版とこの第3版はさらに成熟したかたちで，現代世界における軍事力の役割と過去10年間以上にわたって生じた変化を反映している。この第3版は，アフガニスタン，イラク戦争，グルジア，レバノン，そしてガザにいたるまでの最近の紛争の分析や，これらの戦争から導かれた教訓についての現在進行形の論争を反映している。われわれはまた，電子工学とコンピューターシステムが驚異的なスピードで革

アフガニスタンで村をパトロールするアメリカ軍兵士（2009年10月）
[Daniel Love 撮影：U.S. Federal Government]

新を遂げるなか，軍事と将来の戦争に関して何らかの革命が生じたのかという点についても深く掘り下げている。また，変貌しつつある世界におけるグローバルな政治の構造変革の戦略的意味合いとアメリカの軍事力の役割についても注目している。より広い概念レベルで言えば，平和と安全保障の概念が戦略研究の思想の大部分で中心的であった冷戦時代とは大きく異なる現在の世界においても，その2つの概念に関するさまざまな理論が依然として重要であると分析している点で，第3版は初版および第2版を超えるものである。また第3版においては，9.11アメリカ同時多発テロ事件の意味合い，テロとの戦いやインテリジェンスの問題，また国家のみならず非国家主体による大量破壊兵器のさらなる拡散の可能性についてもかなり重要視している。

　序章に続く各章へ橋渡しをするため，ここでは3つの問いに答えたい。①戦略研究とは何か，②戦略研究に関してどのような批判がなされているのか，③戦略研究と安全保障研究の関係とはどのようなものか，の3つである。

 ## 2　戦略研究とは何か

　Box 0.1にあるような「戦略」の各定義は共通の特徴を持つが，同時に大きな差異も含んでいる。カール・フォン・クラウゼヴィッツ（Carl von Clausewitz），H. フォン・モルトケ伯爵（Count H. Von Moltke），B. H. リデルハート（B. H.

Liddell Hart），アンドレ・ボーフル（Andre Beaufre）はすべて，軍事力を戦争の目的に関連づけるというかなり狭い定義を行っている。これは，戦略という言葉の語源は古代ギリシアで「将軍の術」を意味する言葉に由来することを反映している。しかしながら，グレゴリー・フォスター（Gregory D. Foster）やロバート・オスグッド（Robert Osgood）の定義は，「パワー」により広く焦点

Box 0.1　戦略の定義

戦略とは戦争目的を達成するための手段として戦闘を用いる（ことである）。
　　　　　　　　　　　　　　　　　　　　　　――カール・フォン・クラウゼヴィッツ

戦略とは戦争の目的達成のために軍人に委任された諸手段の実際的適用である。
　　　　　　　　　　　　　　　　　　　　　　　　　　　　――フォン・モルトケ

戦略とは政治目的を達成するために軍事的手段を配分・適用する術（アート）である。
　　　　　　　　　　　　　　　　　　　　　　　　　　　　　　――リデルハート

戦略とは……軍事力の弁証法の術（アート），より正確には，敵対する2つの意志が紛争を解決するために軍事力を用いた弁証法〔不断の相互作用〕の術（アート）である。
　　　　　　　　　　　　　　　　　　　　　　　　　　　　――アンドレ・ボーフル

戦略とは究極的に，有効にパワーを行使することに関するものである。
　　　　　　　　　　　　　　　　　　　　　　　　　　――グレゴリー・フォスター

戦略とはある目的――ひとつの目標とその達成のための手段のシステム――を達成するために考案された行動計画である。　　　　　　　　――J. C. ワイリー

戦略とは偶然性，不確実性，そして曖昧性が支配する世界で，刻々と変化を続ける条件や環境に適応する恒常的なプロセスである。　　――マーレーとグリムズリー

戦略とはいまや――パワーの経済的，外交的，そして心理的手段を結合して――明白な，隠された，そして暗黙の方法によって外交政策を最も有効に支援するために，武力による強制のための能力を利用するための全般計画にほかならないと理解されるべきである。
　　　　　　　　　　　　　　　　　　　　　　　　　　　――ロバート・オスグッド

を当てている。またウィリアムソン・マーレー（Williamson Murray）とマーク・グリムズリー（Mark Grimslay）は戦略形成に内在する「プロセス」の動的な性質を強調している。近年では，（とくに核の時代における）戦略は戦時のみならず平時にも応用できると論じられている。戦略は，単なる戦争と軍事行動の研究以上のものである。戦略は，政治目的を達成するために軍事力を応用することであり，さらに厳密に言えば「政治目的のために，組織化された力の行使あるいはその行使の威嚇をする際の理論と実践」である（Gray 1999a）。

大戦略（グランド・ストラテジー）は依然として幅広い概念であり，そこには「一国ないし一連の国家群のあらゆる資源を〔目指す〕戦争の政治目的に向けて」（Liddell Hart 1967）調整および指向する意味合いが含まれる。

戦略は軍事手段と政治目的とのあいだを橋渡しするため，戦略について学ぶ学生には，政治と軍事行動の両方の知識が要求される。戦略は，政治的，経済的，心理学的，軍事的要素が重なり合う分野である国家政策という難しい問題を扱う。戦略の研究には，純粋な軍事的助言といったものはない。この点はヘンリー・キッシンジャーによって別の言い方で指摘されている。キッシンジャーは次のように述べている。

> 戦略と政策を分離しようとすることは，この両者にとって害となるだけである。それは軍事力と力の究極的な適用を同一視する原因となり，また，外交を策略への過度な関心へと導くことになる（Kissinger 1957）。

戦略研究には学際的な視点が最もふさわしい。戦略のあらゆる側面を理解するためには，技術，部隊編制，戦術のみならず，政治学，経済学，心理学，社会学，地理学の知識が必要である。

戦略はまた，本質的に実用的で実践的な営みでもある。このことはバーナード・ブロディの「戦略理論とは行動のための理論である」という一言に要約される。戦略は「それをどう行うか」という研究であり，目的を達成し，また目的を効率的に達成する指針である。政治学のほかの多くの領域と同様，戦略における重要な問いは，その考えは有用かというものである。したがって，ある意味において戦略研究は「政策関連的」である。戦略研究は公務の知的な助け

たり得る。しかしながら，戦略研究は同時に「怠惰な学術的探求心のために」(Brodie 1973) 探求される可能性を持っている。

しかし，戦略研究を独立した学問と見なすのは難しい。戦略研究は鮮明な焦点——軍事力の役割——を持ったテーマであるが，明確な指標は持たず，その思想と概念については，人文科学，自然科学，そして社会科学に依存している。戦略というテーマに関する文献を執筆してきた学者たちは，まさにさまざまな分野から集まっていた。ハーマン・カーンは物理学者，トマス・シェリングは経済学者，アルバート・ウォールステッターは数学者，ヘンリー・キッシンジャーは歴史学者，バーナード・ブロディは政治学者であった。

戦略思想家たちが異なった学問的背景を持っていたため，戦略研究がつねに方法論（たとえば，戦略の研究方法）をめぐって終わりなき論争を経験してきたのは驚くべきことではない。第二次世界大戦の直後，戦略研究をひとつのテーマとして確立する際に最も協力を惜しまなかったバーナード・ブロディは，当初，戦略は「科学的に」研究されるべきであると主張していた。彼は，戦略は「それにふさわしい科学的な扱いを受けていない——軍隊のなかであれ，あるいは確実にその外であれ——」と憂慮していた。1949年の論文「科学としての戦略」でブロディは，戦略の研究に経済学で使用されているものと類似した方法論的アプローチを求めた。ブロディは，戦略は「実用的な問題を理解するための手段となる科学」と見られるべきであると主張した。彼が望んでいたのは，戦術と技術で頭がいっぱいの軍隊が採用していた，安全保障問題に対するかなり偏狭なアプローチというより，戦略をめぐる問題の分析のためのより厳密で体系的な構造であった。

しかしブロディ自身がのちに認めたように，彼が協力的に推進した科学に対する熱意は結果として，1950年代の戦略研究が「科学的傾向を強め，背伸びをし過ぎた」ことにつながった。ブロディは，1960年代までに「中間軌道修正」を訴え始めた。経済学のモデルと理論を使った戦略の概念化は，彼の予想よりも遠くへ行き過ぎてしまったのである。ブロディは，戦略についての論稿のなかで明らかに見られたような「政治的感覚の驚くべき欠如」と「外交史および軍事史に対する無知」を懸念していた。ブロディの懸念は注目を浴びた。1970年代以降，戦略研究により多くの比較歴史分析が導入された。

序章　今日の世界における戦略

　戦略研究に対する学問的アプローチはまた，軍事作戦問題が軽視される懸念も引き起こした。（〔第一次世界大戦後半，フランスの首相であった〕クレマンソーに同意する）ブロディにとって，戦略は軍の高官たちに任せておくにはあまりにも深刻な問題（ビジネス）であった。1940年代後半に戦略研究が発展するにつれて，文民の分析家たちがこの分野を独占するようになった。しかしながら，1980年代までには，大学の学部や学術シンクタンクに所属する文民戦略家の多くに対して，分析と理論化の際に軍隊や軍事行動の能力と限界をないがしろにしている，という感情が高まっていた。新世代の戦略家にとって，軍事作戦問題という現実は戦略研究の課題になった。軍事科学は「失われた科学」となったのである。リチャード・ベッツは1997年の論文で，次のように示唆している。「戦略が政策と作戦を統合するものであるとすれば，それはただ単に政治的に敏感な軍人だけではなく，軍事問題に敏感な文民によっても形成されるべきである」(Betts 1997)。ブロディが1949年に軍隊への過度なまでに偏狭なアプローチに対して懸念を抱いたように，ベッツは，振り子が反対方向にあまりに揺れ過ぎたことを懸念していた。ステファン・ビドルが近著『軍事力 (*Military Power*)』で示しているように，近代の戦場で生じた変化を理解することは，最終的には文民戦略家に任されていたのである (Biddle 2004)。

　軍事作戦に関するこの懸念は，戦略家たちに戦略のさまざまな「要素」や「側面」に対する関心を引き起こす一因となった。クラウゼヴィッツは著書『戦争論 (*On War*)』で，「戦略をめぐるすべてのことはきわめて単純である。だが，このことはすべてが簡単であることを意味するわけではない」と主張している。この見解を反映しながらクラウゼヴィッツは，戦略というものは倫理的，物理的，数学的，地理的，統計的要素から構成されると指摘した。マイケル・ハワード (Michael Howard) も同様に，戦略の社会的，兵站的，作戦的，技術的側面に言及している。一連の，広大かつ複雑で，広範かつ相互浸透的な側面を持つ戦略の概念は，コリン・グレイの近著『現代の戦略 (*Modern Strategy*)』でも深く掘り下げられている (Gray 1999)。グレイは戦略について3つの主要カテゴリー（「人間と政治」「戦争準備」「戦争本体」）と17の側面をあげている。「人間と政治」における見出しでは，「人間」「社会」「文化」「政治」「倫理」へ焦点を合わせている。「戦争準備」には「経済学と兵站」「組

織」「軍事行政」「情報と諜報」「戦略理論とドクトリン」「技術」という見出しがある。「戦争本体」については、「軍事作戦」「指揮」「地理」「摩擦」「敵」「時間」から構成されている。クラウゼヴィッツに同意しながらグレイは、戦略の研究は、これらの（相互に連関した）側面のいずれかでも欠けたかたちで検討される場合、不完全であると論じている。

 3 戦略研究と古典的現実主義の伝統

　戦略について論稿を書く学者、軍人、政策立案者たちの哲学的な土台や前提は何であろうか。現代の西側諸国の戦略家の大部分は、同じ知的伝統に属している。戦略家たちは国際政治の実情について一連の前提をともに持っているし、政治および軍事問題を最良の方法で解決し得るような類（たぐい）の論理的思考を共有している。この一連の前提はしばしば「現実主義」という言葉で表現される。
　「現実主義者」のあいだにも差異はあるが、その大部分が同意するであろう、ある種の見解と前提が存在する。「人間の本性」「無秩序とパワー（アナーキー）」「国際法・道徳・制度」という以下の見出しは、そういった見解や前提を最も的確に表している。

◆人間の本性

　現実主義者の大部分は人間の本性について悲観的である。トマス・ホッブズ（Thomas Hobbes）に代表される哲学者の見解を反映して、人間は「本質的に破壊的で、自己中心的で、競争的で、攻撃的である」と見なされる。ホッブズは、人間は寛容で、親切で、協力的な存在となる能力を持つが、人間の本性に内在する自尊心と利己主義は、人類が紛争、暴力、そして巨悪に向かう傾向があることを指摘している。現実主義の論者にとって、人間の条件について非常に悲劇的なことのひとつは、上述のような破壊的な傾向が決してなくならないということである。このような見解を反映して、ハーバート・バターフィールドは「人類の大きな紛争の背後には、この物語の中心に横たわる恐ろしい人類

序章

今日の世界における戦略

トマス・ホッブズ［John Michael Wright 画：National Portrait Gallery, London］

の苦境がある」(in Butterfield and Wight 1966) と論じている。したがって現実主義は，世界から暴力を廃絶する方法を提供する旨を主張するという意味での規範理論ではない。かわりに現実主義は，国際的暴力の可能性とその規模を最小化する戦略を採用することで，絶えず存在する紛争の脅威への対処方法を提供する。現実主義者たちは，自らが目にする事柄が国際政治の厳しい現実であることを強調する傾向が見られ，「永遠平和」の可能性を強調するカント的なアプローチをいささか軽蔑している。ゴードン・ハーランド（Gordon Harland）が論じているように，

> 現実主義は政治における理性の限界を明確に確認することであり，政治的現実とは力の現実であることを受け入れることであり，力には力で対抗すべきであることを受け入れることであり，自らの利益というものがすべての集団や民族の行動の主たる前提事項であることを受け入れることである（Herzog 1963）。

無秩序（アナーキー）なシステムにおいてパワーは，安全保障が脅かされた場合に価値を有する唯一の貨幣である。

◆無秩序（アナーキー）とパワー

人間の条件をめぐるかなり暗い見解をもとに，現実主義者は国際関係を同じように悲観的なかたちで眺める傾向にある。国際政治において紛争と戦争は風土病と考えられ，未来はまさに過去の繰り返しのように見える。（現実主義者が注意を向ける）国家は終わりのない対抗的闘争に従事している。しかしながら，国内紛争の扱われ方とは対照的に，国家間の衝突は解決が困難である。と

いうのは，司法や法の支配を確立する権威を持った政府が存在しないからである。世界政府というものがないため，現実主義者は，国家は自らの利益，とくに安全保障について「自助」アプローチを採用している，と指摘している。換言すれば，国家は，自国の目的を達成するために破壊的な武力を行使する権利，つまり市民社会に住む個人が国家のために諦めた権利を留保している。国際関係において誰が勝利者となるかは，だれが倫理的または法的原則のうえで正しいかということでは決まらない。トゥキュディデス（Thycidides）がペロポネソス戦争の説明のなかで示しているように，パワーが勝利者を決定するのである。国際関係では，正義は力によって決定されるのである。

◆国際法・道徳・制度

　現実主義者は，国際政治において，「理性」，法・道徳・制度の役割は限定されていると考える。国内の文脈では，法は，相反する自己利益に社会が対応する際に実効力のある手段となり得る。実効力のある政府が存在しない国際システムにおいて，国家は，法が自国の利益にかなう場合は従うが，自国の利益が脅かされる場合は法を無視するであろう。国家が法を破りたいと思えば，対抗武力以外にその行動を制止する方法はほとんど存在しない。

　同様に，現実主義者は，道徳的配慮が国家の行為を著しく制限することができるとは考えていない。現実主義者のなかには，国際政治情勢についての道徳的な説明にはほとんど注目する必要がないと考える者もいる。このような論者は，普遍的な道徳規範が存在せず，政策立案者は重要な利益が脅かされていると考える場合はとくに，抑制を説くような道徳原則を無視すると指摘している。現実主義者は道徳的問題に全く無配慮であると主張しているのではない。ラインホルド・ニーバー（Reinhold Niebuhr）やハンス・モーゲンソー（Hans Morgenthau）など，偉大な現実主義の思想家たちは，人間の条件について苦悩していた。しかしながら現実主義者の大部分は，世界のあるべき姿よりも世界の現状を説明しようと試みる。現実主義者は，法や道徳に対するのと全く同じ見方で国際制度（たとえば，国際連合や核拡散防止条約）を見る。法や道徳が重大な国益を脅かしている場合には国家の行為をほとんど抑制できないのと全く同様に，国際制度もまた，紛争を防ぐ際の役割は限られている。現実主義者

は，さらに大きな枠組みでの協力に向けて国際制度が設ける機会を退けるわけではない。しかし現実主義者は，これらの制度を完全に独立した主体ではなく，国家が国益にかなうように構築した代理人として考える。国際制度が各国の国益にかなう限りにおいて加盟諸国はその制度を支持するが，制度を支持することで国益が脅かされる場合は，国家はその制度を放棄したり無視したりする傾向にある。現実主義者は，国際組織が限定された実効力しか持たないことの証拠として，いわゆる戦間期に武力侵攻を食い止められなかった国際連盟の無力さや，国際連合が冷戦の人質になったありさまを指摘する。真に重要な場面で，国際制度は加盟諸国の利益に反して行動することができなかったのである。

4 戦略研究に関してどのような批判がなされているのか

戦略家のあいだで共有された哲学的土台は，戦略というテーマに知的一貫性を与える一因となってきた一方で，現実主義が有する前提の多くは厳しい批判にさらされてきた。このような批判は別の文献（Gray 1982）でも詳細に論じられているが，ここでの目的は，戦略研究に対して批判者たちが表明してきた懸念の一部を紹介することである。戦略家たちは次のように言われている。

・紛争と武力のことで頭がいっぱいである。
・倫理的問題に十分に注目していない。
・アプローチが学術的ではない。
・問題の一部であり，解決策ではない。
・国家中心主義的である。

多くの批判者は，戦略家は軍事力の役割に焦点を当てているため，暴力と戦争の問題に終始する傾向にあると論じている。戦略家の世界観は紛争指向であるため，国際政治のより協調的，平和的側面を軽視する傾向にある。このため批判者は，戦略家は現実主義的というよりは世界を歪めて見ていると主張する。

批判者のなかには，戦略家たちは暴力に魅了されており，残酷なことに人間の条件のより暗い側面を描き出す際に満足を感じる，とさえ示唆している。

一方の戦略家は，自らが暴力と紛争に関心があることを認めている。しかしながら，自己弁護として，心臓病を専門とする医者が健康のあらゆる側面を扱ってはいないと主張するのとまさに同じように，自分たちは国際関係のあらゆる側面を研究しているとは主張しない，と指摘する。〔同時に〕戦略家は，自分たちは世界を歪めて見ていたり，不健全な意味で暴力に魅了されているとする見解を否定している。

ときとして戦略家たちが提起する道徳的中立性の主張も，批判者は難点であると考えている。戦略的政策をめぐってなされた計算によると，この核の時代において何百万という生命が危険にさらされているが，その事実にもかかわらず戦略家たちは戦争を研究するその姿勢から，臨床的で，冷静で，非感情的であると描かれる。J. R. ニューマンは，一部の人びとが感じた道徳上の憤りを強調しつつ，ハーマン・カーンの著書『熱核戦争について (*On Thermonuclear War*)』(Kahn 1960) を「大量殺戮の道徳的小冊子，つまり，大量殺戮の行い方，その罪からの逃げ方，そして，それを正当化するやり方のための小冊子である」(Newman 1961) と評している。フィリップ・グリーンもその著『死の論理 (*Deadly Logic*)』(Green 1966) のなかで，核抑止についての論稿を書く戦略家たちを「道徳の問題を完全に回避しているか，あるいはそれを誤って伝えているために途方もなく有罪」であると非難している。

多くの戦略家たちは，道徳的中立性という自らのアプローチを学問的客観性の観点から正当化してきたが，そのなかには非難に敏感な者もいた。その結果，倫理的問題の研究に関していくつかの論稿が書かれた。ジョセフ・ナイの『核戦略と倫理 (*Nuclear Ethics*)』(Nye 1986)，マイケル・ウォルツァーの『正しい戦争と不正な戦争 (*Just and Unjust Wars*)』(Walzer 1978)，スティーヴン・リーの『道徳，分別，そして核兵器 (*Morality, Prudence and Nuclear Weapons*)』(Lee 1996) などがその好例である。（グリーンのような論者による道徳的批判研究とともに）これらの著書は今日，戦略研究のための文献の重要な一部となっている。

戦略研究に寄せられた大きな批判には，「大学という場所の存在理由である

自由かつ人文的な学問の価値に対して根源的な挑戦」を挑んでいるというものもある。つまり，戦略研究は学術的テーマではなく，大学で教えられるべきものではないということである。この批判に関連して，いくつかの論点があげられている。第一に，フィリップ・グリーンによると，戦略研究は疑似科学であり，正当性があると思わせるために一見すると科学的な手法を使っている。第二に，戦略家たちは往々にして報酬を受け取りつつ政府にアドバイスしているため，「学究生活の高潔さとは両立しないやり方で」活動している。E. P. ソーントン（E. P. Thornton）は，戦略家と政府との癒着を「疑わしくて腐敗しており，人文的学究生活の普遍的原則とは相容れない」と評している。第三に，批判者は，戦略家が政府にアドバイスするだけでなく，政策提言にも関与している——これは学問ではない——ことを非難している。批判者は，戦略家は政府の産物であり，うさん臭い国際政治上の目的を達成したり正当化する方法に関して政府にアドバイスすることに時間を費やしている，と主張する。

政策提言の問題に関しては留保しつつ，戦略家は，戦略が大学で教えられるべきテーマではないという見解を否定し（BOX 0.2 を参照），戦争は単に無視すれば姿を消すものでは決してないと主張する（ボルシェヴィキ革命の立役者であるレフ・トロツキーはこれを見事に表現している。「あなたは戦争に関心がないかもしれないが，戦争はあなたに関心を持っている」）。戦略家は，戦争と平和の問題はきわめて重要で，学術的に研究され得るし，されるべきであると主張する。これまで，戦略について科学的なアプローチを展開しようとする試みはあったが（この点については，ブロディが認識していたように，なかには行き過ぎた論者もいたようである），方法論をめぐる論争は戦略研究に限ったものではない。社会科学の文脈における科学の性質は依然として現在進行形で活発な論争が繰り広げられている。

一般に戦略家たちは，報酬を受け取りつつ政府にアドバイスする場合，役人と癒着し過ぎる危険性があることを認識している。しかしながら，ほかの多くの専門家（たとえば経済学者）と同様，学問と政府への助言とのあいだの非一貫性は必ずしも感じていない。戦略は実践的なテーマであるため，客観的なアプローチが採用される限りにおいて，身近な戦略的課題を分析することに何らかの利益がある。しかし，政策提言は別の問題である。戦略家のなかには，い

Box 0.2　学問としての戦略研究

　大学で戦略を研究することは，いくつかの異なった，しかし相互補完的な理由によって正当化できるかもしれない。厳密に学問的には，このテーマは学問の一部とするに十分な知的挑戦を提示する。あるいは，精神的な資源を引き延ばすには全く適切な学問のひとつとして十分な知的挑戦を提示する。この議論により，そしてこの議論からだけでも戦略研究を大学のカリキュラムに加えることを正当化するには十分であるが，戦略研究は社会的に有用であるとさらに踏み込んで主張することも可能であるし，また，そう主張すべきである。……大学の正しくかつ適切な任務については，多くの見方から弁護可能である。だが筆者は，自由で放任的という観点を選びたい。筆者は，真実を究明し，同時代の政策に関連性を有し，その結果として，人びとの福祉へ貢献するかもしれない学問分野に価値を見出すのである。

――C. S. グレイ

　戦略研究では，論理的に議論する能力，そして一片の戦略的理性に従う能力がきわめて重要である。しかしながら，それ以上に重要なことは，政治的判断というつかみどころのない，ほとんど定義しようのない質である。この質により人間は，ひとつの分析を評価することができ，また，それをより広い政治的枠組みのなかで位置づけることができるようになるのである。　　　　　　　　　――J. C. ガーネット

つのまにか特定の政策を提言する領域に足を踏み入れる者もたしかに存在するが，そのような場合，戦略家は徐々にではあるが確実に信頼を失っている。特定の政策や兵器システムの採用を主張することで業績を上げる者は，問いかけられた疑問が何であろうともその「答え」を知っている，という評判を得るのである。

　戦略研究に対する別の辛辣な批判として，戦略研究は問題の一部であり，解決策ではないというものがある。これについて批判者が言いたいのは，軍事力を政策の正当な手段と考えるクラウゼヴィッツ的な戦略家の見解は，国家の指導者や一般国民のあいだに武力の行使を推進する特定の思考態度を永存させる一因となる，ということである。批判者たちは，この現実主義的思考が，冷戦時代に非常に危険であった抑止，限定戦争，危機管理理論の発展の土台にあったと論じる。アナトール・ラパポートは，世界の紛争を適切に解決する方法と自身が見なすもの，つまり軍縮とはかなり相容れない安全保障についての考え

序章 今日の世界における戦略

反戦デモを行う市民たち ［Bill Hackwell 撮影：ANSWERcoalition.org］

方の枠組みを広めた直接の責任は戦略家にある，と批判する論者のひとりである。痛烈な批判をする彼は，次のように論じている。

> 軍縮に対する最も強大な障害は，自らの戦略的考慮を人類全体の必要性の上に置く戦略家たち，そして，軍縮は非現実的であると思える知的な雰囲気を形成したり維持する手助けをする戦略家たちである（Rapoport 1965）。

批判者は，戦略家たちは大量殺戮をうまく正当化し実行する方法を考えるのに時間を費やすのではなく，軍縮戦略，協調的安全保障の取り決め，そして世界規模での暴力廃絶運動の考案に時間を費やすべきであると主張する。

これと関連した批判には，戦略家たちは人間の本性，そして国際政治を進めるうえで著しい改善がなされる機会について非常に悲観的という理由で，戦略家が平和的変革への機会を無視している，というものがある。過去を絶え間ない紛争の歴史ととらえ，未来も変わらないであろうと論じることは，人類の進歩に向けた計画はつねに失敗するという宿命論的な印象を形成する一因となると示唆されている。無秩序な国際システムにおいて不信，自助，そして軍事力の重要性を強調することで，戦略家の予言は自己充足的となる。換言すれば，政策立案者が戦略家のアドバイスを受け止める場合，戦争抑止のための脅しや防衛準備は敵意と不信の悪循環につながる。というのは，国家の指導者は相手国の防衛政策に応答するからである。この「社会的に構築された」世界観のも

とでは，国家がつねに互いに紛争状態にあるのは驚くべきことではない。

繰り返すが，戦略家はこれらの批判に対して精力的に異議を唱えている。戦略家は，自分たちの考えは国際政治の「現実」を（つくりだすというよりはむしろ）反映していると主張する。政策立案者と政治家の大部分が現実主義的な前提を共有する傾向にあるという事実は，学術的な戦略家たちにより「社会的に構築された」知的風土のためではなく，国際関係が政策立案者と政治家に投げかけた挑戦と脅威によるものである。戦略研究というテーマが「自分本位の戦略家が一般国民に対して犯す大罪」であるという見方は不合理であると考えられている。もちろん，歴史を通じて，さまざまな論者が戦争というものを好ましい国家政策の手段として擁護してきた。そのような論者たちは往々にして，戦争をロマンチックで英雄的な観点から描いてきた。つまり現代の戦争のロマンチックなイメージは，単に伝統的なイメージをやや技術的に装飾したものに過ぎない。その信奉者たちは，戦争をわりと流血のない争いと考えている。そこでは技術的に熟練したプロフェッショナルが優れた技術と装備を使い，敵の軍司令部を麻痺させ，迅速かつ人道的な勝利を導く。しかしながら，戦略研究は，確実な勝利を目指す迅速で簡単な方法を発見したと主張する人びとに対する大きな障害として立ちはだかる。大部分の戦略家は戦争の本質を認識しているため，武力紛争は悲劇であり，人類にとって不適切であり，可能な限り制限されるべき活動であると考えている。

平和的変革への疑問については，戦略家は，平和的共存の時代に向けた機会が存在するという事実を退けてはいないが，国際政治の抜本的変革による「永遠平和」の可能性についてはきわめて懐疑的である。戦略家たちは，紛争は効果的な戦略を通じて緩和され得るが，完全に解決される可能性は低いと考えている。このような文脈において，戦略研究の必要性を無視することは不可能である。

戦略家が効果的な国家戦略や国際的イニシアチブを練る作業に集中しているという事実は，戦略研究の新たな批判のもととなっている。戦略研究は国際政治に関して国家中心主義的なアプローチを導入している。この批判によると，戦略家は国益に対する脅威で頭がいっぱいになるため，国内の安全保障の問題や国際テロリズムのネットワークのような新しい現象を無視している。多くの

批判者が、国家は安全保障を研究する際、最適な対象ではないと論じている。むしろ個人の安全保障は国家によって保護されるというよりは脅かされているため、個人に焦点が当てられるべきである。国家がしだいに衰退すると感じている他の論者たちは、好んで「社会の安全保障」や、さらには「グローバルな安全保障」問題に焦点を当てる。

　戦略家たちは、国家の役割を強調する一方で、国内紛争を無視したことはなかったと主張するであろう。クラウゼヴィッツ自身、人民戦争を扱っていたし、戦略研究の大部分が革命戦争に割かれている。国家分断による戦争（ボスニア、コソヴォ、チェチェン）が以前よりも増えているため、文献では、民族紛争の問題に焦点が当てられるようになってきている。アルカイダの台頭は、国際テロリズムのネットワークやほかの犯罪組織を撲滅させる目的で書かれた、暴力的な非国家主体の起源、目的、戦略、戦術に関する研究と論稿が爆発的に増える結果をもたらした。国内に暴力が蔓延し、また力を持つ非国家主体が登場しているにもかかわらず、しかも現在、近代国家に対してあらゆる挑戦状が叩きつけられているなかで、戦略家たちは、近代国家は国際政治の重要な主体であると主張し続けている。実際、統治や監視のための無数の資源および手段へのアクセスを有する国家の重要性は、「超能力を持つ個人」と脱国家的(トランスナショナル)なテロリズムの台頭によってようやく強調されている。戦略家たちの、国家安全保障の問題に関心を抱き続けていることについて謝罪の言葉はない。

5　戦略研究と安全保障研究の関係とはどのようなものか

　冷戦終結後の戦略研究の主要な課題のひとつは、戦略の研究から安全保障の研究へと焦点を移すべきであると主張する人びとに端を発する。この見解では、「脅威から本質的価値への自由」と定義される安全保障は分析により適した概念であるとされる。そこでは、戦略の難点は、大規模な戦争が減少し、政治、経済、社会、環境に関する安全保障上の利益が増大する時代において、戦略はあまりに限定的で、しだいにその重要性を失っていることだ、と論じられてい

る。安全保障はより広く定義されているため，その概念は複雑かつ多面的な現代のリスクを理解する際の体系化の枠組みとして戦略よりも価値があるとされている。

　しかしながら，リチャード・ベッツが1997年の論文「戦略研究は生き残るべきか」で指摘したように，安全保障の新しい定義を擁護する論者は2つのリスクを負っている（Betts 1997）。第一に，ベッツは，「戦略」研究と「安全保障」研究を区別するのは適当であるものの，安全保障政策では戦争と戦略に対する細心の注意が必要であると指摘している。換言すれば，軍事力は依然として安全保障の重要な一部であり，そのうえ，戦争を無視して安全保障に対する非軍事的脅威に焦点を当てる人びとは，危険を覚悟でそのように振る舞うのである。第二に，ベッツは，「急速に『利益』や『福祉』と同義語になりつつあり，拡大を続けている安全保障の定義では，国際関係や外交において排除するものは何もなくなる。そしてこのことにより，ほかの分野やその他の下位分野と区別することができなくなる」と指摘する。換言すれば，安全保障研究は人間に関する事柄に負の影響を及ぼしかねない可能性を持つ事象すべてを含むことで，広範過ぎて実用的な価値が全く無くなってしまうリスクを招いている。

　本書の執筆者は，安全保障研究の重要性を認識すると同時に，この研究の一貫性についての関心も共有している。戦略は依然として学術研究のなかで単独の価値を有する領域であり続けている。安全保障研究が，政治学の一部である国際関係論の一部であるのと同様に，戦略は安全保障研究の一部である。図0.1はこの関係性を示すものである。

　1980年代後半以降，国際政治の場面でさまざまな変化があったにもかかわらず，多くの点でそれ以前の時代と内在的に連続している。国際関係に抜本的な変革が生じつつあるという希望から生み出された高揚感は，根拠が薄弱であることが明らかになった。第一次および第二次湾岸戦争，イラクでの暴動，ボスニア，コソヴォ，チェチェン，そしてアルカイダやその仲間のさまざまな道連れたちが仕掛けたテロ攻撃からわかるように，力と軍事力は，21世紀初頭の国際システムにおいて重要な貨幣であり続けている。国際政治では，世界化（グローバリゼーション）と断片化（フラグメンテーション）という2つの力と連関して重要な変化が確実に生じており，大国間の戦争は，少なくとも当分のあいだは姿を消している。

図 0.1　戦略研究，安全保障研究，国際関係論，そして政治学の関係性

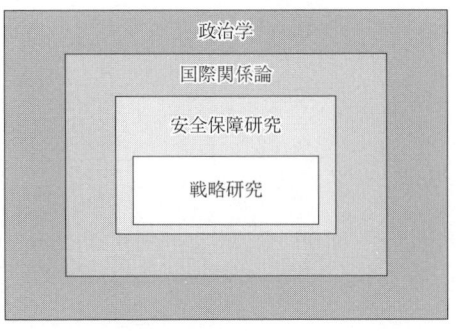

```
┌─────────────────────────────────────┐
│            政治学                    │
│  ┌───────────────────────────────┐  │
│  │          国際関係論            │  │
│  │  ┌─────────────────────────┐  │  │
│  │  │      安全保障研究        │  │  │
│  │  │  ┌───────────────────┐  │  │  │
│  │  │  │    戦略研究       │  │  │  │
│  │  │  └───────────────────┘  │  │  │
│  │  └─────────────────────────┘  │  │
│  └───────────────────────────────┘  │
└─────────────────────────────────────┘
```

　しかし，依然として，政治目的の手段として，したがって戦略研究の手段として軍事力を行使することは，過去と同様，現在でも重要であり続けているという悲しい事実がある。

　本書の執筆者は，戦略の研究を賑わしている尽きることのない課題を描き出し，また読者に戦略の歴史的，理論的概観を提示する。本書は，最終的には国家間の暴力を緩和するためのアプローチとなる戦争の原因という複雑な問題に関する小論から始まる。そして，包括的な歴史的，理論的流れに関する2つの小論が続く。ひとつはナポレオン時代以降の戦争の展開について，もうひとつは戦略思想家や戦略的思考の概観についてである。文化，道徳，戦争の問題もその後の2つの章で扱う。文化的，法的，道徳的配慮は，一般的なイメージとは異なり戦争の手段と遂行を形成する一定の役割を果たしている。2つの小論は戦争の発生と戦争による死者や破壊を減少させる一助となる戦略の規範的基礎を説明しているという点で重要である。

　つぎの3つの小論では，戦争を形成する2つの永続的な要因に焦点を当てる。地理（陸，海，空，宇宙，そして現在ではインターネット空間も）は戦争遂行をかたちづくり，そして技術自体（いわゆる「軍事革命」と「変革（トランスフォーメーション）」）はおのおのの地理的環境における戦争と戦術の進展を促し続けている。また，この第3版では，現代紛争におけるインテリジェンスの重要な問題を扱う章が加わっている。

📖 文献ガイド

石津朋之『リデルハートとリベラルな戦争観』中央公論新社，2008 年
  ▷ 20 世紀を代表するイギリスの戦略思想家バジル・ヘンリー・リデルハートに関する日本語で初の評伝であるが，リデルハートの生涯や戦略思想はもとより，クラウゼヴィッツやジョミニに代表されるナポレオン戦争以降の戦略思想の系譜が簡潔にまとめられている良書。

石津朋之「戦略とは何か」防衛研究所ブリーフィングメモ（2008 年 2/3 月）
  ▷ 戦略という言葉の定義が，いかに曖昧で多義的であるかについて説明した論評。

石津朋之「戦略研究の最先端――英米における現状と課題」防衛研究所ブリーフィングメモ（2009 年 4 月）
  ▷ アメリカおよびイギリスにおける戦略研究の現状を紹介するとともに，その問題点を簡潔にまとめた論評。

マーレー，ウィリアムソンほか編著／石津朋之・永末聡監訳，歴史と戦争研究会訳『戦略の形成――支配者，国家，戦争』上下巻，中央公論新社，2007 年
  ▷ 古代ギリシア・ローマ，古代中国から今日にいたるまでのグローバルな戦略の歴史を，主として戦略の「プロセス」という視点から考察した書。

清水多吉・石津朋之編『クラウゼヴィッツと「戦争論」』彩流社，2008 年
  ▷ 戦略研究を志す者であれば最初に学ぶべきプロイセン〔ドイツ〕の戦略思想家カール・フォン・クラウゼヴィッツの『戦争論』と彼の戦争観の内容を詳しく考察した日本語で初の本格的な学術書。

ハワード，マイケル／奥村房夫・奥村大作訳『ヨーロッパ史における戦争』中公文庫，2010 年
  ▷ 中世から第二次世界大戦までのヨーロッパ史における戦争形態の変遷を，社会の変化とともに概観した書。コンパクトかつ平易な文章にもかかわらず，包括的で冷徹な歴史分析となっている。

リデルハート／市川良一訳『戦略論――間接的アプローチ』上下巻，原書房，2010 年
  ▷ 戦略思想の泰斗の主著。必ずしも敵の軍事力の撃滅を唯一の目的としない，「制限目的の戦略」を提示する。これを含むリデルハートの議論は，「リベラルな戦争観」あるいは「西側流の戦争方法」として，その価値が認められつつある。

第1章
戦争の原因と平和の条件

本章の内容
1　はじめに
2　戦争の研究
3　人間の本性による戦争の説明
4　「内戦」と「外戦」
5　おわりに

読者のためのガイド

　戦争の原因に関する学問的著作は膨大(ぼうだい)で，また多岐にわたる。本章では，戦争の原因について生物学，哲学，政治学，社会学などの研究者が提起してきた理論について説明，解説する。本章ではその理論をいくつかのカテゴリーに分類し，戦争原因の説明の違いによって，平和の要件や条件がいかに異なったものとなるかを明らかにしたい。
　戦争の原因は以下のように分類できる。近因と遠因，能動的原因と受動的原因，後天的原因と先天的原因，必要条件と十分条件である。本章ではとくに「人間の本性」や「本能」に基づく戦争の説明に注目する。しかし，攻撃性の原因として誤認や欲求不満に力点を置く心理学の理論も考察する。また，戦争の原因は国家，部族，民族集団などの人間集団にあるとの視点から，「単位（unit）」分析よりも「体系（systemic）」分析を重視する理論についても触れてみたい。

第1章 戦争の原因と平和の条件

1 はじめに

　現代の「戦略」では，戦争の方法だけでなく平和の促進にも同じように関心が注がれている。しかし，戦争という現象は依然として戦略の主要関心事である。旧い世代は変革の道具や英雄的美徳をかきたてる手段として，戦争に価値を見出していたかもしれない。だが，こうした考えは近代戦の破壊力を前に時代遅れになってしまった（序章参照）。20世紀には戦争の廃絶が最優先の事項となった。戦争終結の第一歩は，その原因を特定することである。

　歴史家のなかには，戦争は特異な出来事であるからその原因は戦争の数だけあり，戦争とはこういうものだと一般化して言えるようなことは何もない，と考える者がいる。だが，本章の見解はそれとは異なる。戦争の原因には類似点やパターンが認められる。したがって人間の本性，誤認，国家の特性あるいは国際社会の構造などによって戦争原因を分類することができる。分類の目的は2つある。第一は，生物学，政治学，哲学，そして歴史学などの学問領域を横断して現代の学問を戦争原因の究明に関係づけることである。第二は，異なる「原因」の種類を理解するのに役立ついくつもの違い（たとえば近因と遠因，あるいは意識的動機と無意識的動機など）を詳しく調べることである。本章では一貫してこうした相違に基づいて，戦争のさまざまな原因を特定し，区別していく。

　何が戦争の原因なのか。この問いに学問的な見解の一致はほとんど見られない。本章はこの問いに明確に回答するよりも，むしろどのような議論が展開されているかに着目する。こうした議論は単に学問的議論にとどまらない。もし戦争の解決策が原因に関連するのであれば，原因によって政策提言も異なるからである。戦争の原因が軍拡競争にあるのなら，軍縮や軍備管理は戦争という問題を解決するにふさわしい政策である。他方，専制的な国家や権威主義的な国家が戦争を引き起こすというのであれば，民主主義の拡大が平和への道となる。もし戦争の根本的な原因が現在の国際システムの特徴である「国際的な無政府状態（アナーキー）」にあると考えるのなら，世界から戦争をなくすには，おそらく国

> **Box 1.1　戦争原因論を明確にする際に役立つ５つの区分**
>
>   1. 先天的行動 対 後天的行動
>   2. 近因 対 遠因
>   3. 能動的原因 対 受動的原因
>   4. 意識的動機 対 無意識的動機
>   5. 必要条件 対 十分条件

際法の強化あるいは集団安全保障体制や世界政府に向けたシステム変化を促す必要があるであろう。

　戦争原因の説明のなかには，武力紛争を終結させる方法を考えるうえで，あまり役立ちそうにないものがある。たとえば，人間の本性には本質的に欠陥があるとして，それに戦争の原因を求める説明である。この見解では，後天的な行動に戦争の原因を見出そうとする考察に比べて，人類の将来は暗いものとなる。もし戦争の原因が先天的ではなく後天的であるとすれば，社会の仕組みを通じて戦争をなくすことは可能である。

　このような分析から３つの結論が導き出せる。第一に，すべての戦争に当てはまる単一の戦争原因を追求しても無意味である。第二に，戦争にはさまざまな形態があり，また数多くの原因があるため，戦争をなくそうとすれば国内でも国外でもともに政治的行動を起こさなければならない。第三に，グローバルな「正義」の平和の実現は不可能である。

2　戦争の研究

　国際関係論の分野で，「なぜ戦争が起きるのか」という質問ほど関心を集めてきた問いはない。それほど関心を引いた理由は，戦争が人災で破滅的な規模の惨禍の原因であり，そして核時代にはほぼ全世界で全人類への脅威として見なされていたからである。しかし，戦争はいつも否定的にとらえられていたわけではない。たとえば19世紀には，戦争に価値を認めていた学者はたくさん

いた（序章参照）。哲学者 G. W. F. ヘーゲル（G.W.F Hegel）は戦争が国家を倫理的に健全な状態に保つと信じていた。そして同様の文脈から，H. トライチュケ（H. von Treitschke）は戦争を「病んでいる国家を治療する唯一の方法」と考えた（Gowans 1914: 23）。トライチュケにとって，戦争は進歩のための条件のひとつであり，現状に満足する一般の人びとを無関心から解き放ち，国民が惰眠を貪らないようにするために頬に平手打ちを喰らわせるようなものであった。つまりこの種の思考で注目すべきは，戦争には目的や役割があると見なされているということである。E. H. カーは，それを「変化への産婆役」と見なし，「戦争は……なかば腐敗したような社会的，政治的秩序の旧い構造を破壊し，一掃する」（Carr 1942: 3）と記した。以上の学者たちは，戦争が急速な技術進歩，領土の変更，集団意識の強化，そして，経済発展の先導役になると考えたのである。しかし，戦争には目的があり役割があるとの考えは，戦争は異常で病的でわれわれ全員への脅威と見なすことが当たりまえの時代では，簡単には受け入れられない。

　多くの場合，くだらない好奇心や単なる探究心が戦争原因の研究の動機になったのではない。研究者たちが戦争を研究してきた目的は戦争を廃絶することにあった。彼らは，戦争を廃絶する第一歩が原因の特定にあると考えていた。というのも，病気の治療には病気の原因の特定が必要なように，戦争の解決法も戦争の原因に見出すことができると確信していたからである。戦争研究者が戦争解決の処方箋を書くことに熱中するあまり戦争の原因の診断をおろそかにするということにならない限り，何ら害はない。しかし，危険なのは，紛争の解決策は簡単に見つけられると考える人びとに戦争研究者がおもねって，本当はわかりにくい戦争の原因について適当に言いつくろうようになることである。

　特定の戦争を除いて，社会科学者の多くは戦争が人間の状態に由来するという考えには反発を感じる。心理学的にも，戦争が不可避であるとする考えを全面的に受け入れるには抵抗がある。だから戦争の原因を悲観的に解釈することに抵抗があるのだろう。たとえば，戦争の根本的原因は人間の本性にあるという見方，すなわち攻撃性と暴力が人間に遺伝的に組み入れられているという見方や，人間は人間であるがゆえに人間の行動は変わらないという見方である。こうした見方を裏づける科学的な証拠があるにもかかわらず，戦争の原因は人

BOX 1.2 ルソーの「鹿狩り」の比喩

ルソー（Jean-Jack Rousseau）は，法や道徳そして政府もない「自然状態」に暮らす孤独で腹を空かせた数人の狩人がたまたま狩りで一緒になったという状況を想定する。鹿を分け合えば空腹を満たすことができることは各自理解している。そこで協力して鹿を一頭捕まえることで「意見は一致」した。ルソーによれば，

> 鹿を捕らえようとする場合，各人はたしかにそのためには忠実にその持ち場を守らなければならないと感じた。しかし，もし一匹の兎（うさぎ）が彼らのなかのだれかの手の届くところをたまたま通りすぎるようなことでもあれば，彼は必ずなんのためらいもなく，それを追いかけ，そしてその獲物を捕らえてしまうと，そのために自分の仲間が獲物を取り逃がすことになろうとも，いささかも気にかけなかった（ルソー『人間不平等起源論』本田喜代治・平岡昇訳，岩波文庫，1933年，89ページ）。

ジャン＝ジャック・ルソー [Allan Ramsay 画：National Gallery of Scotland]

この話の要点は，ウサギを捕まえた狩人は，仲間のだれかがもし自分と同じようにウサギを捕まえる機会にめぐまれたなら，自分と同じようにウサギを捕まえるようなことを仲間がしないと確信することができないことにある。もし仲間がウサギを捕まえれば，自分は飢えることになる。この悩ましい状況を考えれば，とるべき賢明な行動は，利己的に振る舞ってウサギを捕獲することである。

間の本性にあるとする考えには大きな抵抗がある。なぜなのであろうか。その理由は，人間の本性が人間の遺伝子に組み込まれているのであれば，人間は自らに対してどうすることもできないからである。戦争の廃絶が望ましいからといって，それが可能だということにはならないことを思い出すには有用だが，

戦争の原因が人間に組み込まれているという結論は，多くの研究者には絶望的で耐えがたい考えである。
　しかしながら，人間の本性を悲観的に考えたり，手に負えないやっかいなものだと認めたからといって，世界から戦争を廃絶することなどできないと直ちに絶望する必要はない。戦争の原因は人間の本性ではなく行動にあると考える説もある。人間の本性を変えることはできないかもしれないが，報奨や威嚇，教育や宣伝によって人間の行動を改めることは間違いなく可能である。リチャード・ドーキンスは次のように指摘している。

> 人間の遺伝子は人間に利己的であるように命じているが，必ずしも人間は一生，遺伝子の言いなりのままというわけではない。もし人間が利他的であるように遺伝的にプログラムされているのであれば，利他的でいることよりも利他主義を学ぶことのほうが……より難しい。〔しかし，〕われわれは生まれつき利己的であるがゆえに，寛容と利他主義を教えるよう努力すべきである（Dawkins 1976: 3）。

　文明社会に暮らす人びとは多大な労力を費やして，人間の本性に逆らい行儀良く振る舞っている。国内では法律，警察，学校，そして教会などすべてが人間の振る舞いを改める役割を果たしている。また，国家の振る舞いを改めることができる可能性もよく知られている。外交，軍事，貿易，援助，宣伝などすべては，指導者が用いて国家の振る舞いに影響を与える手段である。たとえば抑止論者はこう主張する。たとえ人間の本性に致命的な欠陥があったとしても（そして大概の抑止論者はそう考えているが），銀行強盗を考えている者に投獄するぞと脅して襲撃を思いとどまらせることができるのと全く同様に，受け入れがたい報復で威嚇して国家に侵略を思いとどまらせることは可能である（第7章参照）。
　平和を保障する最良の方法は戦争の原因を取り除くことであると確信する人びととは異なり，核抑止論者たちは，戦争の原因についてほとんど関心を持たない。彼らの戦略は単純で，戦いたくてもだれもあえて戦おうとしないほどに戦争の結末を悲惨なものにすることである。言い換えると，核抑止戦略がユニークなのはその効果が，戦争の原因はこうであるという特定の戦争解釈に基づ

いているわけでもなく，また，人間や国家を争わせる根深い病理に基づいているわけでもないことにある。抑止論者の人間に関する唯一の仮説はきわめて明解である。すなわち，人間というものは死よりも生を好むがゆえに，全滅の脅威にさらされれば攻撃を思いとどまるということである。

◆戦争研究の難しさ

「なぜ戦争が起きるのか」という問いに対して，これまでも明解な答えはなかったし，これからもないであろう。その理由のひとつは，「戦争」という言葉がさまざまな行動を記述する包括的な用語であるという事実にある。総力戦と限定戦争，地域戦争と世界戦争，通常戦争と核戦争，ハイテク戦争とローテク戦争，外戦と内戦，反乱戦争と民族戦争など〔さまざまな戦争〕がある。近年では国際社会のために多国籍軍によって戦われた戦争もある。このように非常に多種多様な行動——組織的な軍事的暴力が含まれるという事実だけが共通しているのだが——を同じように説明できるとすれば，それこそ全くの驚きである。

明解な答えがないもうひとつの理由は，「戦争の原因は何か」という質問が複雑で，質問の「束」だからである。このような質問の束のもとでは，ヒデミ・スガナミが指摘したように，いくらでも異なった質問が可能となる。たとえば次のような質問をすることができる。「戦争が起きるとすれば，それにはどのような条件が必須か」「戦争が起きやすいのはどのような条件のもとか」あるいは「個々の戦争はどのようにして起きたのか」(Suganami 1996: 4)。これらの質問を一括りにして答えようとすれば，わかりにくく，納得のいく答えにならないのは当然である。

戦争の因果関係に対する答えがわかりにくいもうひとつの理由が存在する。それは，「因果関係」という概念そのものが哲学的な難しさに満ちあふれていることにある。だれもが知っているように，Xに続いてよくYが起きるからといって，必ずしもXがYの原因であるということにはならない。たとえば，研究者のなかには，戦争が敵対国家間の軍拡競争の後にしばしば起きることに着目し，軍拡競争が戦争の原因であると主張する者がいる。軍拡競争は時として戦争の原因となる。しかしながら，両者のあいだに必然的な結びつきがあるこ

第1章 戦争の原因と平和の条件

とが明確に証明されたことはない。おそらく，人間が戦うのは武器を持っているからではない。戦いたいと思うから武器を持つのである。注目すべきは，すべての軍拡競争が必ずしも戦争に至ったわけではないという事実である。19世紀のイギリスおよびフランス海軍の軍拡競争は英仏協商を，また冷戦期の米ソの軍拡競争は抑止の手詰まりとヨーロッパ史上最長の平和の時代のひとつをもたらしたのである。

因果関係の問題につきものの難しさのために，学者（とくに歴史家）のなかには「原因」よりもむしろ戦争の「起源」について好んで語ってきた者がいる。彼らは，戦争の原因を説明する最良の方法は，社会的文脈や社会的事件によって戦争がどのように起きるかを明らかにすることだと考えている。それゆえ，もし第二次世界大戦の原因を調べようとすれば，ヴェルサイユ条約，世界恐慌，ヒトラー（Adolf Hitler）の台頭，ドイツの再軍備，イギリスおよびフランスの外交政策などに目を向けなければならない。そうして初めて，第二次世界大戦に至る状況がよく理解できるようになる。戦争の「起源」を重視する論者は，戦争が生起するまでの経緯を語ることが，戦争がなぜ起きるかを理解することになると考えている。

戦争原因を解明するうえで，こうしたまさに特定の「事例研究」アプローチを好む歴史家は，いかなる戦争も固有の原因によって起きる固有の現象であるがゆえに，戦争の原因は戦争の数だけあると考えがちである。それゆえ，「戦争の原因は何か」という問いにはっきりと答えようとすれば，これまでに起きた戦争をひとつひとつ詳細に検証しなければならない。個々の戦争に独自性があるというのであれば，戦争について共通して語るべきことは何もない，ということになる。個々の戦争原因に関心を向ける研究であれば，これは当然のことである。それにもかかわらず政治学者の大半は，個々の戦争の独自性を認める一方，ある戦争と別の戦争の〔それぞれの〕原因のあいだにあるパターンや類似性がわかるよう，個別から一般へと分析レベルを移したほうがよいと考えている。こうしてより一般的な分析レベルに立つことで，すべての戦争ではないにせよ，多くの戦争に共通した，何らかの原因を特定できるかもしれない。

オーストリア大公フランツ・フェルディナンドとその妻ゾフィーがオープンカーに乗るところ。この5分後に暗殺されてしまう（1914年6月，サラエヴォ）
[写真：Bettmann/Corbis]

◆近因と遠因

　戦争のさまざまな原因を分類するうえで最も有用な区分のひとつに，「近因」すなわち戦争の引き金となる些細で偶然と言ってもよい出来事と，「遠因」すなわちより本質的な原因との区分がある。たとえば，第一次世界大戦の引き金となった火花は，サラエヴォを訪問中，オープンカーに乗車していたオーストリア大公フランツ・フェルディナンド（Franz Ferdinand）の暗殺であった。大公の死亡は悲劇ではあったが，それは本質的には些細な出来事でしかない。この事件がその後に続いて起こった重大な出来事を余すところなく説明するなどと本気で信じる者などだれもいないであろう。そのうえ，この事件は簡単には起きそうにもない「偶然」であった。大公の運転手が予定のルートから逸れなければ，また，元のルートに戻ろうとしてそのときに車を止めなかったならば，暗殺者には大公とその妃を撃つ機会はなかったであろう。暗殺は疑いなく第一次世界大戦の近因であった。もし暗殺がなければ，1914年の戦争は起こらなかったというのはその通りであろう。しかし，第一次世界大戦が早晩起こったことを示す多くの証拠がある。1914年には戦争の噂が広まっていた。というのもヨーロッパは敵対する同盟システムによって分割され，緊張は高まり，政策決定者は動員計画に押しつぶされそうになり，軍拡競争が進んでいたからで

ある。つまり，背景としては一触即発の状態にあった。仮にフェルディナンド大公の暗殺が火薬樽に火を点けなかったとしても，遅かれ早かれ，何か別の出来事で火が点いたであろう。〔したがって〕研究者の多くが，第一次世界大戦の原因を究明するには戦争の引き金を引いた直接的な原因よりも戦争の遠因にもっと関心を払う必要がある，と考えてやまないのである。

遠因で重要なのは構造論〔すなわち国際構造による説明〕である。というのも構造論は戦争の原因として，計画的な国家政策よりもむしろ国際環境の重要性を重視するからである。構造論によれば，政治家はいつもうまく物事をさばけるわけではなく，政治家がどれほど願っても時に戦争への動きに引きずり込まれることがある。スガナミの指摘によれば，

> 背景の事情がすでにあまりに戦争の様相を強めているために，現実に戦争が起きた道筋が，戦争に至ったかもしれないほかの数多くの道筋のひとつでしかなかったように見えるのである (Suganami 1996: 195)。

もちろん，背景の事情が必ずしも戦争勃発の危険性を示すバロメーターとして信頼できるわけではない。場合によって戦争の条件は比較的簡単で，背景の事情よりも関係諸国政府の特定の政策に原因があることがある。戦争は，好戦的で，向こう見ずで，思慮の足りない政治家の故意の結果起きることがままある。たとえば第二次世界大戦の原因である。つねに好戦的であったヒトラーの態度や軟弱で宥和的なチェンバレン（Nevile Chamberlain）の政策を無視しては，その原因は理解できない。同様にスエズ戦争では，ナセル（Gamal Abdel Nasser）がスエズ運河を接収したこと，それに対してイーデン（Anthony Eden）が軍事行動で応えたこと，両者のこうした行動がきわめて重要な戦争原因であった。同じことはフォークランド紛争と湾岸戦争についても言える。フォークランド紛争の場合，サウスジョージア島を侵攻するというアルゼンチンの決定と，それに反撃するというマーガレット・サッチャー（Margaret Thatcher）の決定は，特定可能な「構造」的原因と少なくとも同じ程度には重要であろう。湾岸戦争の場合，いかなる背景の事情よりも明白な戦争原因は，クウェートに領土を確保するというサダム・フセイン（Saddam Hussein）の決

定と，フセインにそのようなことはさせないという西側諸国の決定であった。

◆能動的原因と受動的原因

　戦争原因のもうひとつの有用な区分は，能動的か受動的かである。能動的原因は，個々の戦争を取り巻く特定の状況に関連している。国家Aが，国家Bの望む何かを保有しているために戦争となることがある。この場合，戦争の能動的原因は国家Bの欲求である。こうした事例には枚挙に暇がない。イラン＝イラク戦争の能動的原因は，イランからシャト・ル・アラブ河の水路を取り戻したいというサダム・フセインの願望であった。またイラクと西側多国籍軍との1990年の湾岸戦争の能動的原因は，クウェートの領土と資源を獲得したいというフセインの欲求であった。2003年のイラク戦争の能動的な原因は，第一にフセイン体制の打倒，第二にイラクの民主化を達成するというアメリカとイギリスの決定であった。ブッシュ（George W. Bush）大統領とブレア（Tony Blair）首相が軍事的にイラクに介入するという決定をしなかったなら，〔第二次〕湾岸戦争は起きなかったであろう。

　主権国家システムの誕生以来，この種の主権国家に対する内政干渉には反対する考えが一般的であった。旧来の見方は，ある国家が他国の内政に干渉するのは余計なお世話ということである。内政不干渉という考え方は国際秩序の基本原則ではあったが，近年では，例外的な状況で，そして最後の手段として，たとえ軍事介入であっても法的にも道徳的にも正当化されるとの合意が生まれてきた。たとえば大量虐殺，著しい人権侵害，無秩序状態，平和と安全に対する深刻な脅威など，こうした極端な状況下では，とりわけ国連の承認を得た場合には干渉は許されると考えられている。これについてはしだいに広く合意されるようになってきており，異議を唱える者はあまりいないであろう。しかし，介入そのものが戦争の一因であることは認める必要がある。

　成功か失敗かという意味では，軍事介入には成功の場合もあれば失敗の場合もある。軍事介入で満足な結果を得ることがいかに難しいかを示す直近の例が，2003年のイラク戦争とその後の混乱である。このイラク戦争の教訓が理解されるようになるにつれ，現在のような介入への熱い思いがしだいに失われ，また介入という戦争の原因が一般化することも少なくなるだろう。

戦争の受動的原因は国際システムの特性である。国際システムは必ずしも積極的に戦争を助長するわけではないが，戦争を引き起こすことがある。つまりわれわれが暮らす世界は独立主権国家からなり，その上に立つような権威はなく，国家関係を調整するだけの強力な制度もないという事実こそ，戦争の受動的原因である。ケネス・ウォルツは，戦争の能動的原因よりも受動的原因を重視することでよく知られている（Waltz 1959）。戦争原因は多種多様で混乱させるとはいえ，ウォルツが指摘するように，最も説得力のある戦争原因の説明は国際的な無政府状態である。すなわち無政府状態にある国際システムでは，紛争の勃発を防止するものは何もないということである。戦争を防止するものが何もないがゆえに，国際関係ではいつまでも暴力がなくならず，いつまでも不安感が去らないのである。そのために国家は，たとえどれほど平和的な意図を持っていようとも，攻撃的に振る舞うことになる。ウォルツはルソーの有名な「鹿狩り」の比喩（BOX 1.2 参照）を用いて，好戦的な振る舞いの原因は主に人間の本性にある欠点や国家に固有な欠陥にあるのではなく，指導者を取り巻く状況にあることを明らかにしている（Waltz 1959: 167-8）。体系的あるいは構造的な不完全さのゆえに，戦争を回避することは永遠に不可能であり，戦争はいつもわれわれのすぐそばにある。

　ケネス・トンプソンは少し異なった視点から同様の主張をしている（Tompson 1960: 261-76）。彼は次のような状況を想定する。ラッシュアワーのときに，地下鉄のプラットホームで電車を待っている乗客が人の波に押され線路に落ちそうになっている。その乗客は他人に危害を加える意図など持たない善人である。彼はどうすべきだろうか。キリスト教には非暴力・無抵抗の教えがある。しかし，それを守れば彼は線路に落ちて死ぬかもしれない。そこでその善良な乗客はほかの乗客を蹴り，押し退け，暴力をふるってでも生き残ろうとする。彼がそのような攻撃的な振る舞いをするのは，彼に悪意があり暴力的だからではない。彼が善人でいる余裕のない環境に置かれているからである。仮にジャングルで暮らせば，「山上の垂訓（すいくん）」〔キリストの非暴力無抵抗の教え〕はほとんど役に立たない。それは国家にもあてはまる。なぜなら国家は，他国が酷い振る舞いをし，また自国も同じように酷い振る舞いをすることでしか生き延びられない国際システムのなかで生きているからである。

主権国家システムの起源と言われるウェストファリア条約締結の様子 [Gerard ter Borch the Younger 画：Rijksmuseum Amsterdam]

　戦争の主な原因が，世界政府という制約のない，主権国家が国益を追求する無政府状態の国際システムにあるのであれば，平和の必須条件は国際システムを国家が対立するシステムから，国家に平和的な振る舞いをさせる能力を持った単一の権威が支配する統一された世界へと変容させることである。この提言の問題は，それを実現する現実的な方策がないことにある。われわれは1648年のウェストファリア平和条約で誕生した独立国家からなる世界に暮らしているが，そこに暮らすことを選んだわけではない。またそこに暮らさないということをいま選択できるわけでもない。たとえ国際システムが絶えず変化しているにしても，現実には国際システムは既成事実であり，われわれはそれを事実そのものとして受け止めなければならない。われわれがいる世界がわれわれの世界である。われわれがたとえどのような平和の条件を提案しようとも，このことは考慮しておかなければならない。またもうひとつの理由から，「世界政府」が戦争の問題を解決するということには懐疑的にならざるを得ない。というのも，たとえ世界政府が実現したとしても皆が支持するとは限らないからである。世界政府は世界的な独裁体制になるかもしれない。そうなれば国家間戦争は単に内戦になるだけである。

　中央政府のない国際システムを戦争の根本的要因と考える人びとは，国際システムをホッブズの無秩序状態によく例える。しかし，現実には国際社会はホ

ッブズの言う「自然状態」にほとんど似ていない。国内社会に比べ国際社会は統合された社会ではないが、混沌としてもいなければ、全く予測不能ということもない。国家は絶えざる恐怖のなかで生存しているわけではない。国際社会は統制されており、規則が支配する環境にある。そこでは諸国家が共通の利害に基づいて存立することができる。また数百年以上にわたって築かれてきた国際組織、慣習、習慣、慣行そして法律によって国家は穏健で秩序ある振る舞いをするようになった。もちろん、あらゆる世界のなかで主権国家からなる世界が最良などという者は、だれ一人いない。また主権国家からなる世界はすべての実現可能な世界のなかでさえも最良ではないかもしれない。だが、主権国家からなる世界はいくつか思いつくほかの世界よりはましである。おそらく世界政府よりはずっとましであろう。主権国家にかわる世界がより良い世界になると確信できないのなら、主権国家を放棄しないようにすべきである。

◆戦争の必要条件と十分条件

これまで多くの研究者が戦争原因の必要条件と十分条件を区別することは有用と考えてきた[1]。戦争の必要条件とは、戦争が起きるなら必ず存在しなければならない条件のことである。言い換えれば、その条件なしで戦争が起きる可能性がなければ、これは必要条件である。武器の存在が戦争の必要条件となるのは武器なしでは戦争は戦えないからである。また、戦争が起きるには、国家、部族、民族集団、国民や派閥など人びとが別々の集団に組織されなければならない。くわえて、戦争を防ぐための効果的な機構が存在しないことも戦争の必要条件である。たとえば効果的な世界政府は国家間戦争の生起を不可能にし、また全権を有する強力な国家政府は内戦の勃発を不可能にする。このように、戦争を防ぐこれらの機構がないことが戦争の必要条件となる。

上記の分析には次のような意味で同義反復の傾向がある。もし戦争を集団間の組織的暴力と定義すれば、当然のことながら、人類が組織的暴力を行使できる集団に組織されなければ戦争は起こらない。同様に明白なことだが、もし戦争を防止する機構があれば戦争は起こらない。もっと論議を呼びそうなのは、戦争の必要条件のひとつとして、少なくとも一方の当事国は必ず非民主的政府であると言われてきたことである。

戦争の十分条件とは，それが存在すれば，確実に戦争を生起させる条件である。Aが存在するときに必ずBが起きるなら，AはBの十分条件である。もし2つの国家が憎しみ合い，それぞれ相手が独立した存在であることに耐えられないのなら，憎悪こそが両国間の戦争を不可避なものとする戦争の十分条件である。しかし，国際社会では，それほどの憎悪を互いに持たず，また独立した国家として互いがいつまでも存続することに完全に満足している国家間でも多くの戦争が起きている。したがって憎悪は戦争の必要条件ではない。明らかに，十分条件は必要条件でなくても戦争の原因となり得るし，その逆もまた真である。つまり，十分条件でなくても必要条件が戦争の原因となり得る。たとえば，武器の存在は戦争の必要条件である。しかし，軍備が高水準にあったとしても，それが必ずしも戦争に結びつくとは限らないから，武器の存在は戦争の十分条件ではない。

　必要条件と十分条件という戦争原因の区分が，可能性のある戦争原因のすべてを網羅しているわけではない。われわれは戦争には必要条件か十分条件のいずれかが必要という思考の罠に陥ってはならない。というのも，戦争の条件には必要条件でもなければ十分条件でもない多くの条件があるからである。たとえば，隣国の領土を併合したいという政治家の欲望は戦争のありふれた原因であって，必要条件でも十分条件でもない。多くの戦争は領土とは無関係の理由で戦われていることから，政治家の欲望は必要条件ではない。またおそらくは抑止によって，領土を併合したいとの欲望が実行に移されることはないであろうから，政治家の欲望は十分条件でもない。

🔑 KEY POINTS

- 戦争は人間にはつきものであるとの考えは心理的には不愉快であるが，それでもやはり真実かもしれない。たとえ人間の本性が変えられなくても，戦争が減るように人間の行動を矯正することはできる。
- 戦争は種々様々なので，単一の戦争原因を特定できなくても当然である。
- 戦争の遠因と戦争の引き金となる出来事とを区別することはときに有用である。
- 戦争の能動的原因は，個々の戦争を取り巻く特定の環境に関係する。
- 戦争の受動的原因は，国際システムの特徴であり，それは戦争を積極的に促進することはないが戦争を生起させる。

・戦争の「必要」条件とは，もし戦争が起きる場合には必ず存在する条件である。「十分」条件とは，もしそれが存在すれば，戦争を確実に生起させる条件である。

3　人間の本性による戦争の説明

　広く認められていることだが，人間と動物を区別する事柄のひとつは人間の行動の大半は本能（instinctive）より学習（learning）に基づいているという事実である。どちらが何パーセントなのかその比率はわからないが，人間の行動の決定要因では「本能（nature）」対「学習（nurture）」（遺伝対環境）のいずれが重要かをめぐって，いまなお議論が続いている。当然のことながらこの議論は，戦争は本能と学習のいずれに基づく行動かという問題を提起することになった。もし戦争が本能に基づくなら，われわれは戦争を受け入れざるを得ない。というのも，通常の時間の尺度では生物学的進化があまりに遅すぎて本能を変えられないからである。しかしながら，もし戦争が学習に基づくなら，戦争を放擲することが可能となり，われわれ全員に希望が出てくる。自由主義の思想家たちは学習の重要性を強調する傾向があり，当然のことながら攻撃性や戦争は抑制できると考えがちである。保守主義の思想家は本能に重きを置く傾向があり，世界から戦争を廃絶することについては懐疑的である。

　熱心な自由主義者は極力，遺伝子を重視しないようにしている。しかし，彼らでさえ，遺伝的で本能的な要素が人間の行動にあることを認めている。人間は，白紙の状態で人生のスタートを切り，そこに人生の経験を書き込んで自らをつくりあげていくわけではない。人間は，生物学的にプログラムされ，生来の衝動や本能が詰め込まれた遺伝子のカバンを持って生きていくのである。そして，その本能のひとつに攻撃や暴力を先天的に好む感情がある，との議論がある。アルバート・アインシュタイン（Albert Einstein）とジグムント・フロイト（Sigmund Freud）は，1932年の有名な交換書簡のなかで，ともに戦争の原因が攻撃性と破壊の根源的な本能にあると考えた。アインシュタインは「人には憎しみと破壊の能動的な本能がある」と考えた。そしてフロイトは殺人や

自殺に表れた「死の本能」を特定したと確信したのである（Freud 1932）。1960年代には，動物行動学や社会生物学の研究が攻撃「本能」説に新たな息吹を吹き込んだ。主に鳥類と魚類の行動観察に基づいてコンラート・ローレンツは攻撃本能がすべての動物（人間を含む）の遺伝子構造に埋め込まれ，しかもこの本能が生存の必要条件であると主張した（Lorenz 1976）。ロバート・アドレイも『縄張り至上命法（*The Territorial Imperative*）』でローレンツとほぼ同様の

Box 1.3 戦争の原因

人は，戦争の主因はどこにあるのかという問いへの答えを政治哲学に求めようとする。その答えがバラバラで矛盾だらけの内容であることに困惑させられる。わかりやすくまとめれば，その答えは以下のように人間の本性，個々の国家の構造，そして国際システムの3つにまとめることができる。

　偽りと狡猾さが原因で戦争が起きる。　　　　　　　　　　——ケネス・ウォルツ

　勢力均衡に有利になるように語られることは何であれ，単にわれわれが狡猾であるがゆえにそのように語られるのだ。　　　　　　　　　　　　　　　　　　——孔子

　平和のための確固たる協調体制は，民主主義国家の友好によってしか維持できない。独裁的な政府は，協調体制のなかで信頼を維持し続けられるかどうか，協調の約束を遵守するかどうか全くあてにできない。自由な諸国民だけが共通の目標に向け，自らの目的と自らの名誉を確固として保ち続けることができ，自らの小さな利益よりも人類の利益を優先するのである。　　　　　　　——ジョナサン・ダイモンド

　当然のことながら，すべての人間がつねに平和でいられることが何よりも好ましい。しかし，平和の保障がない限り，戦争を回避できるという確証のない者は，だれでも，自分の得になるときに開戦し，隣国の機先を制したいと切望する。一方隣国も，自分に有利なときに必ず先制攻撃をするだろう。

　　　　　　　　　　　　　　　　　　　　　　　　——ウッドロー・ウィルソン

　軍事力は国家が対外目的を達成するための手段である。なぜなら無政府状態下では似た者同士のあいだで必ず起きる利害の衝突を調停するための，一貫した信頼できる手順が存在しないからである。　　　　　　　　——ジャン＝ジャック・ルソー

結論に達し，ローレンツの4つの本能——摂取，求愛，闘争，防衛——に加えて「縄張り」の本能を提起した（Ardrey 1966）。エドワード・ウィルソンは『人間の本性について（On Human Nature）』で，人間は安全や所有に脅威を感じると，わけもなく憎悪の反応を示す傾向があることを指摘し，「われわれは見ず知らずの他人の行動をひどく恐れ，攻撃によって対立を解決しようとする傾向がある」と主張した（Wilson 1978: 119）。

リチャード・ドーキンスは『利己的な遺伝子（The Selfish Gene）』で分析のレベルを人間の個体から人間を人間たらしめる遺伝子に移したが，彼もまた人間の本性について何ら幻想を持ってはいなかった。彼は次のように主張する。

> 優秀な遺伝子に期待される優れた資質とは冷酷な利己性である。この遺伝子の利己性は通常，個々人の行動に利己性をもたらす。……そんなことはないとわれわれがあくまでも信じたいほどに，人間という種全体への普遍的な愛と福祉という考えは，進化の意味をわからなくするだけである（Dawkins 1976: 2-3）。

この分析からドーキンスはこうきっぱりと結論づける。「もし共通の善に向けて個々人が仲良くほかの人びとのために協力を惜しまないような社会をつくりたいと思うなら，生物学的な本性の助けなどほとんど期待できない」（Dawkins 1976: 3）。

人間の本性による戦争の説明には説得力がある。しかし，その説明には少なくとも2つの条件が必要である。第一に，動物の研究によって明らかになった事実が本当に人間の行動と関連しているかどうか考えなければならない。動物行動学者によれば，人間は単なる高等動物に過ぎないのだから，人間の行動にはほかの動物世界と進化を通じた関連があるという。人間は動物が持っているのと同じように本能を持っている。これを否定すれば，ほぼ全世界で認められていて地球上のすべての生物を結びつけている進化論を否定することになる。たとえ人間が動物と同様に本能を持っているにしても，生物学者が取り組んでいるような異種間での一般化といったことにはたして意味があるのか首をかしげざるを得ない。結局のところ，人間は動物と相当に異なる。人間はより知的である。人間には道徳観がある。人間は反省する。人間は計画を立てる。なか

には、こうした差異は非常に重要で、この差異のゆえに事実上人間は動物の世界から抜け出すことができたのであり、また人間の本能は単に痕跡程度の重要性しかないとの主張もある。ウォルツの『人間、国家、そして戦争（Man, the State and War）』によれば、人間の本性が戦争の原因であると主張してもあまり役に立たない。なぜなら、仮に人間の本性が戦争を起こすのであれば、論理的にはほかのあらゆる人間の行動も人間の本性が原因ということになるからである。またウォルツは、「人間の本性はある意味では1914年の戦争の原因であったかもしれないが、しかし同じ理由から人間の本性は1910年の平和の原因であった」（Waltz 1959: 28）とも述べている。要するに人間の本性は一定不変であって、人間が見せるさまざまな行動を説明できない。

◆欲求不満による戦争の説明

　社会心理学者は、戦争の原因をいまもなお「人間」に見出そうとする一方で、本能よりもむしろ社会的にプログラムされた人間の行動に基づいて戦争の発生を説明しようとする。彼らは決まって攻撃性が欲求不満の結果であると主張する。人間は欲求、目的、目標の達成を妨害されていると感じると、鬱積した恨みから欲求不満になり、その捌け口が必要となる。欲求不満は攻撃的行動という形態をとり、つぎに緊張の解放というカタルシスとなり、欲求不満を抱いていた人びとに快感を与える。通常、攻撃は欲求不満の原因となった人びとに向けられる。しかし、時に欲求不満はスケープゴートとして罪のない人に向けて発散される。攻撃を二次集団に向けるこの精神的なプロセスは「置き換え」と呼ばれる。人は自分の満たされぬ欲求や野心を、たとえば部族や国家など自らが属する集団や組織に投影する。ラインホルド・ニーバーによれば、「一般の人びとは、自らの限界と社会生活の必要から権力と名声への欲求を満たすことができず、自らのエゴを国家に投影し、わがことのように無秩序な欲望にふけるのである」（Niebuhr 1932: 93）。

　人が目的達成に失敗したことと暴力との関係を重視する「欲求不満＝攻撃性」仮説は、攻撃本能説よりもある意味、多少は救いがある。人生で欲求不満は避けられないにしても、攻撃をスポーツのような無害な行動に向けること（心理学でいう昇華）と、欲求不満を最小にするように社会を組織すること

（社会学でいう社会工学）の，どちらかは可能だからである．

◆誤認による戦争の説明

　戦争は政治家が決断しなければ起こらないと多くの人びとが思っている．だから，戦争はしばしば誤認，誤解，誤算，誤断の結果であると信じられているのである．基本的に，このように考える論者は戦争を過ちととらえたり，物事を正確に評価できなかった悲劇的結果と考える．これが事実なら，戦争の原因は悪意よりむしろ人が騙されやすく，誤りを犯しやすいことにある．ロバート・ジャーヴィス（Jervis 1976）は，ケネス・ボールディング（Boulding 1956）の考えを参考に，こうした戦争心因説を理解するうえで多大な貢献をした．彼の要点はこうである．われわれは，自らを取り巻く世界を理解するために，現実というイメージをつくりあげ，それを通じてわれわれの意識に影響を与えるさまざまな情報を取捨選択する．こうした現実という「イメージ」は，それがわれわれの行動を決定するようになると，現実そのものより重要になる．そのイメージが歪んだレンズのような働きをしてありのままの現実が見えにくくなり，われわれが元々抱いていた考えを確認するように世界を判断しがちになる．

　戦争につながりやすいきわめて重大な誤認には，敵の意図と能力の両方の誤った見積り，相手との軍事バランスの不正確な評価，そして戦争のリスクと結果の的確な判断の失敗などがある．往々にしてこの種の誤認は，紛争の両当事者が犯す．たとえばグレッグ・キャッシュマンは以下のように主張する．湾岸戦争でサダム・フセインは，クウェートがイラクの負債をなかなか放棄しようとせず，そのうえクウェートが石油を減産する気がないことに脅威を感じていたのかもしれない．さらにフセインはアメリカ，イギリス，イスラエルが共謀して，イラクが最新兵器を入手できないようにしていると考えたかもしれない．他方，ほとんどすべての中東諸国の指導者はイラクの脅威を過小評価したために，クウェートが侵略されたとき，驚愕したのである．このようにイラクの指導者たちは国益に対する脅威を過大評価する一方，反イラクの指導者たちはイラクの敵意を過小評価したのである（Cashmann 1993: 63）．しかし，おそらく何よりも最大の誤認は，サダム・フセインが西側諸国の決意と強力な多国籍軍の編成を予想できなかったことであろう．2003年のイラク戦争でも，少なく

とも同じくらい多くの誤認があった。明白な警告を受けていたにもかかわらず、フセインはアメリカやイギリスが侵攻しないと確信していた。他方、アメリカやイギリス側では、フセインが大量破壊兵器を所有し、まさに核能力を獲得しようとしていると考えていた。またアメリカとイギリスの両国はこうも確信していた。すなわち、イラクへの侵攻は世界中から歓迎される、イラクはテロリストにとって天国である、民主主義政権は比較的容易に樹立できる、と。これらの確信でどれひとつ正しいものはなかった。しかし、イラク戦争に参戦した国々は、心理的現実をつくりあげ、それに対して判断を下したのである。

握手を交わすチェンバレン英首相とヒトラー（1938年9月、ミュンヘン）［写真：Bundesarchiv, Bild 146-1976-063-32］

　第二次世界大戦前、ヒトラーはイギリスが参戦しないと誤って確信し、チェンバレンもまた譲歩すればドイツを宥（なだ）めることができるとやはり誤った確信を持った。A. J. P. テイラー（A. J. P. Taylor）が明らかにしたことだが、ほかにも1939年の第二次世界大戦勃発の原因となった錯覚や誤解があるのである。ムッソリーニ（Benito Mussolini）はイタリアが強大であると思い違いをしていた。フランス国民はフランスが難攻不落であると確信していた。チャーチル（Winston Churchill）は戦争にもかかわらずイギリスの大国としての地位は不動と信じていた。そして、ヒトラーは「ドイツがアメリカおよびソ連と覇権を賭けて戦うことになると考えていた」（Nelson and Olin 1979: 153-4）。イギリスでは、ドイツ軍の電撃戦でフランスが数週間で降伏するなどほとんどだれも予想していなかった。またヨーロッパ中の人びとが戦略爆撃の威力をあまりに過大評価した。このような多くの誤解、誤断そして誤認を考えれば、政治家たちが

過って第二次世界大戦へ踏み込んだのは彼らが現実から遊離していたからである，と言ってもよいであろう。

　ほぼ同じことが，フォークランド紛争についても指摘できる。誤認だらけだったのである。アルゼンチンの侵攻の意図についてイギリスは重大な誤解を犯した。アルゼンチンはイギリス側の抵抗の決意について全く誤った判断を下した。両国政府は何年にもわたり主権譲渡をめぐって断続的に交渉を行っていた。しかし，ほとんど進展しなかった。イギリス保守党政権には信じられなかったが，アルゼンチンの軍事政権は交渉の可能性が尽きるまえにサウスジョージア島を占拠した。イギリス政府は，マルビナス諸島〔フォークランド諸島〕へのアルゼンチン国民の思い入れや国内の圧力がどれほど重要だったかを評価し損ね，ガルチェリ大統領とコスタ・メンデス外相を戦争にかりたてたのである。他方アルゼンチン政府は，ヨーロッパ中心主義でもはや植民地主義国家でもないイギリスが，20世紀の終わりにもなって1万マイルも離れた大英帝国の名残りの不毛の地のために血を流す覚悟をしたことが信じられなかった。

　第二次世界大戦前のドイツ，そしてフォークランド紛争前のアルゼンチンのいずれにおいても，誤解が広まったことはある程度納得できる。ヒトラーは宥和政策が伝えるシグナルをこう考えたのであろう。つまり1936年にラインラント，1938年にオーストリアとズデーデン地方を併合しても問題にはならなかったから，1939年のポーランドへの侵攻もおそらく問題はないであろう，と。フォークランド紛争の場合，普段のイギリス外交では，フォークランド地域に特別に軍事力を展開することはなかった。そのためアルゼンチンはイギリスがフォークランド諸島の成り行きにそれほど興味を持たず，島を防衛することはなさそうだと思ったのかもしれない。おそらく，これらの事例はともにシグナルを読み間違えたというよりも，間違ったシグナルが送られた事例である。いずれにせよ，ドイツもアルゼンチンもイギリスの意図について重大な見込み違いをしたために戦争が起こったのである。

　もし戦争が思い込みによる誤認や誤解に起因するのであれば，平和の条件には，より明確な思考法，国家間のより良いコミュニケーション，そして教育が必要である。こうした考えの背後には，「理解を通じた平和」というユネスコのモットー，さまざまな「平和教育」の提言，そして対立している当事者をテ

ーブルにつかせ相互に理解できるようにするなどの試みがある。その基本的な考えは，敵同士が相互に相手の考えを理解すれば彼らを割いている論争は解決する，なぜならその論争が非現実的かあるいはそれほど重要ではないことがわかって戦争を正当化できなくなるから，ということである。このアプローチにはおそらく，誤解さえ解ければ「利益の自然調和」が生まれるという思想の面影を見出すことができるであろう。

　誤認と誤解を取り除けば戦争は防止できるというこの考えに納得するまえに，一言，注意が必要である。人間の心のもって生まれた認識上の弱点を考えれば，人間に関わりのある出来事から誤認を根絶することは不可能かもしれない。物事を単純化してしまうこと，他者を思いやることができないこと，自民族中心主義に陥りやすいこと，偏見を棄てたりあるいは偏見を認めることへのためらいがあること——すべておなじみの人間の弱点だが——などのために，ある程度の誤認は避けられないかもしれない。ハーバート・バターフィールドは人間の紛争というまさに幾何学に横たわる「単純化不能なジレンマ」を明らかにし，誤認が避けられないことを改めて確認した。バターフィールドは，2つの潜在的敵対者が武装し，対峙する状況を想定した。どちらも全く敵対的な意図を抱いてはいないが，どちらも相手の意図が全くわからない。

　　あなたは相手がどれほどあなたを恐れているか理解できない。〔また〕相手はあなたの心の内を見ることができない。そのために相手はあなたの意図についてあなたと同じように確信を持つことができない (Butterfield 1952: 21)。

　バターフィールドの指摘によれば，平和を渇望しているにもかかわらず，認識の限界から相互に相手の意図を誤解する政治家が史上最大の戦争を引き起こしかねないのである (Butterfield 1952: 19)（察しの良い学生なら，バターフィールドの「究極の苦境」が近年，戦略研究の文献に登場してきた「安全保障のジレンマ」であることがわかるであろう）。

　くわえて，たとえすべての戦争が誤認と誤解にとり囲まれていたとしても，必ずしもすべての戦争が誤認や誤解から起こるわけではない。戦争の一部——おそらく大半——は，文字通り意見の不一致や利害の対立に原因がある。そし

て，こうした事例では敵同士が話し合いをすれば，互いを対立させている問題をより理解できるようになる。しかし，状況によっては，理解が進んだ結果かえって国家間の対立をいっそう悪化させる場合がある。1883年から1907年のあいだ，イギリスのエジプト総督であったエヴリン・バーリング卿（Sir Evelyn Baring）は，各国がもっと相互理解を重ねれば国際社会の憎悪や猜疑心を減らすことができると言われて，こう答えた。「国家は理解すればするほど，憎しみ合うようになる」（Waltz 1959: 50）。1930年代のほとんどのあいだ，イギリスはドイツと平和状態にあったが，それはまさにイギリスがヒトラーを理解していなかったから，と言えるであろう。だから1939年9月になってやっとすべてがわかったとき，イギリスはドイツに宣戦布告したのである。

◆意識的・無意識的動機による戦争の説明

　上記の説はすべて人の内面に戦争の原因を見出そうとするものである。これらの説に共通する難問は，現実に戦争を宣言する指導者や政治家は自らの決断について，ほぼ間違いなく全く別の説明をするであろうということである。なぜ1939年9月1日にポーランドを攻撃したかとヒトラーに尋ねたとしても，本能的に行動したとか，欲求不満だったとか，誤認の犠牲者であったなどと答えそうにはない。彼は，まず間違いなく，次のような合理的で現実的な理由をあげたことであろう。つまり，ダンツィヒやポーランド回廊のドイツ人を苦境から救い，ヴェルサイユ宮殿で政治家たちがドイツに不利になるようヨーロッパ地図を書き直したときの不正なやり方を正すという理由である。実務家と学者，研究者のあいだの戦争説明のこうした食い違いは，戦争の動機が意識的か無意識的かを区別するのに役立つであろう。

　国家の指導者は戦争をクラウゼヴィッツ的な手段として見ている。彼らは，戦争を政策遂行の合理的な手段，すなわち国益の追求のために適切な状況下で実務家が用いる技と見なしている。言い換えれば，官僚は一般的に戦争が計算された目的を持った意識的な決定の結果であると考えている。指導者の目的志向的な行動の裏側を見ようとする学者や研究者は，実務家は気づかないかもしれないが，彼らを戦争へと駆り立てるのは人間の精神の無意識の衝動や弱さであり，それが戦争を生むのであると考えることが多い。

戦争を単に政策遂行の手段，すなわち国益追求のための合理的決定の結果と見なすと，世論，国民感情，同盟への関わり，事の成り行きなど，政治家を戦争へと駆り立てる圧力や制約を過小評価することになる。また，いったん戦争の費用や結果が政治家にはっきりとわかれば，政治家は戦争を避けるであろうという誤解もある。ノーマン・エンジェルは生涯の大半を費やして，「戦争は引き合わない」，つまり戦争は国益とはならない，たとえ勝者であってもたいていは敗者であると指摘していた（Angell 1914）。彼は，ひとたびこの基本的な事実をしっかりと理解すれば，戦争はなくなると考えたのである。

　しかし，ノーマン卿は2つの事実を理解できなかった。第一に，戦争は必ずしも合理的な計算や費用対効果分析の問題ではないことである。戦争は時に一種の狂気であり，合理的な政策からはおよそかけ離れた暴力の爆発である。たとえばハーマン・ラウシュニングは，1930年代のドイツの国家社会主義（ナチズム）運動が戦争の破壊へと駆り立てられていったのは，運動がもともと内包していた狂気によると考察している（Rauschning 1939）。第二に，戦争が経済にもたらす壊滅的影響を強調したことは正しかったかもしれないが，戦争を遂行することは不合理かつ国益にかなわないと結論づけたことはおそらく間違いであった。戦争の結果，勝者は敗者となるかもしれない。しかし，勝者が戦うことを拒否すれば，長い目で見ればもっと酷い敗北を喫するかもしれない。第二次世界大戦の勝者であったイギリスは戦争の結果，永遠に弱体化していくことになった。しかし，もしヒトラーを阻止しなかったなら，イギリスは結局ははるかに悪い立場に置かれたであろう。たしかにドイツと戦うことは「引き合わなかった」が，それでも高くつく2つの結果のうち，より被害の少ないほうを選ぶという合理的な選択ではあったのだ。

◆集団による戦争の説明

　戦争は個人が始めたとしても，当然のことながら集団行動である。戦争は人間集団——派閥，種族，国家そしておそらくは「文明」も——によって遂行される。このため一部の戦争では，戦争責任が個々人から，彼らが暮らし忠誠を誓う——程度はさまざまにしても——集団へと移ることになった。この説では，人間それ自身には悪いところはあまりないが，人間が暮らす社会の仕組みによ

って人間は堕落すると考えられている。フリードリヒ・ニーチェによれば，「狂気は個人ではまれだが集団ではあたりまえである」(Nietzsche 1996: 15)。要するに，この説では人間集団には暴力を助長する何かがあるということである。

おそらく，紛争の始まりは「我」と「彼」とは違うというわれわれ全員が感じる感覚にある。いかなるときであれ人は，部族，国家，民族など自分自身が加わっている集団に属している者と，自分たちと容易に同一視できない集団とを区別できる。そして人はその差異を紛争の原因にしてきたのである。ある集団がほかの集団との違いを知ることから，ほかの集団よりも優れていると確信するようになるのは至極簡単である。したがって，この区別するという意識——スガナミの言う「選択的社交性」(Suganami 1996: 55)——のゆえに，集団の利己的行動から集団間紛争，そして最終的には戦争が起きるのである。ニーバーがかつて考察したように，「利他的な情熱はたやすくナショナリズムの貯水池に溜め込まれ，そして貯水池から排出するのは非常に難しい」(Neibuhr 1932: 91) のである。

G. ル・ボンは，社会集団の行動が社会集団を構成している個人の行動とは異なる——通常は悪くなる——ことに早い時期から気づいた社会心理学者のひとりである。彼は，群集のなかでは新しい実体すなわち集団心理が生じるという「群集心理」の考えを編み出した。集団のなかで個人は普段の抑制を失い，ほかからの影響をより受けやすく，より感情的に，そしてより非合理的になると彼は考えたのである。さらに集団では責任感が失われていく。というのも責任が群集のなかに拡散すればするほど，個人にかかる責任の重さはますます少なくなるからである。責任がいたるところにある（したがってどこにもない）ので，特定のだれかに責任を負わせることができない。こうして人間集団は普段の道徳的抑制 (Le Bon 1897: 41) から解放される。この考えは，ニーバーの古典的著作『道徳的人間と非道徳的社会 (*Moral Man and Immoral Society*)』(Neibuhr 1932) で余すところなく描かれている。エリック・ホッファーは大衆運動が何を訴えているかを考察し，明確に同じことを指摘をしている。「大衆運動のような集団のなかで人びとが個々人の独立性を失うと，人びとは恥じることも後悔することもなく新しい自由——憎悪し，苛み，嘘をつき，拷問を行い，人を殺し，そして裏切る自由——を見出す」(Hoffer 1952: 118)。

人類はこれまでつねに別々の集団で暮らしてきた。近い将来この状況が変わることなどありそうにもない。では，ある集団が他の集団に比べて好戦的か。これは興味ある問題である。国家間戦争という文脈で言えば，たとえば資本主義国家は社会主義国家よりも好戦的なのか，あるいはその逆なのか。この疑問に対する明確な解答はない。民主主義国家は権威主義的国家よりも平和愛好的であると言えるのか。これについても明確な答えはない。歴史が明らかにするのは，「民主主義国家は他のタイプの国家と同様に戦争をする頻度は変わらない」(Kegley and Wittkopf 1997: 358) ということである。1990年代に湾岸戦争や旧ユーゴスラヴィア紛争で明らかになったように，民主主義国家も人権擁護のための干渉戦争に熱心であった。このような自由主義的価値を守ろうとして戦争を遂行するという現代の流行(はやり)は，必ずしも平和な世界の到来を告げるものではない。

しかし，研究者は，民主主義国家が互いに戦うことは仮にあったとしても，めったにないという事実に注目してきた。たとえばマイケル・ドイルは，自由主義諸国の政府は民主的な制度によってより制約を受けやすく，また民主主義的価値観を共有するので，互いにより平和的になる傾向が見られるし，自由主義諸国は経済的相互依存のおかげで平時には既得権益を得ている，と論じている (Doyle 1983, 1986)。ドイルや彼の賛同者が正しいのなら，平和の条件のひとつは民主主義を広めることである。とりわけ冷戦終焉以後，その傾向が速まっている。現在，歴史上初めて，世界中の国家のうちほぼ半分が民主主義的政府である。だが，民主主義の拡大が平和を促進するという理論はもっともらしく見えるだけであって，無批判に受け入れるべきではない。

KEY POINTS

- 人間は生まれつき暴力をプログラムされているとの考えがあるが，戦争が先天的行動か後天的行動か，いまだに議論は続いている。
- 社会心理学者は攻撃性が欲求不満の結果であると論じている。なかには，攻撃の感情はスポーツのような無害な活動に振り換えることが可能と考える社会心理学者もいる。
- 政治家の誤認，誤解，誤算の結果として起きる戦争は，コミュニケーションを良くして情報を正確にすることによって防ぐことができる。

- 心理学者は，政治家の決断の背景を何とか探ろうと，人間心理にある無意識の衝動や弱さの結果として戦争を考える傾向がある。だが，実務家は同意しそうもない。
- 人間集団には暴力をあおる要素があるという説がある。
- 民主主義国家は非民主主義国家と同じくらいの頻度で戦争をするが，民主主義国家同士は戦争をしないという証拠はある。

4 「内戦」と「外戦」

　おそらく民主主義が広まったからであろうが，ほんの数年前に比べて，現在は国家間の暴力がそれほど問題にならなくなったとよく言われる。実際，1970年以降の武力紛争のうち，伝統的な目的のために戦われた国家間戦争は10パーセント足らずと見積もられている。もちろん時に戦争は「内戦」と「外戦」の両方の範疇にまたがっている。たとえばインドシナ戦争はその好例である。植民地戦争として始まった戦争は内戦へと発展し，やがてアメリカやその同盟諸国のヴェトナム介入とともに国家間戦争になった。

　国家間戦争は時代遅れになりつつあるが，その理由のひとつは，グローバル化された世界では，征服によって獲得できる価値が減少する一方，経済的にも政治的にも征服の費用が上昇したからであると言われる。自国の生活水準の改善に懸命な国家は，他国を征服し敵意を抱いた住民を支配するよりは，教育，研究，技術などに国費を使うほうがましであると考えている。現代の道徳的風潮では侵略戦争を正当化するのは難しい。またメディア革命のおかげで侵略戦争による汚名を着せられないようにするのは難しい。

　旧来の戦争は時代遅れというのが多くの研究者が主張する当節の考えである。ルパート・スミス将軍もごく最近その仲間に加わったひとりである。暴力は存在する，しかし「将来の戦争は国家間ではなく，かわりに人びとのあいだで戦われることになる」(Smith 2006: 1) と将軍は言う。彼の主張は正しいかもしれない。しかし，少し考えれば，将軍や将軍と同じ考えを持つ人びとは早合点しているのではないか。2006年のイスラエルとヒズボラのレバノン紛争，2008年のロシアとグルジアの紛争，2008年のイスラエルとハマスのガザ紛争，

これらはすべて隣接地域との国境を越える紛争であった。また，それほど遠くない将来，重要な鉱物資源，とくに化石燃料が不足し，資本主義諸国は浪費型の生活様式を維持することが難しくなると，資本主義諸国は懸命に希少資源を奪い合う，といったシナリオも想定される。2008年の世界経済危機はこうした事態をより現実のものにしそうである。

　万一そのような事態になれば，先進工業諸国は衰退するか，重要な鉱物資源の供給を確保するために国家間戦争を仕掛けるか，いずれかの厳しい選択に直面することになる。石油を例にとれば，近代工業国家から石油を奪うことは，それは生存の手段を奪うということである。これまでの生活様式は間違いなく崩壊する。これまで自ら死を選んだ国家は存在しない。国家は必要な量の石油供給を確保するために，国家間戦争を含めて必要なことは何でもするだろう。要するに国家間戦争は，平和への思いを誇る文明諸国にとってさえ，いまだに懸案事項なのである。

　国家間戦争が少なくなっていることを認めたとしても，それは内戦が増えていることの説明にはならない。内戦がありふれたものとなったことにはいくつかの理由がある。しかし，おそらく最も根本的な理由は，世界各地で主権国家が，たとえば部族や民族集団，テロリスト，軍閥，過激派や武装ギャングなどのさまざまな組織に対して軍事力を独占できなくなったことにある。そもそも主権国家は通常，領土内で行使する軍事力を独占するから主権国家なのである。政府が軍事力を独占できなくなれば，政府はもはや領土や国民を支配することができない。このような国内状況は，無政府状態にある国際システムに似てくる。国際システムは，戦争の構造的，「受動的」要因である（36ページ参照）。ホッブズの言う無政府状態において，以前は抑えられていた昔の緊張関係や憎しみが爆発し，表面に出てきたのである。この結果をわれわれはボスニア，コソヴォ，チェチェン，アフガニスタン，シエラレオネ，ソマリア，東ティモール，ハイチで見てきた。

　民族紛争でとりわけ驚愕させられるのは，何かをしたからというのではなく，ましてや政治のためでもなく，単にだれであるかという理由だけで人びとが酷い仕打ちを受け，そして殺されるという点である。ルワンダのツチ族，スリランカのタミル人，イラクのクルド人，ボスニアのイスラム教徒そしてコソヴォ

のアルバニア人への虐待行為は、まさにこの恐怖の例である。民族紛争はクラウゼヴィッツの政治的動機に基づく紛争とは全く異なる。政治が動機となる紛争では対立国間の意見対立を、国家間戦争で解決しようとする。しかも、それは倫理的かつ法的規則に従って行われる行動である。ふつうの国家間戦争を合理的で文明的であるというのは言い過ぎかもしれないが、少しは肯けるところはある。しかし、民族紛争は全く別である。民族紛争では通常考えられているような利益を追い求めているわけではない。それは悪意そのものであり、いかなる倫理的、法的規則によっても制約を受けることはない。「最終解決」にも似た「民族浄化」は、20世紀の政治用語のなかで、間違いなく最も邪悪な言葉のひとつである[2)]（BOX 1.4 参照）。

独裁主義的政府はよく国家間戦争の原因であると非難されるが、皮肉なことにユーゴスラヴィアやソ連のような国家では内戦を防ぐ手段であった。もし、大量虐殺の暴力がホッブズのリヴァイアサンに代わるのならば、リヴァイアサンのほうが魅力的かもしれない。世界中の何千もの民族集団を国民国家の内部にもはや閉じ込めておくことができないとなれば、われわれは無数の小集団に分裂した国際社会に向き合うことになる。これほどの規模で「バルカン化」が起これば、世界がより平和になることなどありそうにもない。

国家間戦争と国家内の民族および部族間の戦争は、いやになるほどありふれ

BOX 1.4　戦争についてのいくつかの「事実」

　戦争は定義が難しい。戦争は組織的な軍事的暴力を含むという合意はあるものの、どの程度の暴力があれば「戦争」という用語を使って良いのかは明確ではない。

　この定義の問題のため、現在どれほどの数の戦争が戦われているのか、その推計数は時々で変わる。時には相当の差異がでる。ストックホルム国際平和研究所（SIPRI）は、1998年に26の異なる場所で起きた31の主要な紛争のリストを作成した。英国国際戦略問題研究所（IISS）は、1998〜99年に35の主要な紛争をあげた。ワシントンの防衛情報センターは、1999年に38の主要な紛争を数え、現在は休戦中であるが直ちに再燃する恐れのある14の紛争のリストを作成した。

　1945年以降、ユネスコは世界中で150以上の紛争をあげ、第二次世界大戦以後の戦争に起因する死者数はおよそ2000万人（全死傷者6000万人のうち）で、そのほとんどが民間人であると推計している。

第1章　戦争の原因と平和の条件

た出来事である。一方，グローバル政治では将来の紛争が文明間で起きるという新しい考えがある。『フォーリン・アフェアーズ（*Foreign Affairs*）』に掲載され，論争や反響を呼んだ論文で，ハンチントンは将来の紛争の根本的原因は文化的なものになると予測した。「文明間の断層が将来の前線となる」(Huntington 1993a: 22)。たとえばヨーロッパでは冷戦のイデオロギー的分断が消失したことで，一方の西洋キリスト教国ともう一方のギリシア正教やイスラム教との昔からの文化的分断が再び姿を現した。W. ウォレス（W. Wallace）が考察したように，「ヨーロッパを分断する最も重要な線は，1500年の西洋キリスト教国の東側境界線であろう」[3]。この文化的断層はバルト海から地中海へ縫うように続き，それに沿って紛争が起きると考えられている。

ハンチントンによれば，文明とは「人間の最高の文化的集団であり，人間の最大の文化的アイデンティティ」(Huntington 1993a: 24) である。ハンチントンは民主主義，自由市場，自由主義，政教分離や国際干渉を基準に文明を8つに分類した。すなわち，西洋文明，日本文明，アフリカ文明，ラテンアメリカ文明，儒教文明，ヒンズー文明，イスラム文明，そしてスラヴのギリシア正教文明である。民主主義，自由市場，自由主義，政教分離や国際干渉などの諸問題について，これら文明間の差異は国家間やイデオロギー間の差異よりも大きい。そのため，国際的な合意や意見の一致を得ることが今後，ますます困難になるであろう。文明間紛争が起きると考えられる理由のひとつは，世界各地で「西洋」の価値が異議申し立てを受けていることにある。これまで民族間の溝を広げてきた宗教や原理主義が再び興隆し，また通信革命によって人びとは，自分たちを分断する差異についてこれまで以上にはっきりと知るようになったのである。

🔑 KEY POINTS

- 国家間戦争が少なくなるにつれ，国内紛争が頻発するようになった。
- 民族紛争にはクラウゼヴィッツの戦争モデルを簡単にはあてはめられない。民族紛争はとりわけ暴力的で，人びとの行動や政治よりも，むしろ，人びとがだれであるかという理由で殺されることが多い。
- 将来，戦争は国家間や民族間よりも，むしろ文明間で起きるとの説が一部にはある。

5 おわりに

　戦争という「病気」への「治療法」が足らないということは全くない。なかには信じられないようなものがある。たとえば，ライナス・ポーリング（Linus Pauling）はかつて次のように述べたことがある。戦争はビタミン欠乏症によって起きる。だから適切な薬を飲めば攻撃性を抑えることができる，と。ほかにも学者が明らかにしたさまざまな戦争原因に，次のような非の打ちどころのない論理的な解決策が出されている。たとえば，人間性の変革，国際システムの再構築，世界の富の平等な再配分，軍備の廃止あるいは人類の「再教育」などである。しかし，そうした解決策は近い将来実現する見込みがないために，ある意味全く解決策にはならないのである。同様に実現不可能な平和への提案についてヘンリー 4 世は次のように述べている。その有名な言葉はいまなお有効である。「それは完璧だ。申し分ない。ひとつを除いてその提案に全く問題はない。そのひとつとは，君主たちが全く同意しないことだ」。ヘドリー・ブルは上記のような解決策を，「国際関係の思考を台無しにし，国際関係にふさわしい問題から関心を逸らすものである」（Bull 1961: 26-7）と至極まっとうな批判をした。

　われわれは，何が可能か，その限界を知るところから始めなければならない。そうすればわれわれは，以下のようなやり方で少しずつ道を切り開き前進できるであろう。第一に，外交，コミュニケーション，危機回避や危機管理の術を改善すること。第二に，他人の利益に敏感になる克己心を養うこと。第三に，国際法の範囲を広げ，既存の道徳的な制約に基礎を置くこと。第四に，信頼できる民軍関係と熟達した軍備管理による軍事力の統制方法を学ぶこと。そして最後に，国際組織と世界貿易を通じて協力を強化すること，である。これらは戦争という問題に対する驚くほど劇的な，あるいは絶対確実な解決策ではない。そのため，現実的な外交政策とは庭園作りというよりも，むしろ草むしりに似ている。しかし，上記の方法は少なくとも戦争の頻度を減らすことができるし，おそらく戦争による破壊を限定することのできる現実的なものである。たとえ

戦争を廃絶できたとしても，平和が人間のすべての敵意を解消する万能薬でないことを忘れてはならない。平和は戦争が無いだけであって，紛争が無いというのではない。冷戦で明らかなように，戦争を仕掛けることができるのと全く同じように平和を仕掛けることも可能ということである。「平和」と「戦争」は通常，正反対なものと考えられているが，ある意味，両方ともあらゆる社会生活につきものの争いの諸側面である。戦争は，その暴力的性質によってのみ平和と区別される，単に特殊な種類の紛争でしかない。平和が万能薬でないがゆえに，平和か戦争かという厳しい選択に直面したとき，指導者は時として戦争を選ぶのである。ある種の平和——たとえば独裁体制下の——は，ある種の戦争より悪いかもしれない。言い換えれば，ほとんどだれもが平和を望むが，（絶対的平和主義者は別にして）平和しか望まなかったりあらゆる犠牲を払ってでも平和を望むという者はほとんどいない。そうでなければ，戦争の問題は消え失せてしまう。なぜなら，最後の手段として国家は降伏することで戦争をつねに避けるからである。降伏は平和をもたらすかもしれない。しかし，そうなれば国家が必要とするその他の，たとえば独立，正義，繁栄や自由などを失う結果となる。指導者は，基本的な価値や目標のなかにはいざというときに戦うに値するものがあると考えるのであろう。

　理想を言えば，もちろん人びとが望むものは世界大の正義の平和である。残念なことに，これは以下のような理由から見果てぬ夢である。世界大の正義の平和には，だれの正義が優れているかについて合意が必要である。世界大の正義の平和には，持てる者から持たざる者まで世界の富の再配分が必要である。正義の平和には，イスラム教徒，キリスト教徒，ユダヤ教徒，ヒンズー教徒，共産主義者あるいは資本主義者のだれであれ，互いに寛容な宗教活動や政治運動が求められる。正義の平和には，文化的帝国主義を終わらせること，そして，たとえ文化的価値が異なっても価値に差はないという合意が必要である。正義の平和には，国境線や「彼」と「我」の心理で区別された社会をなくすことがおそらく必要となるであろう。要するに正義の平和は，かつて実践されたことのないような振る舞いを人びとに求めるのである。ある学者の言葉を引用すれば，世界大の正義の平和には「人間ではないような生き物が必要」[4)]なのである。

「正義」と「平和」は歩みをともにすることはない。だから政治家は，今後もいずれかを選び続けなければならない。正義を追求すれば政治家は戦争をしなければならないかもしれない。平和を追求すれば政治家は不正義に耐えなければならないかもしれない。冷戦時代に西側諸国の政治家は，おそらく正しかったのであろうが，平和を正義より重要であると考え，東ヨーロッパ諸国の運命を共産主義のもとに委ねた。冷戦終焉後，彼らは平和よりも正義を重視するようになった。それは人権と民主主義の価値を守る干渉戦争という暴力が急増したことを見ればわかる。重要な問題は，平和か正義のいずれを優先すべきかを考える際に，両者のバランスを正しくとっているかどうか，あるいはわれわれが現在抱いている西洋の価値や人権に対して熱心になるあまり，戦争という問題にあまりにも軽々しい態度をとっていないかどうかということである。平和のために語るべきことがあるとすれば，それは「正義」の戦争よりも「必要な」戦争を戦うという現実主義の政策についてであろう。

Q 問題

1. BOX 1.1 の区分のうち，戦争の原因を分析するうえでいずれの区分が最も有用か。
2. 民主主義の拡大が戦争という問題を解決するのか。
3. 平和と正義の，いずれを優先するのか。
4. 攻撃的行動は先天的なものか，それとも後天的なものか。
5. 戦争は誤断や誤認の結果という説はどれほど説得的であるか。
6. 戦争は不可避か。
7. 戦争は政策の手段なのか，それとも非合理の噴出か。
8. 国家間戦争は時代遅れか。
9. 国際秩序が「内政不干渉」の原則に依拠しているのであれば，主権国家に対する軍事的内政干渉はどのように正当化できるか。
10. 戦争という問題は教育によって解決できるか。

文献ガイド

加藤朗『現代戦争論——ポストモダンの紛争 LIC』中公新書，1993 年
　▷ 1980 年代の中東のテロを事例に，少なくとも一方が非国家主体であるようなテロ，民族紛争，宗教対立などがなぜ起きるのか，また，その国際政治的な意味合いは何かを，場，主体，争点，手段の紛争の4つの要素から考察し，紛争理論の一般化を

目指した書。

栗本英世『未開の戦争，現代の戦争』岩波書店，1999 年
　▷人類学を基本にスーダンの紛争現場での現地調査，また，ホッブズの対立的世界観とルソーの協調的世界観などを踏まえ，未開の戦争から現代の戦争までを多角的に分析した好著。

国立歴史民族博物館監修『人類にとって戦いとは』全 5 巻，東洋書林，1999 〜 2002 年
　▷第 1 巻「戦いの進化と国家の生成」(1999 年)，第 2 巻「戦いのシステムと対外戦略」(1999 年)，第 3 巻「戦いと民衆」(2000 年)，第 4 巻「攻撃と防衛の軌跡」(2002 年)，第 5 巻「イデオロギーの文化装置」(2002 年) をテーマに，主として日本やアジアにおける戦争の原因やその展開について，古代から現代まで多数の研究者が考察した書。

ドーキンス，リチャード／日高敏隆ほか訳『利己的な遺伝子』増補新装版，紀伊国屋書店，2006 年
　▷自然淘汰を従来の群や個体ではなく遺伝子のレベルで解釈した進化論の啓蒙書。人間は「遺伝子という名の利己的な分子を保存するべく盲目的にプログラムされたロボット機械」という筆者の比喩から，利己的な遺伝子が自らを保存すべく自らの「生存機械」にほかの「生存機械」との生き残りをかけた自然淘汰の争いをしかけさせると，一般には人間の攻撃性の原因を遺伝子にまで還元した説として理解されることが多い。

ニーバー，ラインホルド／大木英夫訳『道徳的人間と非道徳的社会』白水社，1998 年
　▷「永続的な戦争状態にある社会」に，「いかに秩序を構築するか」という「ホッブズ問題」を，「道徳的人間」というモラリズムや「非道徳的社会」というリアリズムのいずれか一方に偏することなく，道徳と権力の緊張関係において解決すべきであると主張した。道徳を重視するカーやモーゲンソーら古典現実主義者に多大な影響を与えた名著。

ハンチントン，サミュエル／鈴木主税訳『文明の衝突』集英社，1998 年
　▷紛争の主体を従来の国家ではなく，国家の行動を規定する文明に求め，文明を分ける断層線（フォルト・ライン）上での文明の衝突という視点から冷戦後の世界各地の紛争を考察した。紛争の原因を文明というアイデンティティに求めている点で，国益や権力の追求に求める従来の国家中心的な戦争原因論とは一線を画する。

山極寿一『暴力はどこからきたか──人間性の起源を探る』日本放送出版協会，2007 年
　▷京都大学での長年の霊長類研究の成果を踏まえ，争いを回避する社会性を備えたアフリカのゴリラや屋久島のニホンザルなどを事例に，人間の暴力性がいったいどこから来たのかを考察した書。

【注】
1） たとえば以下を参照。Quester（1984: 44-54）.
2） 1985年までの民族紛争の包括的かつ明解な考察は，以下を参照。Horowitz（1985）.
3） 以下より引用。Huntington（1993a: 30）.
4） このクロード・フィリップス（Claude Phillips）教授のコメントは，以下で引用。Shaw and Wong（1985: 207）.

第2章
近代戦争の展開

本章の内容
1 はじめに——ナポレオンの遺産
2 戦争の工業化
3 海上での戦い
4 総力戦
5 核兵器と革命戦争
6 おわりに——ポストモダン戦争

読者のためのガイド

　ここでは戦争の理論と実践が過去200年間にどのように変わったかを概観する。本章は近代国家の発展が戦争の戦い方を変えてきた経緯を検討し，産業革命が戦争の立案や遂行に与えた影響を概観する。また過去200年における戦争理論家の影響も俯瞰する。戦争とは社会的な行為であり，戦争の遂行は軍事理論の変化や新たな技術革新に影響されるが，なかでも社会そのものの変化によって大きく影響される。

1　はじめに――ナポレオンの遺産

　戦争とは人類の歴史の変わらぬ特徴のひとつである。しかしその性質は逆説的である。戦争は，目的を達成するためであれば暴力を用いて相手を殺戮するという，人間性の暗い側面を示す基本的な活動として非難されてきた。しかし同時に，戦争を効率的に行うには高度の組織化が必要であり，忠誠心，従属，一体感による結びつきにも左右されるという意味で，戦争は優れて社会的な活動でもある。戦争という現象は，安定性，秩序，進歩への脅威として各国政府から批判されつつも，自衛や政治目的の達成のために擁護されてきたのである。戦争は「万物創造の父」であるが，そこには全面的な破局の危険性も存在する。

　近代において先進諸国間の戦争には，あるひとつのかたちが想定されてきた。それは，徐々にかたちが整えられていった国家との共生的な関係，戦争の工業化，そして戦争の遂行手段の全体化などを特徴としていた。こうした「近代的」時代の戦争は，歴史的に見て多くの点で例外である。有史以来のほとんどの戦争では，近代の典型的な戦争よりも軍隊の規模ははるかに小さく，目的は限定されており，国家資産を投入する割合ははるかに少なかった。20世紀末までに，こうした「近代的」で工業化された戦争の時代が終わり，新たな時代が始まっていることを示す証拠もある。

　「近代的」な戦争とは何を意味するのか。その答えは明瞭でもあり，論争を呼ぶものでもある。それは人類の歴史の「近代的」な時代によって形成された戦争の形態であるし，それを反映したものでもある。しかし近代性と近代戦争の意味は単なる技術的進歩にとどまるものではない。戦争はより高度で大量生産された兵器によって戦われた。19世紀の軍事理論家であるカール・フォン・クラウゼヴィッツは，戦争の支配的な形態というものはつねに戦争が生起する時代を反映すると指摘しているが，これは近代戦争にたしかに当てはまる。とはいえ，いかなる時代においても戦争の形態はひとつではないことに注意すべきであろう。戦闘員の性質や戦争の社会的，地理的文脈が示していることは，その時々の大国間の典型的な紛争の形態とは全く異なるようなさまざまな様相

があるということである。

　近代戦争の展開とは，軍事分野で近代性が果たした役割についての物語である。それは，戦争が知的，政治的，社会的，経済的な状況へ与えた変革への影響というかたちで現れた。とくに西側では，社会全体としては中央集権化，官僚組織の整備，（ある程度の）民主化というプロセスのなかで国家が強化されるという特徴が認められたが，近代戦争はこうした広範な枠組みのなかで進展した。また，近代戦争はナショナリズムに代表される強力なイデオロギーの台頭にも左右された。その他の重要な進展として，科学的手段によってもたらされた技術革新と工業化による急激な変化があった。こうした変化にともなって人口が急増し，また先進的国家で生活をする便宜の見返りとして，市民には国防の義務があり，紛争が発生したときは徴兵制を通じて国際平和に協力するという主張すら出るようになった。

　こうした力は19世紀から20世紀初頭にかけて軍事革命というかたちで現実のものとなり，その焦点は大量に招集された軍隊やイデオロギーに熱狂する市民であった。彼らは，大量生産され高い殺傷力を持った射程距離の長い兵器を装備していた。工業化された経済力は全世界への部隊展開を可能にし，彼らはそれによって兵站支援を受けていた。こうした潮流のなか，敵への絶対的勝利を目的とし，相手の国民全体を潜在的な攻撃目標とするような戦争形態が生まれた。こうして「総力戦」への道が開かれ，その極限が第二次世界大戦（1939〜45年）であった。

　18世紀後半までのヨーロッパは比較的「限定された」戦争を特徴とした。その背景には多くの要因が関連する。啓蒙主義の合理的価値が広まったこと，また，17世紀の宗教戦争での恐怖の記憶が消えずに残っていたことも影響していた。社会的，経済的要因も重要であった。当時の君主国家での徴税や動員の基盤も限られていた。イギリスやオランダ共和国のような一部の国家においては，軍隊の規模や運用について議会が制限していた。

　当時すべての国家にとり兵士を徴募し，これを維持するのは大変困難であった。兵役は人気がなく，軍隊は長い期間勤めた職業軍人と外国人傭兵を組み合わせたものに頼らざるを得なかった。職業軍人を招集し訓練するには出費がかさんだため，政府は将軍に対して，次々に生起する戦闘にこの高価な人的資源

を投入しないよう求めた。

軍事的要因からも戦闘は制限された。線形陣形を用いる当時の戦闘では兵士の訓練や士気は高くなければならなかったが，この訓練された部隊は貴重で，簡単に放棄することはできなかった。また，線形や方形の陣形で戦うには歩兵の移動速度はゆっくりとしたものでなければならない。そのため，敵軍に奇襲攻撃を仕掛け，これを撃破するまで追撃することは，将軍たちがどんなに望んだとしても実際には困難であった。それに，軍の規律が厳しかったことから脱走兵が続出していたので，絶対的勝利を得るために自軍の兵士に自由に敵軍を追撃させることに将軍たちは躊躇した。

また前世紀の戦争の惨劇から，司令官は兵士の略奪行為を容認する気にはなれなかった。そのため軍隊が自ら補給物資を輸送し，補給所にそれらを山のように貯蔵しなければならなかった。これによって軍隊はしだいに束縛されることになった。補給物資に限りがあり，道路網がほとんど未整備であったため，国家が戦場に展開できる軍隊の規模は制限された。

18世紀には数々の革命が起こった。産業革命やフランス革命のように，いくつかの革命は近代戦争の進展に影響を与え続けたことが判明した。この2つの革命の変化によって，戦争とそれを生み出す社会との関係性が大きく変化することとなった。

フランス革命の軍事的帰結を象徴した変革的構想は，それ以前の数十年間に実際，すでに数多く生まれていた。18世紀の常備軍は当時の政治的，社会的構造による制約のなかで，できるだけ効率的なものでもあったが，多くの理由から国家の人的資源のわずかな割合にしか依存していなかった。モンテスキューやルソーのようなフランスの思想家は，民主主義国家において市民は祖国を防衛するために皆，武器を手にする義務を負うという考えを打ち出していた。こうした考えは啓蒙思想家に限られていたわけではない。ギベール（Jacques Antoine Guibert）のような軍事理論家も市民軍の招集を提唱していたのである。また彼は補給所のシステムを放棄し，現地調達を復活させ，「祖国から離れて生活する」ことをも提唱していた。

フランスのような保守的な君主国家において，こうした考えは急進的な危険思想であり実践に移される公算は低かった。変化への基盤は1792年に生まれ

ナショナリズムが高まった初の近代戦争・フランス革命戦争におけるアルコレの戦い。国旗を持ったナポレオンが兵を率いている（1796年）[Horace Vernet 画]

1 はじめに

た。それは国王ルイ16世の国外逃亡，逮捕，そして処刑によって始まり，フランス共和国の創設によって実現した。幾多の敵に対して自衛するために，革命体制は戦争遂行に全く新しいアプローチを採用した。そこには徴兵制による市民軍の創設，大規模な戦時経済体制やイデオロギー戦争の導入，教条化といったものが含まれる。これらは18世紀に見られた限定的な「官房戦争キャビネット・ウォー」とは一線を画した，近代戦争の特徴である。

　1793年の徴兵制導入によりフランス軍の規模は急激に増大した。戦争の規模はほかの変化によっても影響を受け，これにともなって戦争の性質も変わった。これには国民皆兵という理念，イデオロギーの影響，ナショナリスティックな熱狂，昇進制度を階級を基礎としたものから能力主義へと変更したことが含まれる。

　18世紀の制限戦争とは異なり，イデオロギー戦争の目的は敵の壊滅に向けられた。戦争目的はわずかな領土の収奪から，領土の大幅拡張や，あからさまな併合にすらなった。それはしばしば旧態依然たる秩序を覆すことも含んでいた。フランス革命とナポレオンの時代においてフランス軍は戦闘を自ら追求し，その機動性によって敵軍は，戦闘か退却かの選択を強いられることとなった。

　徴兵制から生まれたフランスの巨大な軍は，18世紀型の軍隊の規模をただ大きくしただけのものではない。その大規模なフランス軍が創設された環境か

65

第2章 近代戦争の展開

ら，規模のみならず性質も変貌を遂げたのである。その代表例は国民皆兵であり，イデオロギーや愛国的熱狂に燃えた国民である。これは戦争の性質を決定的に変えることとなる。

革命によってフランスに大衆軍が生まれたが，この軍隊はナポレオン帝国の最初の数年間で決定的存在であることを示した。当時，軍隊の規模を制限するのは，鉄道や大量生産以前の時代だったため巨大な軍隊への補給が困難なことだけとなった。理性の時代の偉大なフランスの将軍であるザクセン公マウリッツは軍隊の実際の規模として5万人が最大であると論じていた。しかし1812年までにナポレオンは，ロシアを60万人規模の軍隊で侵略していた。

大規模な軍隊の登場は将軍や戦略家に新たな課題を提示した。一本の道路で移動するには規模が巨大であるが，並行する道路へと分散して展開すれば脆弱となり敗北を喫するかもしれなかった。軍団編制の導入によってこうした危険を克服することが可能となった。それぞれの軍団が小規模な軍として支配下に歩兵，騎兵，砲兵を保持し，ほかのフランス軍が集結する時点まで，敵軍から自衛するのに十分な能力を保有しつつ，単独で迅速に展開できる機動性を持っていたからである。フランス革命以前は最大規模の部隊は旅団であり，いくつかの砲兵大隊か騎兵連隊から編制されていた。フランス革命によって旅団のいくつかをまとめ上げた師団編制が導入された。当時ナポレオンはいくつかの師団を「軍団（army corps）」へと編制し，歩兵，砲兵と騎兵から構成される最大5万人規模の効率的かつ小規模な部隊を構成した。歩兵機動師団は，軽量化され，機動的になり，大量生産された野戦砲を装備していた。こうして強力な砲撃が戦闘のひとつの様相となり，これによって死傷者が急増した。こうした展開は，戦闘正面で分散するよりも攻撃地点への火力集中の利点を力説したドゥ・テイル（Du Teil）によって，革命以前に提唱されていた。

新たな大規模軍団はほかの問題も抱えていた。糧食を供給して補給することは困難を極めた。18世紀に使われていた補給拠点は，即時に展開する軍団に置いて行かれたのである。しかし補給の必要は大きく，一緒に輸送をするとなると進軍が顕著に遅くなった。解決策は，理性の時代において野蛮と見なされた18世紀以前の手法へと回帰することであった。これは軍隊にとって「祖国を離れて生活」し，進軍した先で略奪の限りをつくすことを意味した。

これは戦争が必ず攻撃的なものへ転じることを意味した。こうした略奪行為を自国の領土で行うことは経済的，政治的な破局をもたらすため，つじつまを合わせるためにも，戦争は自給自足となるよう国外で戦われなければならなかった。しかしながら，こうした略奪によって収奪された土地の人びとの被害に全く無関心な態度が生まれ，フランスは収奪を受けた農民によるゲリラ戦争の挑戦を受けることとなった。事実，スペイン語の「ゲリラ」という単語は，スペイン人の反乱分子によるフランス占領者に対する「小さな戦争」を語源とする。

ナポレオン・ボナパルト ［Antoine-Jean Gros 画：Château de Versailles］

おびただしい数の兵士を手に入れたナポレオン・ボナパルトのような将軍は，軍事的，政治的野心を追求するなかで，支配下の兵士の生命を惜しむことなく浪費することが可能であると実感していた。革命の熱狂が失われ，死傷者のリストが長くなるにつれ，大規模なフランス軍は徐々に，新たな近代国家が保有するようになった全体主義的な権力を使わないと維持できないようになった。その力は古くからの君主制が持っていたものよりもはるかに大きかった。ナポレオン帝国は最終的には300万人以上を招集しており，毎年20万人の「収入」を得ていたと得意になっていた。

18世紀の軍事理論家は数量の重要性をほとんど顧みなかった。戦争は機動と包囲戦を特徴としており，指揮をとる将軍の才能というものが部隊の相対的な規模よりもはるかに重要であると考えられていた。しかしナポレオン時代のフランスの成功により，この見方は一変し，ついには数のみが決定的であるとの誤った前提を強調することとなった。

ナポレオン戦争の最大の特徴は戦闘の頻度にある。18世紀の将軍たちとは異なり，ナポレオンは相手に戦闘を強要するほど迅速に移動ができた。彼はこうした能力を最大限に活用し，敵軍を執拗なまでに追跡して撃滅するために戦

> **BOX 2.1　ナポレオン戦争**
>
> 　最盛期におけるナポレオンの戦争方法とは，決定的戦闘や通常の戦闘を通じて空前の規模の部隊を，相手を粉砕するために機動的に投入するものであった。こうした英雄的任務に投入された部隊とは，職業軍人，愛国心に燃えるフランスの招集兵，寄せ集め，士気の低い外国人傭兵であった。部隊編制は自律的な軍団であったが，近代戦争の全能の神であるコルシカ出身の天才〔ナポレオン〕がこれを指揮した。フランスの多彩な作戦上の技巧は（参謀本部に近い存在である）帝国司令部が担当し，1804年以降は元帥たちによってさまざまなかたちで助力を得て，示唆されたものである。1805年から1807年の最盛期においてナポレオンのスタイルは，速やかな決定権限を外交政策の手段として復権させたように少なくとも見えた（Gray 2003: 140）。

闘を追求した。このように敵国の軍隊を撃破すれば相手の資産を占領，統制することができ，フランスが作成する政治的要求へ抵抗することをほとんど不可能にした（Jones 1987: 350）。こうした戦闘の古典的な事例としてはプロイセン〔ドイツ〕との1806年の戦いがある。プロイセン軍はイエナとアウステルリッツの2つの戦闘で敗北を喫し，激しい継続的な追撃を受けて崩壊した。これによりプロイセンの住民の多くが蹂躙され，軍はほとんど投降した。

🔑 KEY POINTS

- ナポレオン時代に徴兵制を基礎とした大衆軍が出現した。
- ナポレオン戦争は敵軍の抵抗力を削ぐため決定的戦闘を追求した。
- イデオロギーとナショナリズムによって戦争のかつてない容赦なき形態が生まれることとなり，多くの諸国でゲリラ戦争による抵抗を生んだ。

◆クラウゼヴィッツ

　カール・フォン・クラウゼヴィッツはプロイセンの職業軍人であり，あらゆるタイプの戦争遂行で経験が豊富であった。彼の思想はドイツのシラーやゲーテのナショナリズムの影響を受けていた。また「戦争とは自然な社会現象であり，分析行為によって影響を受ける」（Nofi 1982: 16）と論じたベレンホルスト（Berenhorst）や，「勝利とは理論の成果ではなく国家のすべての資源を適切に

投入した結果として得られる」(Nofi 1982: 16) と明言したフォン・ビューロー (Von Bulow) といった，数多くの軍事思想家の影響も受けていた。彼の晩年の経歴はプロイセンの陸軍士官学校長であり，彼の古典的な著作である『戦争論』で展開される考えもここで生まれた。

クラウゼヴィッツの戦争観は，18世紀の社会，政治面での楽観主義とは明らかに決別したものだ。彼は戦争を合理的な政策決定によって導かれる政治の一手段と位置づけたが，暴力を行使して死傷者が出ることを覚悟する意思に左右されると力説した。戦争の目的とは，戦闘を求め，暴力を行使して相手に自らの意思を強要することにある。

クラウゼヴィッツは敵の権力の中枢（重心）を捕捉し，これを粉砕したときに勝利は得られると強調した。敵軍の撃滅は政治的勝利の鍵であるが，これは心理的なものであり必ずしも物理的な破壊を意味しない。撃滅とは敵の抵抗する能力を破壊することであり，クラウゼヴィッツは決定的戦闘によって最も確実にこれを達成でき，敵軍の中枢が普通は決定的重心となると考えた。戦場で決定的優位をもたらすような戦術や戦略を追求したとしても，クラウゼヴィッツにとっては，ほかの条件が同一であるならば，数が最終的には決定的であった。多くの者にとり，こうした論理は1866年の普墺戦争や1870年の普仏戦争におけるプロイセンの勝利で証明されたと思われた。

戦争とは政治の継続であり政治の破綻ではないというクラウゼヴィッツの見解は，啓蒙合理主義の思想からの変質を示した。時にはクラウゼヴィッツの考えは圧倒的な影響力を持ったが，その信奉者たちの多くはクラウゼヴィッツの議論に含まれた留保条件を無視してしまい，戦争において防御力が重視されて

Box 2.2　クラウゼヴィッツにおける中心的な概念

- 戦争は政治の常態の一部であり，違いはその手段だけである。
- 戦争はほかの手段では実現できない目的を達成するための暴力行為である。
- それぞれの時代にはそれぞれの戦争形態が生まれる。
- 戦争とは国民全体が参加するものである。
- 戦争は人間が参画するため，予測不可能なものとなる。
- 勝利が政治目的を達成するための手段でないとするならば，勝利には価値がない。
- ほかの条件が同一であれば，最終的には数が決定的となる。

いたことも忘れられてしまった。クラウゼヴィッツの思想はナポレオン戦争の教訓を反映しているとは言え、鋭敏で想像力に富んでおり、工業化時代の大衆の戦争や、核兵器や限定戦争の時代においても有効であり続けた。

2　戦争の工業化

　19世紀を通じて戦争は2つの重要な意味で工業化を遂げた。最新技術はより高性能な兵器の製造に使われた。しかし、民生技術面で生じたより広範な技術革新のほうが、将来の戦争形態にとって重要であった。武器弾薬などの軍需物資がいまや大量生産されるようになった。そして、はるかに大規模な軍隊の戦闘を支援することができるようになった。缶詰による食糧の保存といった、ささいな発明によって、厳しい冬でも何カ月も戦闘用の食糧を補給し続けることが容易となった。物資は新たに敷設された鉄道を使って前線へと即座に供給された。1825年に初めて鉄道が運行され、1846年にはプロイセンは軍団規模の部隊を装備品と一緒に250マイル移動させた。それまで2週間の行軍を要した距離を、わずか2日間で移動した（Preston and Wise 1970: 244）。

　鉄道を利用することによって兵士を迅速に移動させることができたのみならず、移動後も兵士はそれほど体調を崩すことなく体力を温存できた。これは予備役に大きく依存する軍隊にとっては重要な点であった。鉄道を使って後方地域の病院へ負傷した兵士を移送することもできたので、兵士の生存率を上昇させた。これは、部隊の力を維持しつつ、隊員の士気を鼓舞するうえでも利点となった。また鉄道を使えば兵員を定期的に交代させ、増援することが可能となった。これは、ナポレオン戦争で必要とされた大衆軍を、国家がつくりあげて維持できるようになったことを意味した。巨大な軍隊に物資を供給し続けることは難しかったため18世紀は軍隊の規模は制限されていたが、それはもう過去の話となった。1870年にプロイセンがフランスに侵攻した際の軍隊は、ナポレオンがその60年前にロシアへ進軍したときの2倍の規模であった。即座に動員をかけられなかったフランス軍は規模もずっと小さく、いとも簡単に圧

倒された。1914年までに展開部隊の規模はさらに倍増され，ドイツは350万人近い兵力でフランスを攻撃したが，フランスも同じ規模の兵員を展開していたのである。

　鉄道の戦略的価値は直ちに認められることとなった。フランスは1859年のオーストリアとの戦争の際に12万の兵員を輸送したが，必要とされる物資を輸送しなかったため軍の効率は限られたものであった。鉄道を活用することの戦略的利点は，2年後のアメリカ南北戦争の緒戦で如実に示された。1861年7月，南軍のジョンストン（Johnston）将軍は〔シェナンドー〕渓谷部隊をマナサスに移動させて数的優位を確保し，第一次マナサスの戦い〔第一次ブルランの戦い〕で勝利を収めた。もし仮にこのときに敗北を喫していれば，南北戦争は短期で終結していたかもしれない。その後に設立された合衆国軍事鉄道は北軍の最終的な勝利に重要な役割を果たすことになるが，その設立は，南軍が1862年のケンタッキーの戦いと1863年のチカマウガの戦いで鉄道網による戦略的優位性を確保した後のことであった。またこの間，北軍はチカマウガでの南軍の反撃に対して，包囲されたチャタヌーガの町を解放する目的で鉄道による大規模な増援を行った。1870年の普仏戦争ではプロイセンが鉄道輸送で優位に立ち，敵のフランス軍を数の面で大きく上回り，圧倒した。

　これ以外に民生技術が軍事的重要性を帯びたものとして電信があげられる。以前であれば命令伝達だけで数日ないし数週間の遅れが生じるような距離を隔てながら，政治指導者や戦域司令官は，電信を通じて即座に現地の軍指導者と意思の疎通を図ることができるようになった。

　工業化の影響は軍の兵器や装備の面にも直接現れていた。18世紀に使っていたのは，命中精度が低く，有効な射程距離が100ヤード未満に過ぎない滑腔式(かっこう)のマスケット銃であり，こうした装備面での制約を踏まえて戦略や戦術がつくられていた。こうした装備が戦果をあげるためには，銃を持った歩兵を大量に投入し，正面に幅広い火線をつくる陣形をとる必要があったが，機動や迅速な前進は困難であった。

　とはいえ，19世紀を通じて見れば，兵器技術の一連の革新によって戦略と戦術の両面で変化が起きていた。歩兵の装備はライフル銃身，無煙火薬，後装式の兵器，ついには弾倉式(だんそう)の兵器も登場した。ライフル銃身の兵器は命中精度

イギリス海軍兵士が操作する初期のマキシム重機関銃

が格段に向上し、歩兵は身体をさらして相手の標的になることもなく、数百ヤード先の目標を射程に収めることができるようになった。ライフル銃の優位はアメリカ南北戦争の初期の戦闘ですぐさま明らかとなり、後装式の銃は1866年の普墺戦争でプロイセン側が用いて勝利を収めた後にヨーロッパ各国軍の標準となった。1884年にプロイセン〔ドイツ第二帝国〕は弾倉内に8発装填するライフル銃を導入した。それよりも前に連発銃は導入されていたが、その戦果は良いものばかりではなかった。南北戦争の末期、連発式のカービン銃を使った北軍の騎兵隊は南軍に対して決定的な優位に立った。しかし1870年にフランス陸軍が保有した機関銃はほとんど理解されず、うまく活用されることはなかったため、当初戦況に全く影響を及ぼさなかった。しかし1884年までにはマキシム重機関銃が開発され、これによって効果的な兵器が製造されるようになり、戦術上の革命が起こることになる。

　1860年代を通じてライフル砲が標準となり、前装式火砲の射程は2マイルまで延びた。1870年にはプロイセンは後装式ライフル砲をすでに製造しており、フランスの同業者を凌駕し、戦術的な優位に立った。1890年代には速射技術によって火砲の効率は向上した。

　アメリカ南北戦争（1861〜65年）と普仏戦争（1870〜71年）では、歩兵が敵に接近することがきわめて困難になり、そうした状況下で攻撃を強行した場合には死傷者が多数に上ることが明らかになった。南北戦争におけるマルバーンヒル、フレデリックスバーグ、ゲッティスバーグ、普仏戦争におけるグラヴェロートの戦闘では、防御態勢が整った相手から歩兵が攻撃を受け、大規模な死傷者が出た。南北戦争の最後の数カ月間に東部戦線で見られたように、部隊の機動性が失われ、敵との塹壕戦に突入すれば、攻撃側の問題点はさらに深刻になったのである。

　しかしヨーロッパの戦略家は1871年から1914年の期間に得られた教訓の重

要性を見落としていた。むしろ1866年〔普墺戦争〕と1870年〔普仏戦争〕のプロイセンの戦争の例にならい，大衆軍が作戦地域へと列車で移動し，機動作戦を展開する攻勢側が迅速に勝利を得ると信じることを好んだ。ただし，防御側も同じように動員をかけ，列車を活用して大規模な防御兵力を攻撃側の進入路に効率的に運ぶ可能性もあったが，そのリスクは見過ごされたのである（Quester 1977: 80）。19世紀半ばの戦争は異なった教訓をもたらした。クリミア戦争や仏墺戦争では早くもライフル銃や鉄道が用いられたものの，さまざまな面でナポレオン時代の紛争の特徴を備えていた。1866年の普墺戦争では大規模な軍隊が展開し，技術優位の重要性も認められていたものの，総力戦の要素は微塵（みじん）も見られなかった。プロイセン側が提示した講和要求も驚くほど穏健なものであった。しかし普仏戦争は違った。参謀本部，鉄道，電報などが活用された一方で，ライフル式の装備によって多数の死傷者が出たのである。不吉なことに，フランスの敗北後に革命と体制変更が起こったため，フランス軍の遊撃部隊がプロイセンに対してゲリラ戦を展開し，ドイツ占領軍も過酷な反撃を頻繁に行った。

Box 2.3　植民地戦争

　戦争の歴史では19世紀に起こった主要諸国間の対立に焦点を合わせる傾向にある。しかしイギリス，フランス，スペインをはじめとする多くの国は植民地や帝国内の非ヨーロッパ勢力との戦闘に軍事資源を投入しており，ほとんどの関心はそこに向けられていた。こうした紛争の主たる特徴はその野蛮さにあった。ヨーロッパ諸国が決定的な勝利を手中に収めることはまれであり，ゲリラ戦がだらだらと何年も続くのがつねであった。植民地の現地司令官は敵のゲリラ戦術に対抗するため，大量虐殺を行ったり，住民の家屋や食糧源を襲撃することもしばしばであった。同時代の軍事評論家であるコールウェル（C. E. Callwell）は「小さな戦争（small wars）において，正規戦に適用される法律では認められないような蛮行を犯すことを強いられることもある」（Porch 2001）と論じている。ヨーロッパ各国の将軍は，こうした戦争の形態からヨーロッパでの戦争に教訓を引き出すことはほとんどなかった。しかし，こうした戦争の形態は20世紀前半に起きる総力戦の予兆であったし，冷戦終結後に生起した，いわゆる「新しい戦争（New Wars）」にどこか共鳴するものでもあった。

これに加えて、ヨーロッパの観察者はヨーロッパ以外が発した警告を受け止めることができなかった。植民地戦争は時に野蛮な戦争となったが決定的な戦闘にはならなかった。また、19世紀後半のヨーロッパ以外で展開した大規模な戦争は多くの点であまりにも現代的なものであり、20世紀の総力戦の特徴をかなり備えていた。アメリカ南北戦争は古い時代の最後の戦争であり、新たな時代の最初の戦争であった。それは両立しない2つのナショナリズムのあいだで戦われたイデオロギー的死闘であった。そこでは大規模に徴兵制が敷かれ、ライフル銃、蒸気船、地雷、鉄条網、観測気球などの革新的技術が次々に投入された。南部の人口の2割以上が参戦し、南部連合（Confederacy）は軍で活用できるマンパワーのうち9割近くを入隊させていた。両軍の死傷者はおびただしいものになり、北軍は1864年のアトランタとシャナンドーの戦いで南部の一般市民を意図的に襲撃した。シャーマン（Sherman）将軍は「われわれが戦っているのは敵の軍隊だけではなく、敵の住民もである。老若や貧富を問わず戦争の試練を住民に思い知らせるのだ」（Janda 1995: 15）と高らかに謳った。しかし実際にねらわれたのは住民の命ではなく住民の財産であった（O'Connell 1989: 201）。それよりも苛烈であったのがブラジル、アルゼンチン、パラグアイのあいだで戦われた大パラグアイ戦争であり、パラグアイの成人男性人口の半数以上が失われた。同様に1899年から1902年の第二次ボア戦争では、新兵器が導入されて軍人に多数の死傷者が出て、イギリスの「強制」収容所でボーア人の民間人が監禁され、ボーア人がゲリラ戦争を展開し、イギリスが抑圧的な対抗措置を講じた。こうして2つのコミュニティーの関係は次の世紀までこじれた。こうした教訓事項は日露戦争でも同じであり、大衆軍の導入、おびただしい数の犠牲者、戦線の急激な拡大、昼夜を問わない数週間におよぶ戦闘を特徴とした。

🔑 KEY POINTS

- 19世紀の産業革命によって戦争遂行の形態は革命的な変化を遂げた。
- 鉄道、蒸気船、電信などの民生技術や大量生産方式によって巨大な規模の軍隊をつくり、装備し、統制することが可能となった。
- 後装式(こうそう)ライフル銃、機関銃、装甲艦、魚雷、潜水艦といった新兵器が登場した。

- 政府は戦争を継続するために国民を総動員するようになった。
- 戦術上の変化は緩やかにしか起こらなかったため，戦闘によって多数の死傷者が出るのが常であった。

3　海上での戦い

　海上での戦いも19世紀を通じて同じように劇的な変革を遂げた。ナポレオン戦争時代の軍艦は，過去数世紀と同様に，木製であり風力を推力としていた。それから1世紀のあいだに軍艦の装甲は鉄製となり，長射程のライフル砲を装備し，風力に依存しないで航行できるエンジンを搭載するようになって徐々に変化していった。1822年にペクサン（Paixhans）将軍は『新しい海軍力（*Nouvelle force maritime*）』と題する本を出版し，炸薬を詰めた榴弾を装備し，装甲で守られた艦船は，既存の木製のカノン砲搭載の艦船を撃破するであろうと論じた（McNeil 1982: 226）。ヨーロッパの海軍はこうした火力を1830年代に採用し始め，蒸気エンジンも1840年代に導入された。装甲板の採用もこれに続いた。

　イギリスは海軍力での自国の優位を脅かすような展開を嫌っていたため，19世紀半ばに艦船の設計をリードしたのはフランスであった。何十年にもわたって軍艦の推力は帆と蒸気を組み合わせたものであったが，砲が巨大になり，これを旋回式の砲塔に据えつけるようになったためマストや帆が邪魔になった。1873年，イギリスは帆のない戦艦を初めて進水させた。しかし19世紀の最後の四半世紀に軍艦建造の技術革新が急激に進んだため，船が進水する前にすでに時代遅れとなることもしばしばであった。

　軍艦の設計が急激に変化を遂げたとはいえ，海上での戦いについての戦略思想はなかなか変化しなかった。世紀末になってようやく目に見える進展がもたらされた。1890年にアルフレッド・マハン（Alfred Mahan）が『海上権力史論 1660〜1783年（*The Influence of Seapower on History, 1660-1783*）』を上梓したのである。同書は幅広く読まれることとなったが，それは過去数十年間に急

シー・パワーの重要性を唱えたアルフレッド・マハン [J. E. Purdy 撮影：Library of Congress Prints and Photographs Division Washington, D.C.]

激な変化が生じたため，海軍の将校がその変化の意味をつかもうと模索していたからだ。マハンはシー・パワー〔海軍力〕とは歴史上，つねに死活的に重要であり，大国の海軍の目的とは制海権を握ることにあり，これを実現するためには建艦努力を強力な艦隊に傾注し，敵の大艦隊を探して撃滅しなければならないとした。このような考えは，ジョミニ（Jomini）やクラウゼヴィッツと同様のものである。ただし，マハン自身がクラウゼヴィッツの著作と出合ったのはずっと後のことである。マハンは，それよりもジョミニを幅広く読んでおり，そこからより多くの影響を受けていた[1]。

新しい海軍思想が浮上しつつあり，その内容は旧態依然たる海軍司令官には落ち着かないものであった。たとえばフランスの青年学派（ジュネコール）は，魚雷艇のような新しい兵器システムによって通商破壊が将来の海上での戦いにおける主要な形態になると論じた。新技術の提唱者は，イギリスのような国が保有する大艦隊は潜水艦や魚雷艇によって時代遅れとなると論じた。

こうした考えはイギリス，ドイツ，日本の伝統的な海軍論者には警鐘となった。イギリスのコロム（Philip Howard Colomb），ドイツのフォン・マルツェン（von Maltzen），そして日本の秋山真之（あきやまさねゆき）は，シー・パワーには機動力と柔軟性という利点が備わっているため，引き続き世界を制すると反論した。コロムの『海上での戦い——歴史から見た支配原則と実践（*Naval Warfare: Its Ruling Principles and Practices Historically Treated*）』はマハンの本とほぼ同時に登場した。マハン自身は通商路への攻撃が戦時における海軍の主任務であるという考えを退け，艦隊が海上を支配し，ひいては世界を支配すると主張した。

マハンの考えは，ハルフォード・マッキンダー卿の『デモクラシーの理想と現実——再構築の政治に関する研究（*Democratic Ideals and Reality: A Study in the Politics of Reconstruction)*』で示された考えと対極をなすものであった。マッキンダーは，世界の覇権は鉄道時代にユーラシア大陸を統制する大陸国家(ランド・パワー)の手中に収まると論じたのである。この理論は現代社会におけるシー・パワーの役割を軽視するものであった。伝統的な海軍論者はこの考えに警戒感を抱いたため，進んでマハンの理論に与(くみ)することとなった。海軍論者は，国力，安全，繁栄は海上の防衛に依存するものであり，大規模な商船や強力な海軍を有する国家が，これまでと同じように世界を支配すると著した。たしかに，それまでの300年間のパターンでは，海上を支配する国家は大規模な大陸国家に対してつねに勝利を収めてきた。

海軍論者は，大量の物資を輸送する場合，海上輸送は陸上よりもはるかに容易で安上がりであるし，鉄道時代においてもほとんどの物資輸送についてはこの点は変わらないと力説した。そのため海上交通路の利用と支配は，国家の富を蓄積するうえで重要であった。最終的に，国家が強力な軍隊を維持できるのは富と経済力のおかげというわけである。これには変化はないとされた。

シー・パワーの提唱者は，ナポレオン的な陸上戦闘の特徴に強く影響を受けながら，海上での戦闘を分析していた。ひとたび敵の主力艦隊の所在を確認し，これを撃破すれば，貿易を保護し，相手国の貿易を阻止しつつ海外へ軍事力を投入することで制海権は維持されるとした。

もう少しバランスのとれた見方としては，イギリスの海軍理論家であるジュリアン・コルベット卿 (Sir Julian Corbett) の所論がある。コルベットはクラウゼヴィッツの思想の異なった側面を強調した。つまり，シー・パワーは政治目的の手段に過ぎないと論じたのである。それゆえ国家は政治的野心に合致するような海上戦略を持つべきであるとされた。しかしながらコルベットは，強力で不屈の意志を持った大陸国家をシー・パワーのみで圧倒することはできないことにも気づいていた。シー・パワーには限界があり，歴史上，イギリスのような海洋国家はヨーロッパ大陸の大陸国家を同盟国としてつねに必要としてきた。コルベットはまた，海洋戦略が追求するのは決定的戦闘だけでなく，貿易保護や通商破壊，水陸両用作戦，軍隊の海上移送もきわめて重要であると論じていた。

第一次世界大戦において新しい技術のほとんどは決定的なものとはならず，

海軍司令官はより慎重になった。イギリスはドイツに対して海上封鎖を行い，連合国側の最終的な勝利へ大きく貢献した。イギリスはドイツ主力艦隊を戦闘へと引き込もうとしたが，1915年のドッカーバンク海戦や1916年のユトラント沖海戦は直ちに決定的なものになったわけではなかった。ユトラント沖海戦はドイツにとって戦術的勝利であったものの，ドイツの艦隊はそれ以降，イギリスの艦隊に攻撃を仕掛けることもなくなり，連合国による海上封鎖に対抗できなくなったため，結局はイギリスにとって戦略的な勝利となった。とはいえイギリスの司令官は「マハン流」の殲滅戦を強要できないことに不満を募らせていた。事実，ユトラントは戦艦同士による史上最後の海上戦闘となった。

これにかわってドイツは潜水艦戦を重視するようになり，2つの世界大戦で潜水艦による作戦は死活的となった。1917年末までにイギリス商船の損害はもはや耐えられない水準に達していた。しかし第二次世界大戦では連合国側は護送船団方式を導入し，戦術面でも装備面でも向上を図ったためドイツ潜水艦の挑戦を跳ね返すことができた。最終的には海軍論者と青年学派のいずれの議論も，海上での戦いの展開を通じて立証されることはなかった。艦隊はほぼ無力であることが判明したうえに，魚雷艇は重要であるものの必勝の兵器ではなかった。

しかしながらシー・パワーは第一次世界大戦の帰趨を決定するうえで重要であった。連合国側のシー・パワーの優位によってドイツは海外植民地を奪われ，海上封鎖によって致命的な打撃を受けた。また連合国はヨーロッパ以外の地域から膨大な人員や物資を戦地へと輸送することができた。これには100万のフランス軍と200万のアメリカ軍が含まれていた。

🔑 KEY POINTS

- イギリス海軍は，1805年のトラファルガー海戦に象徴されるように多数の海上作戦をナポレオン戦争中に遂行し，それ以来支配的な存在となった。
- 海軍の技術は19世紀に革命的な進化を遂げた。
- 蒸気機関によって海軍は柔軟性や機動性を向上させた。
- 旋回式砲塔に搭載された大砲と装甲の組み合わせにより，砲積載の装甲艦の時代が到来した。

・こうした軍艦から編制される艦隊が海上を支配するとマハンは論じたが，青年学派は潜水艦や魚雷艇が決定的であると主張した。

4　総力戦

　20世紀初頭までに主要諸国は，状況が許せば戦争に訴えかけたり開戦の脅しをかけたりすることは，工業化時代において政治目的実現に向けた格好の手段であるというクラウゼヴィッツの考えを受け入れるようになった。ヨーロッパにおける1864年〔第二次シュレースヴィヒ＝ホルシュタイン戦争〕，1866年〔普墺戦争〕，1870年〔普仏戦争〕の戦争の経験から，主要諸国間の将来の戦いは短期決戦になると大国は確信したのである。

　しかし〔第一次世界大戦が起こった〕1914年の時点で，19世紀の政治，経済，社会，技術，そして軍事ドクトリン上の傾向はすでに破滅への序曲と化していた。軍事ドクトリンの面では，軍隊はナポレオン戦争への揺るぎなき信念を持っていた。つまり，どんな政治的要求も拒否できないほど敵の抵抗力を封殺するまで，大量の軍隊で追跡，包囲，撃滅し，残りの敵軍も追撃する。徴兵制とナショナリズムは大規模な軍隊の供給源となり，この軍隊は鉄道によってくまなく輸送され，工業化経済による大量生産が補給を維持した。最新兵器がもたらす殺傷能力と，機動力が組み合わされれば，最も効率的に動員と展開を行う軍隊が即座に勝利を収めるとされた。

　1914年までに，戦場はナポレオン時代に比べてはるかに拡大し，また同様に，戦場を占拠する軍隊の規模も巨大化した，というのが厳しい現実であった。1914年の冬までに西部戦線における塹壕はスイスから英仏海峡まで延びた。すでに迂回するべき翼側はなくなり，この時点で双方が300万人以上の部隊を展開していたために，敵軍を「包囲」することは不可能となった。また，鉄道や航空機の時代が示唆するほどには，陸軍は迅速に移動できなかった。1914年の戦闘はまだ全面的に機械化されていなかったのである。ベルギーとフランスを侵攻する際，ドイツ陸軍が用いた自動車は7000両以下であり，馬

ソンムの戦いで初めて投入された戦車（Ernest Brooks 撮影：Imperial War Museum Collection）

は7万6000頭，馬車は15万台に上った（Addington 1994: 104）。

　防御側の軍隊は，機関銃や長射程砲といった強力な防御兵器をそろえ，塹壕や鉄条網によって防護され，動員された工業化経済から鉄道を通じて資源供給を受けていた。そのためナポレオン時代のように，即座に相手を粉砕し，蹴散らすことはできなかった。〔こうした密集配置をする〕防御側の軍隊は，空間に対する兵力の割合をかつてないほど高く享受することとなり，手詰まりが続くことはほぼ避けられなかった。いったんこうした手詰まり状態がつくられると，戦争は迅速な軍事的攻勢ではなく，「経済力と人間の忍耐」の戦いになっていった（Quester 1977: 114）。

　そのかわり，敵は野蛮な正面攻撃により消耗させなければならず，これが膨大な犠牲者数をもたらした。他方で，技術の発展は戦場での手詰まりを打破するために用いられた。ドイツが1915年にイーブルで毒ガスで攻撃し，イギリスが1916年のソンムの戦いの最終段階で初めて戦車を投入した。

　やがてエア・パワー〔空軍力〕が徐々に重要性を増してくるなか，戦争は新しい段階へと突入していった。航空機は開戦当初には偵察目的で活用されたが，戦闘機は偵察機を撃墜するために進化していった。戦争が長引くにつれ，航空機は戦術的な機銃掃射から，地上部隊への支援爆撃，そして最終的には長距離の戦略爆撃へと幅広く活用されていった。第一次世界大戦の航空機は偵察や攻撃任務を通じて，ナポレオン時代の軽騎兵の役割を担うこととなった。また戦

車はかつて重騎兵が果たしていた役割を担うこととなったのである。

　作戦の範囲と適用の両面で，戦闘は総力戦的なものとなっていた。戦域での正面突破は困難となったため，交戦国はイタリア，バルカン半島，中東などで新たに戦端を開いて敵に圧力を加え始め，戦争の地理的範囲が拡大したのである。

　戦争の地理的範囲が拡大するにともなって，非戦闘員を意識的に標的にするようになった。第一次世界大戦の例では，ドイツはイギリスおよびフランスによる海上輸送を妨害するために無差別潜水艦作戦を展開し，商船の乗組員には救命ボートで逃げる余裕すら与えられなかった。またドイツへの海上封鎖は，1918年秋のドイツ軍の倒壊に大きく貢献したものの，ドイツ本国では大量の民間人が飢餓で死んだ。またイギリスとドイツの両国は長距離爆撃機によって都市を空爆し始めた。

　戦争の野蛮さが増すなかで，政府が意識的に残虐行為を行っていたというよりも，社会的，工業的，科学的な潮流に翻弄されていた。大規模戦争は徐々に国家の人員や物的，精神的資源の多くを飲み込むようになった。敵の国内の戦時協力を弱めるような破壊目標は正当な標的と見なされた。戦闘は兵器を実際に使う兵士に対して向けられるのみならず，その兵器を生み出した一般市民や産業にも向けられたのである。不当な目標や標的という考えや，正義や均衡性という考えは現代戦争を遂行するうえで関係のないものと見なされるようになっていた。

　戦闘の総力性とはさまざまな要素から評価することができる。使われた兵器の種類，用いられた戦略や戦術，投入された国家資源の比率，敵の人的・物的資源が正当な標的と見なされた度合い，社会的・文化的圧力を受けて無制限戦争を遂行する度合いなどである。

　第一次世界大戦で表面化した総力戦の要因は，第二次世界大戦で開花することとなった。再び交戦諸国は軍事的，経済的，人的資源を最大限に動員するようになった。いまや徴兵制の対象は第一次世界大戦時の男性のみではなく，女性も含まれるようになった。また女性は農業や工業部門で男性にかわり，軍隊の非戦闘職種にも就いた。ソ連空軍のような例では戦闘員としても従事した。産業や商船は政府の統制下に置かれ，戦時協力を強いられた。食糧や石油とい

Box 2.4　総力戦

「総力戦（total war）」という表現は核時代より前から存在している。連綿たる戦争の歴史のなかで、ある戦争がほかの戦争よりも制限されないというのは自然なことであろう。交戦諸国の抱く目的、交戦諸国の文化、相互の歴史的な交流、その時代の精神や価値基準、勝算、部外からの介入の可能性——こうした多様な要因が戦争を遂行する様式や手段に影響を及ぼす。

戦争の総力性とは絶対的な概念というよりも相対的な概念である。絶対的な意味での総力戦とはルーデンドルフが1920年代に提唱したように、いっさいの制限を受けない戦闘を指す。第一次世界大戦でドイツが敗北を経験した後、西部戦線でドイツ陸軍の指揮をとっていたエーリヒ・ルーデンドルフ（Erich Ludendorff）は、戦車、航空機、毒ガスなどの特定の兵器が将来の戦いで勝利を保証するという戦間期の議論に納得していなかった。また彼は、電撃戦のような戦術・戦略ドクトリンが勝利をもたらすとも考えなかった。

ルーデンドルフにとって工業国間の戦争において勝利の鍵となるのは、前世紀〔19世紀〕まで戦争の特徴であった社会的、経済的、技術的潮流をあくまでも論理的に追求することにあった。つまり戦争の特徴とは国家の軍事的、経済的、人的資源を全面的に動員することにある。敵の民間人は攻撃目標と位置づけられ、自国の民間人も同じように攻撃を受けるであろう。一般人を動員すれば、継戦努力を続けるうえでイデオロギー的な側面をともなうことになり、政治的独裁者はすべての国民的エネルギーを戦争の勝利に集中することになる。実際には現代の戦争は、完全な総力戦に到達することはないにせよ、より総力戦的なものへと一歩一歩近づいている。

総力戦において政府は、敵国に対しても自国民に対しても無慈悲な要求を突きつけることになる。国家は動員可能な天然資源はすべて引き出し、敵国の社会のほぼすべての要素を正当な攻撃目標として扱う。国民は兵役や軍需工場での奉仕を義務づけられ、公民権や参政権は制限され、経済は継戦努力に従属し、兵器は無差別かつ驚愕すべき性格のものであってもすべて投入された。敵国の工業力や非武装の市民も、敵の継戦努力に目に見えるかたちで貢献し精神的に支援するものである以上、正当な攻撃目標と見なされた。この論理を突き詰めたものが第二次世界大戦における一般市民に対する体系的な地域爆撃であり、核報復攻撃による大量虐殺的な「確証破壊」という冷戦期の戦争計画であった。

実際には戦争は地理的範囲、使われる兵器、国家資源と人的資源の動員、中立諸国に対する姿勢、目標選定の戦略といった分野で絶対的な総力戦までにはいたらないことがつねである。

った死活的物資の供給を維持するためにも配給制度が導入された。ドイツは自国民から徴用しただけではなく，徴兵制や強制労働を通じて他国の国民からも徴用した。検閲やプロパガンダを体系的に活用し，ナショナリズムを鼓舞し，敵愾心(てきがいしん)をあおることによって総力戦の性格が強まった。また，良心的兵役拒否者や外国人子女といった忠誠心に疑義があるような集団の活動を制限したり，投獄することによっても，戦争の総力化は進行した。

戦略レベルと戦術レベルで見れば，第二次世界大戦は，第一次世界大戦では明らかにほとんど適用されなかった機動力や攻勢能力を復活させる軍事ドクトリンが採用された。ドイツは1939年から1941年の電撃戦を通じて劇的な成功を収めたが，これは戦車，歩兵，急降下爆撃機を組み合わせた統合戦術によっ

Box 2.5　電撃戦

電撃戦（Blitzkrieg）とは，第二次世界大戦の緒戦に機甲部隊による攻勢で成功を収めたドイツの戦術を指す。この戦術は第一次世界大戦のほとんどの期間で特徴であった防御優勢や静的戦闘を打破する試みであった。ナポレオン戦争と同様，この勝利の基礎は技術優位ではなくドクトリン上の優位であった。この理論は戦間期にバジル・リデルハート（Basil Liddel Hart），シャルル・ドゴール（Charles de Gaulle），ハインツ・グデーリアン（Heinz Guderian）が提唱したものである。

展開可能な戦車は少数の機甲師団へ集中配備され，これに大量の対戦車砲，対空砲，偵察装甲車，歩兵支援が加わった。そこでは敵後方へと速やかに進入し，敵のバランスを崩すことが重視された。その目的は狭い正面から敵陣深く侵攻することである。戦車との交信調整に使う通信機器などの支援技術が重要である。前進速度が高まり，重火器による支援を得ることは難しくなったため，突破作戦への支援火力として戦術空軍が活用されるようになった。Ju87ストゥーカ爆撃機の急降下爆撃によって防御陣地を攻撃したが，これに加えて後方の指揮，補給拠点，増援部隊，そして避難民すら攻撃することがあった。これは機甲師団が展開する前に混乱やパニックを引き起こすことが目的であった。

この航空作戦と地上作戦を組み合わせた電撃戦ドクトリンは，イスラエルが1956年および1967年のエジプトとの戦争で採用して戦果をあげた。また，冷戦末期にソ連が攻勢的な軍事ドクトリンで突破を追求した作戦機動グループ（OMG）構想の中心的な特徴でもあった。電撃戦の成功のためには，攻撃側が戦場で航空優勢を確保しなければならなかった。

原爆投下直後の広島 ［写真：U.S. Navy］

て敵の抵抗を回避したり分裂させるものであり，正面攻撃による消耗戦争で敵を撃破するものではなかった。

　電撃戦の戦果は，相手のイギリスおよびフランス軍のドクトリンが稚拙であったことに多くを負っている。1940年の戦闘で連合軍はドイツよりも戦車の台数は多く，性能も高かった。しかしフランスは1918年と同様に，歩兵を支援する兵器として戦車を見ていた一方で，ドイツは機械化された攻勢を速やかに展開するために，戦車を機甲師団に集中させた。ドイツ空軍は陸軍への戦術支援として位置づけられたため，1940年から41年のイギリスへの戦略爆撃ではかえって不利となったものの，1939年から41年にかけての陸上での電撃戦では大いに戦果をあげた。

　電撃戦は緒戦で成功を収めたにもかかわらず，ドイツは最終的に勝利を収めることはなかった。その後，アメリカとソ連の両国に宣戦布告することによって，ヒトラーは消耗と経済力が鍵となる，ドイツにとって圧倒的に不利な戦争へと突入することになったのである。こうした特徴は死活的重要性を帯びた東部戦線で明らかであった。

　第一次世界大戦のときと同様に，戦前および戦中の技術革新は以前の戦争とは様相を異にしていた。レーダーによってイギリス空軍は1940年の「バトル・オブ・ブリテン」で勝利を収め，大西洋の戦いでの対潜水艦作戦では潜水艦探知機や空母が重要な役割を果たした。核兵器は日本の無条件降伏を実現するうえで鍵となった。ドイツではジェット機のME262メッサーシュミット戦闘機，巡航ミサイルV-1，弾道ミサイルV-2といった技術革新の成果が投入

されたものの,あまりに時機を失しており戦況に影響を及ぼすことはなかった。ヨーロッパでの戦争でも死活的に重要であったのはやはり大量の工業化されたパワーであり,ドイツがアメリカとソ連という両超大国と二正面で戦うという戦略的課題でも同じだった。

第二次世界大戦は第一次世界大戦に比べてはるかにイデオロギー的な紛争であった。連合国側が体制転換を実現するために無条件降伏を要求したため,ヨーロッパと太平洋の両戦域で最後の最後まで戦争を戦うこととなった。消耗戦争によっておびただしい数の死傷者が生じたため,戦争目的を限定することはほぼ不可能となった。そのかわりに「獲得すべき目標は,支払う代価に見合うまで引き上げられる」(Weltman 1995: 135) こととなった。

第一次世界大戦では民間人への爆撃は地上での通常戦闘を支援する副次的な戦術であったが,第二次世界大戦では第一義的な戦勝戦略のひとつとなった。相手の都市や人口を攻撃目標と位置づけることは,経済を荒廃させ住民に被害を与えることによって敵の抵抗意志を砕く試みとなった。敵の生産力を破壊することによって,こうした攻撃は軍の作戦能力を削ぐ。この論理の最高到達点が1945年8月の日本への核攻撃であった。日本政府に太平洋戦域での抵抗活動を終結させる目的から,民間の目標が意識的に破壊されたのである。

多くの戦闘で戦略爆撃はドゥーエ(Giulio Douhet)のような戦前の提唱者が予言したような劇的な効果を生まなかった。攻撃側のパイロットは損耗が激しく,ドイツもイギリスも攻撃を夜間に敢行することになったが,これによって正確な爆撃はほぼ行えなくなった。ヨーロッパでの戦争が終結する最後の数カ月間,ドイツの防空網が制圧されるにつれ,連合国軍は石油精製所といった主要生産力の「拠点」を攻撃するように方針を転換した。こうした攻撃はドイツの継戦能力を削ぐうえで,経済全体を攻撃するというそれまでのやり方よりもずっと効果的であった。

第二次世界大戦は地球大の規模となり,海軍力は第一次世界大戦よりもはるかに戦争の帰趨に影響を及ぼした。島国である日本とイギリスの両国は海で輸送される資源に依存していた。大西洋の戦いでドイツはイギリスとアメリカの戦争努力を制止するために,大西洋をわたってイギリスに,そして地中海へと物資,装備,兵員を輸送する商船を攻撃した。ドイツのUボートによる作戦

は最終的には失敗に終わったものの，成功の一歩手前までいった。太平洋では同様のアメリカの潜水艦作戦によって，日本の継戦意志は1945年夏に潰えた。

　ドイツは地上配備のエア・パワーによって海軍の不足分を補い，戦争の初期には成功を収めていた。クレタ作戦におけるドイツの航空攻撃によるイギリス海軍の損失は，大規模な艦隊作戦による損失と同じ規模であった。同じような被害が太平洋戦争の初期にも見られた。イギリスの戦艦プリンス・オブ・ウェールズとレパルスは日本の戦闘機によって1941年末に沈没した。しかし，ひとたび連合軍の艦隊が防空兵器を装備し，空母艦載機への防備を整えると，海軍による攻撃的役割の再開の火ぶたが切られることとなった。第二次世界大戦初期の戦闘で判明したのは，陸上でも海上でも航空優勢を確保すること，ないしは少なくとも敵にそれを許さないことが軍事作戦成功の前提条件となったことであった。エア・パワーだけでは勝利を保証できないが，これ抜きでは敗北は必至であった。終戦時までにすべての大国は「軍種を統合した（combined arms）」ないし「統合」戦闘が現代の工業化された戦争における成功の鍵であると認識するようになった。

　水陸両用作戦は第一次世界大戦ではとるに足らないものであり，最大規模の1915年のガリポリ上陸作戦ですら戦術的，戦略的な失敗であった。これとは対照的に，第二次世界大戦で水陸両用作戦はヨーロッパと太平洋戦域の帰趨を決定するものであった。北アフリカ，シチリア島，イタリア，フランスへの侵攻の事例は，大規模な水陸両用作戦によって連合軍が戦略面での主導権を奪取することが可能であることを示した。その一方で太平洋での「飛び石」作戦によって，アメリカは日本軍の側面に回ってこれを撃破し，ついにはアメリカ軍を本土へと接近させて通常兵器や核兵器による攻撃で日本を壊滅させた。

　対潜水艦作戦と水陸両用攻勢作戦の双方で空母の役割は決定的なものであった。空母は，海上攻撃の前進拠点としての地位を戦艦から奪った。第二次世界大戦において，太平洋戦争では空母を含む海戦は5回あり，その他の主要な海戦は22回あった。大西洋および地中海でも大規模な水上艦による作戦が見られた。ヨーロッパではシー・パワーは重要であったものの連合国側の勝利にとって十分ではなく，ソ連からの陸上攻勢が決定的であった。他方，太平洋ではシー・パワーが連合国側の最終的勝利にとって決定的であった。

第二次世界大戦では大規模な空挺部隊による攻勢もあった。こうした作戦は1941年のドイツによるクレタ島奪取，連合国軍による1944年のノルマンディー上陸や1945年のライン河渡河作戦で重要であった。しかし1944年のアルンヘム作戦の失敗は，こうした部隊の限界を示すものであった。軽装備の空挺部隊が機甲部隊に抵抗するには，速やかに大規模な部隊を増派する必要がある。大規模な空挺作戦は1956年のイギリスとフランスのエジプトに対するスエズ戦争の際に用いられたとはいえ，1945年以降の環境で主流とならなかった。

KEY POINTS

- 第一次世界大戦では大規模な軍隊が衝突することとなったが，技術革新によって相手を決定的に叩くことは難しくなった。
- 化学兵器や戦車といった新たな技術は，機動性や決定力を求めるなかで使われた。
- エア・パワーが登場したものの，まだ決定的な兵器とはならなかった。
- 継戦努力のために社会全体が動員されることとなった。
- 国家の保有する社会的，人的資源は正当な攻撃目標と見なされるようになった。
- 第二次世界大戦の時点でエア・パワーは戦場における部隊への支援や，敵本土への戦略攻撃を行う重要な手段となった。空母は決定的な海上兵器として登場した。
- 科学技術，水陸両用作戦，空挺作戦によって第一次世界大戦のような手詰まりを回避しようとした。

5　核兵器と革命戦争

総力戦は第二次世界大戦で頂点に達した。その究極の例は1945年の広島と長崎という日本の都市の破壊であった。しかし逆説的であるが，核兵器が使用されることによって限定戦争〔制限戦争〕の時代が到来することとなった。1950年代を通じてアメリカとソ連は，より命中精度の高く，より破壊的な核兵器を多数保有することになったが，これにつれて全面戦争は互いに自殺行為であることが明らかとなった。

その結果，両国はいかなる代価を払っても全面戦争を回避することが必須で

あると考えるようになった。そして両国とも相手との関係で自制しようとし，核戦争に至るような全面的な対立へとエスカレートする危険性がある軍事行動を慎むようになった。同じ理由から，アメリカとソ連は影響力を行使できる同盟諸国やその他の諸国の外交政策および軍事戦略にも自制を求めた。これはほかの場所で勃発した紛争に巻き込まれることを回避するためであった。

　つまり，いわゆる「冷戦」の特徴とは1914年から1945年に見られたような総力戦ではなく，限定戦争であった。こうして追求する目的も，使用する手段も，影響を及ぼす地理的範囲も限定されたのである。全面的な核戦争では，戦争を政治的行為と見なすクラウゼヴィッツやその後継者の戦争観とはいっさい関係ない，即時的な大量虐殺としての相互確証破壊が想定されるようになった。

　しかし，このように戦略核兵器がもはや戦争遂行の役割を実質的に果たせないと見なされたものの，相手側が一方的に軍事的，政治的優位に立たないためにも，核兵器を多数保有することが必要であると考えられた。戦略核兵器は実際の戦闘では使えないままだったが，核抑止の戦略ドクトリンの中核となった。

　他方，戦術核兵器は戦闘面での機能を果たすと見なされていたし，戦域核兵器ですらそのように見なされていた部分もある。全面的な戦略核兵器の応酬という最終的なエスカレーションさえ避けられれば，核出力を制限し，使用数も控えめに想定することによって，戦術核兵器は大国間の戦争でも役割を果たすと信じられていた。こうした曖昧な戦略の危険性は明白である。冷戦期に繰り返し行われた兵棋演習（ウォーゲーム）が示すように，ひとたび核戦争への敷居を超えれば，全面的な戦略的対立へとエスカレートすることを止めるのは，ほぼ不可能であった。

　そのため冷戦期の紛争は，核超大国が戦争遂行の面で示す自制が特徴となった。たとえば朝鮮戦争やヴェトナム戦争におけるアメリカの取り組みは，使用した兵器，戦闘の地理的範囲，追求した目的の各分野で限定戦争の様相を呈しており，総力戦ではなかった。こうした自制は他国にも求められた。1973年のアラブとイスラエルによる戦争において，アメリカとソ連は同盟国に対して戦闘終結へと圧力をかけたが，その理由は紛争がエスカレートして両国が巻き込まれることを懸念したからである。

　強大国が総力戦の技量をなかなか発揮したがらなかったため，その相手側が

非対称的な戦術や戦略を駆使して成功を収める余地が生まれた。朝鮮戦争においてアメリカが比較的自制を示したため，装備で圧倒的に劣る中国の部隊ですら軍事的な手詰まり状態を生み出し，共産主義の北朝鮮の独立を保持することができた。ヴェトナム戦争では，それ以上の圧倒的格差が北ヴェトナムとアメリカの軍事的資産にあったが，北ヴェトナムはアメリカの勝利を妨害することができた。北ヴェトナムはアメリカを南部から撤退させ，共産党の政府でヴェトナムを統一するという目的を達成した。ソ連もアフガニスタンで同じような問題に直面した。北ヴェトナムの成功は，一部の批判とは異なり，戦争自体が政策手段にならないわけではないことを示した。とはいえこの戦争は核時代，ポスト植民地主義の時代において，戦争の形態は時代性を反映することを示した。これはクラウゼヴィッツが変わらぬ真実として論じたとおりであった。

このように冷戦期は，小規模の通常戦争や反乱分子による戦闘とこれを制圧する作戦を基調とした。通常戦争は結果も期間も限定的なものになる。冷戦環境という地政学的な文脈に大きく左右される。イスラエルと近隣諸国，インドとパキスタン，エチオピアとソマリアなどはこの典型的な例だった。しかし，こうした戦争は国家間紛争という形態をとる点で，通常とは異なる。20世紀後半の戦争で一般的であったのは国際紛争ではなく内戦や反乱であり，それはアフリカや東南アジアで顕著であった。こうした紛争の多くは反植民地戦争であったり，植民地時代に恣意的に引かれた境界線に起因する紛争であった。「第三次世界大戦」はどうにか回避できたが，「第三世界」戦争は避けられなかったのである。

> **KEY POINTS**
> ・核兵器は総力戦の時代を終結させた。
> ・やがて大国が関与するのは限定戦争のみとなった。
> ・超大国による圧力によって，ほかの通常戦争がエスカレートすることを抑止することができた。
> ・反乱や反乱鎮圧がより典型的な戦争形態となった。
> ・第三世界がそうした紛争の主戦場となった。

6 おわりに——ポストモダン戦争

　冷戦終結によって古典的な核抑止の時代も終わり，その後，東ヨーロッパやアフリカでは比較的技術水準の低い兵器が使われ，多数の犠牲者が発生することを特徴とするような戦争が頻発した。また，野蛮さもこうした紛争の特徴であった。こうした紛争は新しい戦争の形態であり，こうした戦争は冷戦後のポストモダンの世界に特徴的なものである。すなわち，工業化された大国の戦争の時代は終わったとの思潮すら生まれた。

　現実はこれよりも複雑であった。ポストモダンの紛争の特徴と見なされたものは，半世紀前か，それ以前よりすでに存在しており，目新しさばかりを強調するべきではない。それにくわえて，いまなお存在していると認識されたり，ポストモダンの世界の特性とは一致しない方向で進化している前時代の特徴は，たくさんある。

　グローバルな社会は近代性からポストモダンへと変容する最中にあると論じることもできるであろう。世界秩序の構造は長期的なプロセスの一部としてつねに変化している。17世紀に起こった現代社会への移行のときと同様に，戦争の制度も社会とともに変化した。「モダン」な特徴を持つ国家はグローバリゼーションのなかで変貌を遂げ，国家の責務の多くを民間部門へと移譲しつつある。

　こうしたポストモダンへの移行が，政治文化の制度である戦争に影響を及ぼすと予想される。21世紀の紛争の特徴として表面化した点は，こうした影響を示唆している。「モダン」な戦争は国家が戦うものであった。ポストモダンの時代においては，組織化された暴力に対する統制は，多様な非国家主体へと拡散している。モダンな戦争は，公的な組織として階層的な制度を持った，専門の国軍によって戦われた。ポストモダンの戦争は，分権的な武装勢力によって戦われ，その多くは公的な組織ではなく，私的な（つまり非国家の）ものである。そこにはゲリラ兵，犯罪集団，外国人傭兵，血族や氏族を基礎とする非正規兵，地方軍閥が擁する準軍事組織，国際平和維持部隊，各国軍，国境を越

えたテロネットワークなどが含まれる。このような集団は，クラウゼヴィッツ的な意味での決定的な戦闘を求めてはおらず，それらを避け，全力をあげて非対称的な紛争を長引かせようとする。こうした集団の戦争目的は，国家の政治目的と同じように政治的である。ゆえに戦争は「クラウゼヴィッツ的」な性格を失っていない。実際，政治的意図の存在しないところでは，こうした紛争を「戦争」として語ることさえできるのか疑わしく，議論の余地がある。

とはいえ，こうした紛争は冷戦期の特徴でもあった。冷戦期の紛争のほとんどが内戦であり，非正規戦に似ており，第三世界で勃発したのである。ナイジェリア，アンゴラ，アフガニスタンの内戦はその典型であった。19世紀末から20世紀初頭のフランスと北アフリカのあいだの紛争のような，かつての植民地戦争にも多くの点で似ていた。

戦争の技術水準がいっそう低いものへと変わりゆくのと同時に，いわゆる「RMA（Revolution in Military Affairs，軍事における革命）」のなかで通常兵器の技術面優位を基盤としてアメリカが台頭してきた。

武力紛争の目的や目標も変化を遂げている。モダンな戦争は国益として認識

BOX 2.6　軍事における革命

RMA（軍事における革命）の性質や発生頻度をめぐって論争が繰り広げられている。アンドリュー・マーシャル（Andrew Marshall）は技術やドクトリン，部隊編制に関連づけてこれを定義し，RMAとは，新技術を革新的に適用することによって発生する戦争の一大変化である。これは軍事ドクトリンと作戦，組織上の概念における劇的な変化が軍事作戦の性質やあり方を本質的に変化させると断じる（Robertson 2000: 64）。

カピル・カック（Kapil Kak）は第2，第3の要因を中心に据えて，「歴史的に見れば，技術上の変革は要因のほんの一部に過ぎないであろう。ほとんどのRMAにおける中心的要因は概念的な性格のものである」と論じる。

RMAよりも包括的な概念として「軍事革命（military revolution）」という考えがある。多数のRMAが確認できる一方で，真の軍事革命はめったに起こらない。軍事革命とは動態的で相互作用をともなう社会的プロセスである。ウィリアムソン・マーレーによれば，それは「軍事組織の性格を反映するのみならず，社会や国家の性格も反映する」（Murray 1997: 71）。

されたものを追求することから始まる。戦争は勢力均衡を維持するなど，地政学的な前提に影響される傾向にある。ポストモダンの戦争の焦点は，しばしば「アイデンティティ・ポリティクス」となる。パワーの追求は，ある特定のアイデンティティに基づく。こうした戦争は民族浄化や宗教的な聖戦を目的として勃発することもあり，しばしばきわめて残虐である。また，始まりと終わりが明確でないかもしれない。とはいえ，こうした紛争が政治的でないとは言えない。こうした紛争は希少資源の支配や国家の政策決定をめぐる争いといった戦略目標から戦われるのである。

　戦争遂行のための政治経済も変容を遂げている。近現代を通じて，軍事力とは国家の政策，財政システムに立脚しており，一国が単独で組織化されることが好ましいとされた。ポストモダンの時代における非国家的な暴力制度は，こうした公的で中央集権的な国家経済や軍需産業から物資の供給を受けているのではない。むしろ地域やグローバルな規模で組織された，私的な生産，金融ネットワークを通じて供給を受けている。こうした供給源に含まれるものとして，略奪や窃盗，身代金目当ての誘拐，恐喝，麻薬・武器密輸，資金洗浄，ディアスポラ〔離散したユダヤ人〕団体からの送金・物資支援，外国からの援助，人道支援の流用などがある。多くの戦闘員にとって，このような戦争はそれ自体が目的であり，彼らは「戦争経済」の新しいかたちを開発する「軍事的起業家〔ミリタリー・アントレプレナー〕」である。

　ポストモダンの社会は，「モダン」な戦争が過去2世紀のあいだに縛り続けてきたものをこれからも弛緩させてゆくであろう。核兵器の登場によって，主要な軍事大国が擁する最強兵器が無力化され，安全保障政策上の自制が促進されたため，このプロセスが始まった。ポストモダンの世界は，このプロセスを加速している。戦争の性質はこれまで一定であったものの，封建社会と現代社会がそれぞれ独自の戦争形態を生み出したように，ポストモダンの社会への移行によって独特の政治文化が生まれつつある。

　いまだに戦争は，何をもって決定的な勝利とするか曖昧になってきたとはいえ，世界の各地で起こる政治的暴力において目的達成の手段である。すべての時代において，戦争や暴力の新しい形態が徐々に古くからの形態にとって代わるにしても，古い形態が消滅することはない。

KEY POINTS

- 工業化された近代戦争の時代は終わったのかもしれない。
- 一部の先進諸国は，RMA（軍事における革命）を通じて軍事的優位性を維持できる。
- 主要諸国の国益が関与しない紛争では，低い軍事技術を用い，資金調達も自ら行うような非正規戦争が増大しつつある。
- そうした紛争も近代の戦争に劣らず「クラウゼヴィッツ的」である。

Q 問題

1. フランス革命によって非制限戦争の時代が始まったという議論は，どの程度妥当なのか。
2. 現代の戦争を研究する学生を教育するうえで，クラウゼヴィッツの説はいまだに意義があるのか。
3. 19世紀の戦争はどのように技術革新から大きな影響を受けたのか。
4. 戦争が重要な社会的，政治的変化を引き起こすのか。それとも，戦争はそれらの変化を反映したものか。
5. 「総力戦」という表現をどう理解するのか。現代史には，そうした紛争の例があるのか。
6. 「制限〔限定〕戦争」をどのように定義するのか。限定核戦争は用語として矛盾しているか。
7. 「シー・パワー」や「エア・パワー」という概念をどのように見るのか。
8. 主要諸国間の工業化された戦争は，冷戦後の世界では時代遅れになっているのか。
9. 「RMA（軍事における革命）」と「軍事革命」を区別することは，現代戦争の進化を理解するうえでどのような意味があるのか。
10. ポスト冷戦期の，いわゆる「新しい戦争」はそれ以前の戦争形態とどのように異なるのか。

文献ガイド

加藤陽子『戦争の日本近現代史――東大式レッスン！ 征韓論から太平洋戦争まで』講談社現代新書，2002年
　▷本章でのヨーロッパ重視の記述を補ううえで好適。

キーガン，ジョン／遠藤利国訳『戦略の歴史――抹殺・征服技術の変遷 石器時代からサダム・フセインまで』心交社，1997年
　▷原書のタイトルは *A History of Warfare* であり，戦闘の諸相を見事に描き出している。戦争の政治目的を重視するクラウゼヴィッツに対する批判として有名な著作で

ある。
クラウゼヴィッツ／篠田英雄訳『戦争論』上中下巻，岩波文庫，1968 年
　▷戦争を政治の一手段と位置づけ，近代戦争の展開をとらえるにあたって重要な役割を果たした古典的名著。
クレフェルト，マーチン・ファン／佐藤佐三郎訳『補給戦──何が勝敗を決めるのか』中公文庫，2006 年
　▷現実の戦争ではクラウゼヴィッツが言う「摩擦」が発生するが，その多くは前線への補給で生じる。戦略や戦術の基礎となるべき兵站の重要性を，余すところなく伝えてくれる。
ケネディ，ポール／鈴木主税訳『決定版 大国の興亡──1500 年から 2000 年までの経済の変遷と軍事闘争』上下巻，草思社，1993 年
　▷戦争と経済の関連を重視した独特の視座が魅力。
コーン，ジョージ・C.／鈴木主税訳『世界戦争事典』河出書房新社，1998 年
　▷細かな史実を知るうえで有益である。
マクニール，ウィリアム／高橋均訳『戦争の社会史──技術と社会』刀水書房，2002 年
　▷紀元 1000 年以降の軍事技術の発展がヨーロッパに与えた影響を分析した，浩瀚な研究書。訳文も大変読みやすい。

【注】

1）陸軍大学のラリー・ミラー（Larry D. Miller）博士は，本書の前の版でこの点を私が間違って解釈していたことを指摘してくれた。深く感謝する。

第3章
戦略理論

本章の内容
1 はじめに
2 戦略の論理
3 クラウゼヴィッツの『戦争論』
4 孫子,毛沢東,ジハーディスト
5 戦略の揺るぎない重要性
6 おわりに

読者のためのガイド

　本章では戦争の性質を概念的に理解するための戦略理論を扱い,戦争の論理が普遍的であることを論じる。戦略は術(アート)ではあるが,体系的な研究が可能である。本章ではまず,戦略の論理を深く掘り下げてみたい。その後,カール・フォン・クラウゼヴィッツの『戦争論』に書かれている戦略理論における最も重要な概念をいくつか論じる。また,それらの概念と,孫子の『兵法』や毛沢東の軍事論に書かれている概念とを簡単に比較対照し,最後に,古典的な戦略理論の衰退をめぐる主な論点について検討と反論を試みたい。

1　はじめに

　戦争と戦略の論理は普遍的であり，どの時代，どの場所においても有効である。これは主に，戦争が人類の活動であり，物質的に進歩してきたにもかかわらず人間の本性には変化がないからである。数千年前に生きていた人びとを動かしていたものと同様の理性なき感情が，現在のわれわれを変わらず動かしている。19世紀のプロイセン〔ドイツ〕の軍人で哲学者でもあったカール・フォン・クラウゼヴィッツ（Carl von Clausewitz）や古代中国の思想家であった孫子のような戦略理論家は，非常に異なる歴史的，文化的経験から書を著し，したがって独自の視点から戦略というものを考察していたが，この２人が描き出したのは同じ戦争という現象であった。時とともに変化するのは，戦争の性質や遂行――どのように，だれによって，いかなる目的で戦われるか――である。

　戦略理論は戦争を理解するうえで概念的基盤をもたらす。それは，戦争や平和をめぐる問題を分析するために用いられる道具を提供するものだ。理論を理解することで，学生は研究の進展につながるような一連の概念や疑問を手にする。クラウゼヴィッツが書いているように，理論の目的は確定した法則や原則を発見することではなく，むしろ知性を磨くことにある。

> このような議論は，対象を分析的に研究して，対象に関する正確な知識を得るのである，また経験に適応されると，――我々の場合なら戦史に適応されると，対象の完全な理解に達するのである。……戦争を構成している一切の対象は，一見したところ錯綜しておよそ弁別しにくいにも拘わらず，もし理論がこれらの対象をいちいち明確に区別し，諸般の手段の特性を残らず挙示し，またこれらの手段から生じる効果を指摘し，目的の性質を明白に規定し，更にまた透徹した批判的考察の光りによって戦争という領域を偏ねく照射するならば，理論はその主要な任務を果たしたことになる。そうすれば理論は，戦争がいかなるものであるかを書物によって知ろうとする人に良き案内者となり，至る処で彼の行く手に明るい光を投じて彼の歩みを容易にし，また彼の判断力を育成して彼が

岐路に迷い込むのを戒めることができるのである。……それは賢明な教育者が，少年の精神の発達を指導してその進歩を促しこそすれ，しかしそれだからと言って生涯この少年の手を取って教えるという出過ぎたことをしないのと同様である（Clausewitz 1989: 141, 邦訳上巻172～73ページ）。

換言すれば，われわれは，戦略的に思考する方法を学ぶために戦略理論を研究するのである。

戦争にかかる利害は非常に大きいため，戦略はきわめて実践的な試みである。高度に洗練された理論であっても，それが現実の問題に適用できないのであれば，無用の長物である。したがって戦略理論の成功と失敗は，政策立案者が戦争と平和をめぐる問題を理解し適切な戦略を練る際にどの程度役立つか，という有用性に正比例するものだ。20世紀のアメリカの戦略家であるバーナード・ブロディは次のように述べている。「戦略とは，実行可能な解決策の追求において真実を探求する分野である」（Brodie 1973: 452-3）。

KEY POINTS

- 戦争と戦略の論理は普遍的であり，どの時代，どの場所においても有効である。対照的に，戦争の性質と遂行は変化する。
- 理論の目的は確定した法則や原則を発見することよりも，むしろ知性を磨くことにある。
- 戦略はきわめて実践的な試みである。

2　戦略の論理

結局のところ，戦略は戦争に勝利する方法のことである。したがって，戦略に関するいかなる議論も戦争の理解から始まる。周知のとおり，クラウゼヴィッツは「戦争はそのため一種の力をめぐる行為であり，その目的は相手に自分の意志を強制することである」（Clausewitz 1989: 75, 邦訳上巻28ページ）と定

義した。この定義では2つの側面が重要である。第一に、戦争は武力を必要とするという事実によってほかの政治的、経済的、軍事的競争から区別される。第二に、戦争は無分別な大量殺戮ではなく、むしろ政治目的を達成するための手段であるという事実によって、ほかの種類の暴力から区別される。

戦争の重要な特徴はその政治的文脈であり、戦争を行う人びとがだれであるかではない（Box 3.1 を参照）。帝国、都市国家、下位国家（サブナショナル）の集団、そして脱国家的（トランスナショナル）な動きはすべて、自分たち自身を維持または拡大するために武力を利用してきた。1993年、ソマリアの国連軍が、承認国家よりもむしろモハメド・ファラハ・アイディード（Mohammed Farah Aideed）が属していたハブルゲディル氏族と戦ったという事実よりも、両者が政治目的を持った戦略的行為者であり、相手を自らの意志に従わせるために武力を行使しようとしていた事実のほうが重要である。同様にアルカイダやそれに関連する運動のようなイスラム至上主義集団は、テロリスト側もテロリストと戦う側も政治目的を持ち、またそれを達成するために軍事手段を使用する点で、古典的な戦争の定義に当てはまる。たしかに、世界的な対テロ戦争は通常ではない方法を採用する非正規軍が起こす奇妙な戦争である。しかし、この種の戦争は意志と意志との暴力的な衝突であり、したがって戦略分析に適している。

戦略は、政治目的のために戦争を用いることに関するものである。戦術が戦闘における軍隊の使用に関することであり、作戦技術が作戦の実行に関することであるとすれば、戦略とは政策目標を達成するための軍事的手段の使用に関することである。戦略は政治目的と軍事力とを、すなわち目標と手段とを実質的につなぐのである。2つの世界大戦においてドイツが示したように、たとえ戦術や作戦に優越していたとしても、首尾一貫した、あるいは可能性のある戦略がなければほとんど意味をなさない。

過去数十年間、戦略の定義は平時の活動を含むまで拡大された。エドワード・ミード・アールは第二次世界大戦中に執筆した論文のなかで、戦略は「いかなるときにおいても国家政策に固有の要素」であると論じた（Earle 1943: viii）。核兵器の登場とともに、戦略理論は平時における軍事的競争、たとえば40年間にわたるアメリカとソ連との冷戦を含むまで拡大された。拡大を続ける戦略の定義は時として、その概念の価値を下げ、政策と戦略の関係性に混乱

をもたらすことになった (Strachan 2005: 34)。

　戦略は合理的プロセスである、というより、むしろそうでなければならない。クラウゼヴィッツは次のように書いている。「戦争によって、また戦争において何を達成しようとするのか、という二通りの問いに答えずして、戦争を開始する者はあるまい」(Clausewitz 1989: 579, 邦訳下巻260ページ)。換言すれば、戦争において成功するためには政治目的を明確化し、敵との関係においては比較優位を評価し、慎重に費用対効果を計算し、代替戦略の利点および危険性を精査しなくてはならない。

　しかしながら、クラウゼヴィッツが書くように、国家は時として明確または達成可能な目的や、それを達成するための戦略がないままに戦争を行うことがある。政治家は不明確な目的のために戦争を開始することがあるのだ。それ以外にも、政治家や軍人は政治目的をすぐに達成するような戦略を見つけることに失敗してきた。首尾一貫した政策が欠如すれば、方向性がなくなるため、戦略は無意味になってしまう。

　健全な戦略は個人によって形成されるが、どんな戦略も官僚組織によって実施される。その結果、たとえ合理的な戦略であろうとその実施に失敗することがある。後から振り返ってみても、その失敗が健全な戦略を下手に実施した結果なのか、あるいは戦略そのものが根本的に不健全であったのかを決めることは、しばしば困難をともなう。たとえば歴史家は、2003年のイラク侵攻の後にイラク軍を解体し、バース党を禁じた決断が良い戦略を実施するうえで誤りであったのか、あるいは、サダム・フセイン打倒後に続発した反乱が不可避であったのかについて、いまでも議論を続けている。

　戦略は科学というよりは術(アート)である。戦略の選択肢の幅は、物質的および政治的現実に不可避的に制約される。交戦諸国の報復行為はさらに問題を複雑にする。くわえて、戦争は理性なき感情、不正確な情報、誤解、偶然であふれている。

　　そこで戦争指導に関する原則或は規則なるものを提示し、それどころか体系をすら組立てようとする努力が生じた。こうして積極的目的を立てはしたものの、しかし戦争指導がこの方面で出会わねばならぬ無数の困難を正しく理解するこ

とができなかった。さきに述べた通り、戦争指導は殆んど有りとあらゆる部門に亘り、しかもこれらの部門のあいだの境界は甚だしく不定なのである。ところが体系や学説となると、複雑なものを単純化する操作即ち綜合という制限を受けざるを得ない、それだからこのような理論と実践の間には、とうてい除くことのできない矛盾が生じるのである（Clausewitz 1989: 134，邦訳上巻 157 ページ）。

また孫子はさらに簡潔に「戦争の術(アート)には決まった法則はない」（Sun Tzu 1963: 93）と述べている。その結果、軍事問題はひとつの最適解ではなく、潜在的に適切な解決策を多く持つ——あるいは全く持たない——ものなのかもしれない。

戦略が科学というよりは術(アート)であるということは、戦略を体系的に研究することができないということを意味するのではない。むしろ戦略の理論は確定した法則ではなく、概念と思想によって構成されている。

勝利を導くためには軍事的な成功だけでは不十分である。歴史上、あらゆる戦闘で勝利したが、戦略が不完全であったため戦争には敗れた軍隊は枚挙に暇(いとま)がない。たとえば、ヴェトナム戦争でアメリカ軍は、主だったすべての戦闘でベトコン〔南ヴェトナム解放民族戦線〕と北ヴェトナム軍に勝利した。しかし、文民指導者と軍事指導者たちが遂行中の戦争の複雑な性質を全く理解していなかったため、アメリカは戦争に敗れた。逆にアメリカは、〔アメリカ独立戦争で〕大陸軍〔アメリカ13州の軍隊〕が一握りの戦闘でしか勝利をあげなかったにもかかわらず、イギリスからの独立を果たしたのである。

政策が戦略を推進するというのは公理である。しかし政策立案者や政府高官は往々にしてこの関係を誤解している。たとえば、1999年のコソヴォ戦争の際にマデレーン・オルブライト（Madeline Albright）国務長官は「この紛争が始まるまでは、軍事がわれわれの外交を支援する役割を果たした。いまや、外交が軍事を支援する役割を果たす番である」（Isaacson 1999: 27）と述べたが、これは誤りであった。同様に、当時サウジアラビアのアメリカ空軍司令官であったチャールズ・ホーナー（Charles A. Horner）中将は、戦争は「何らかの政治目的を達成する目的で、長引かされてはならない」（Gordon 1990: 1）と述べ、同じ過ちを犯している。

政治が優位であることは国家のみならずほかの戦略的行為者にも当てはまる，ということは強調しておく価値がある。アルカイダの主たる理論家であるアイマン・アル・ザワヒリ（Ayman al-Zawahiri）は著書『預言者の旗下の騎士たち（*Knights under the Prophet's Banner*）』のなかで次のように述べている。

　　もしイスラムの敵に対する作戦や彼らがこうむった多大な損失が，イスラム世界の中心にムスリム国家を設立するという最終目的に寄与しないのであれば，規模が大きかったとしてもそれらはただの攪乱行為に過ぎず，吸収されるか耐えられるであろう。多少の損失があり，多少の時間が経過したとしても。

　クラウゼヴィッツは，ザワヒリの目的は認めなかったであろうが，彼の戦略についての理解は間違いなく認めていたであろう。
　時として戦争の政治的文脈は戦術行動にまで及ぶ。これはとくに戦術行動が戦争の性質を変える可能性を持っているときに当てはまる。たとえば，1999年のNATO（北大西洋条約機構）のコソヴォをめぐる戦争において，アメリカのB-2爆撃機は誤ってベオグラードの中国大使館に5発の精密誘導兵器を落としてしまい，4人が死亡した。この事件は戦略への影響をともなった戦術上の誤りであり，アメリカ政府と中国政府とのあいだに外交的危機が生じ，戦争終結のための交渉は中断し，以降2週間はベオグラードの目標への爆撃は中止された。より最近では，イラク国内のアブ・グレイブ刑務所における，訓練も指導も行き届かない守衛たちによるイラク人捕虜の虐待は，イラク国民のなかに正統性を確立させようとするアメリカの努力に対する戦略的失敗を代表するものである。
　政策は戦略を推進するものの，軍事的手段の能力と限界もまた政策を形成する。クラウゼヴィッツが書いているように，政治目的は「その手段〔戦争〕の性質に適合せねばならないし，また時にはこれによって全く変更されることさえある」（Clausewitz 1989: 87，邦訳上巻57〜58ページ）。この点を説明するために滑稽な例をとりあげれば，2008年にロシアがグルジアに侵攻したことと，グルジアの小さな軍隊がロシアを占領しようとすることは，全く別のことであろう。

> **BOX 3.1 政治的手段としての戦争**
>
> 兵とは国の大事なり (Sun Tzu 1963: 63, 邦訳 19～20 ページ)。
>
> そのため，戦争は政治的行為であるばかりでなく政治の道具であり，外交とは異なる手段を用いてこの政治交渉を遂行する行為であることは明らかである (Clausewitz 1989: 87, 邦訳上巻 58 ページ)。
>
> 戦争は政治的交渉の一部であり，従ってまたそれだけで独立に存在するものではないという観念にほかならない (Clausewitz 1989: 606, 邦訳下巻 316 ページ)。
>
> およそ戦争に必要な主要計画にして，政治的事情に対する洞察なくして立案せられ得るものは，一件だに存しないのである。ところが他方にはこれとまったく異なる意見がある，そこで戦争指導に及ぼす政治の有害な影響なるものが云々されるのである。しかし非難されて然るべきものは，戦争に及ぼす政治の影響ではなくて，政治自体であろう (Clausewitz 1989: 608, 邦訳下巻 323 ページ)。
>
> 戦争の目的はより良き平和をもたらすことである (Liddell Hart 1967: 351, 邦訳 370 ページ)。
>
> ［非正規戦争は］関係する住民に対する正統性と影響力をめぐる国家と非国家主体間の暴力的闘争である (Department of Defence Directive 3000.07, 2008: 1)。

　戦争は大量殺戮に過ぎないと考えることが誤りであるのと同様，武力を正確に測定しながら行使し，細部まで調整された効果を得られると考えるのは誤っている。戦争は独自の力学を持っており，そのために手に負えない道具であり，突き剣（レイピア）というよりはこん棒である。歴史のページを紐解けば，そこには軍人も政治家も敵に対して迅速かつ決定的な勝利を追求した事例であふれている。しかしながら，実際にそうした結果を達成した軍隊など本当にまれである。
　敵対者との相互作用により，最も簡単な目標でさえ達成が難しくなることもある。クラウゼヴィッツが指摘するように，「ところで戦争は，生ける力を生命のない物質に加えることではない，およそ絶対的受動のようなものは戦争とは言えないだろう。要するに戦争はつねに二個の生ける力の衝突である」

(Clausewitz 1989: 4, 邦訳上巻33ページ)。換言すれば，われわれが武力を用いて敵対者を従わせようとするように，敵対者も武力を使ってわれわれを従わせようとする。したがって戦争の有用性は自らの行動のみならず敵対者の行動にもかかっている。この相互作用により軍事力の行使を制御する力は著しく限られることになる。

> **KEY POINTS**
> ・戦争は敵対者を従わせるための武力の行使である。
> ・戦略は戦争に勝利する方法のことである。戦略は政治目的と軍事力とを，つまり目標と手段とを実質的につなぐ。
> ・戦略は合理的プロセスであり，もしくはそうでなければならない。
> ・戦略は科学というより術(アート)である。
> ・敵対者との相互作用により，最も簡単な目標でさえ達成が難しくなる。

3 クラウゼヴィッツの『戦争論』

　カール・フォン・クラウゼヴィッツの代表作『戦争論 (On War)』は，いかなる戦略理論を理解する際にも基礎となる書である。不運なことにこの書は，たいていは誤解されている。『戦争論』はクラウゼヴィッツが1831年にコレラでこの世を去ったため，未完の作品である。第1編第1章のみが，クラウゼヴィッツが完成したと考えていた部分であった。聖書のように，『戦争論』は読まれるよりも引用されることが多く，また理解されるよりも通読されることのほうが多い。同書は一回読んだだけで理解できる作品ではなく，詳細な研究と検討が必要である。『戦争論』は疑問に答えてくれるが，その答えと同じ数の疑問を呼び起こし，また勤勉な読者はクラウゼヴィッツが呈した概念に立ち向かうことを強いられる。

　「理論上の戦争」，つまり「絶対戦争」と現実の戦争とを区別したクラウゼヴィッツの方法論によって，多くの論者はクラウゼヴィッツを絶対戦争の主唱者

第3章

戦略理論

カール・フォン・クラウゼヴィッツ［Karl wilhelm Wach 画］

であると誤解することとなった。事実，彼は，理念または純粋形態としての戦争を，現実の戦争を形成する多くの要因を認識するひとつの方法として定義するというアプローチを採用している。これは，物理学者が摩擦のない環境で力学を調査したり，経済学者が理想的な市場を説明したりするのに似ている。そこでは，学者は，現実的な事象ではなく理論的な事象を描き出している。実際にクラウゼヴィッツは，戦争は一部またはすべての手段を用いつつ限定的な目的であっても非限定的な目的であっても遂行され得る，と論じている。

ヒュー・スミスが書くように，クラウゼヴィッツは戦争を4つの異なる文脈で考えていた（Smith 2005: chapters 7-10）。何よりも第一に，クラウゼヴィッツの見解では，戦争は究極的には殺人と死に関する事柄である。彼は殺戮なしに戦争を遂行することが可能であるという発想に対して否定的である。

> ところで人道主義者たちは，ややもすればこういうことを言いたがるのである，──戦争の本旨は彼我の協定によって相手の武装を解除し或は相手を降伏させるだけでよいのである，なにも敵に過大の損傷を与えるには及ばない，そしてこれが戦争術に本来の意図なのである，と。このような主張は，それ自体としてはいかにも結構至極であるが，しかしわれわれはかかる謬見を打破しなければならない。戦争のような危険な事業においては，善良な心情から生じる謬見こそ最悪なものだからである（Clausewitz 1989: 75，邦訳上巻29～30ページ）。

第二に，戦争は軍隊，将軍，そして国家のあいだの争いである。クラウゼヴィッツは戦争を肉体的，精神的競争として説明するためにレスリングの例えを用いた。レスリングでは，両者は相手を押さえ込もうとする一方で同時に押さえ込まれまいとする。

第三に，戦争は政策の手段である。戦争は自己目的的に遂行されるのではなく，むしろ国家の目的を果たすためのものである。
　最後に，クラウゼヴィッツは，戦争は社会的活動であると論じている。クラウゼヴィッツは，フランス革命の時代を生きぬいて，ナポレオン戦争に参戦した人物として社会の条件が戦争の性質と戦争遂行を形成する事実を非常に強く認識していたのである。
　クラウゼヴィッツが『戦争論』に導入した概念の多くが，戦略研究の中核をなしている。これに含まれるものとしては三位一体，戦争の性質を理解する必要性，制限〔限定〕戦争と非制限〔非限定〕戦争との差異，戦争の合理的解析，そして摩擦がある。

◆三位一体

　クラウゼヴィッツの戦争の説明は，彼が遺した最も恒久的な遺産のひとつである。彼は戦争を「奇妙な三重性を帯びているのである。第一に，戦争の本領は原始的な強力行為にあり，この強力行為は，ほとんど盲目的な自然的本能とさえ言えるほどの憎悪と敵意とを伴っている，ということである。第二に，戦争は確からしさと偶然との糾う博戯であり，またこのような性質が戦争を将帥の自由な心的活動たらしめる，ということである。第三に，戦争は政治の道具であるという従属的性質を帯びるものであるが，しかしまたかかる性質によって戦争は，もっぱら打算を事とする知力の仕事になる，ということである」と考えていた。クラウゼヴィッツは，これらの３つの傾向は（絶対ではないが）一般に，それぞれ国民，軍隊，政府の３つの社会集団のひとつに対応する，と書いた（Clausewitz 1989: 89, 邦訳上巻 61 ～ 62 ページ）。理性なき感情は往々にして国民と関連づけられる。国民の憎悪は国家を戦闘に向かわせる。蓋然性〔確からしさ〕と偶然は軍隊の領域である。事実，兵士たちは絶えず不確実性と摩擦に直面する。理性は一般に政府の特徴である。政府は戦争の目的と戦争遂行の手段を決定する。
　クラウゼヴィッツは，これらの傾向の相対的な強度と関係性は戦争の状況によって変わると論じている。

如上の三傾向は，それぞれ相異なる三種の法則を与える，またいずれも戦争の本性に深く根ざしているが，しかしいちいちの場合に三者の関与する割合には変動があり，常に一定しているわけではない。それだからこれらの傾向のいずれか一つを無視したり，或はかかる三通りの傾向のあいだに，何か任意な関係をほしいままに設定しようとするような理論はたちまち現実と矛盾し，すでにそれだけでも無価値と見なされざるを得ないだろう。要するに我々に与えられた課題は，理論がこれらの傾向のいずれにも偏らずに，あたかも三個の引力点のあいだに均衡を保っている物体さながらに，三種の傾向のあいだに中正な位置を占めるということである（Clausewitz 1989: 89，邦訳上巻62～63ページ）。

したがって，これらの3つの傾向の相互作用が戦争の性質を決定する。

◆戦争の性質を理解する

クラウゼヴィッツは，戦争の性質を理解することは効果的な戦略を展開するために必要な前提であると論じている。

そこで卓抜な政治的洞察力を具えた将帥の最高の判断，即ち最も広大な視野に立つ最も決定的な判断は，彼がこれから遂行しようとする戦争を，この点に関して正しく認識することである。この場合に将帥は，戦争を発生せしめた事情を性質から推して，かかる戦争はとうてい有り得ないと判定したり，或はことさらに有り得ないと思い込むようなことがあってはならない。それだから大事に臨んで将帥が正しい判断を下すということが，取りも直さずあらゆる戦略的問題のうちで最も全般的な，また最も重要な課題でなければならない（Clausewitz 1989: 88-89，邦訳上巻61ページ）。

クラウゼヴィッツの見解では，戦争の性質は，対峙する両国の目的，両国の国民・政府・軍隊，そして同盟国と中立国の姿勢の相互作用の結果である。クラウゼヴィッツは次のように続ける。

かかる多種多様な，また幾重にも交錯している諸般の関係を比較校量して，直ちにその是非得失を正しく判定することは，まさに天才の慧眼のみが解決し得る重大な課題であり，これらの多種多様な事情を，徒らに画一を事とする学究

的な考え方によって処理し得るものでないことは明白である（Clausewitz 1989: 586，邦訳下巻 274 ページ）。

　これは，戦略が科学というより術（アート）であるという事実を示すもうひとつの事例である。

　戦争の性質は両国の相互作用の産物であるため，どの戦争も一度きりのものである。戦争を構成する要素のどれに変化があっても紛争の性質は変化するため，戦争の性質は動的なものである。たとえば，戦争の参加者のだれかが目的を変えることでも戦争の性質は変化し得る。新たな参加者が参戦した場合も同様である。たとえば，朝鮮戦争への中国の参戦は戦争の様相を著しく変化させた。

　戦争の性質を理解することは，必要であるとともに困難である。戦争の当事者と歴史家はともに，後年，ヴェトナム戦争は南ヴェトナムに対する国際共産主義戦争であったのか，あるいは北ヴェトナムと南ヴェトナムの内戦であったのか，さらには，北部によって支援された南部での反乱であったのか，あるいはこれらすべてであったのかについて議論してきた。同様に，アメリカの政治家や軍人はサダム・フセイン政権の早期の崩壊が，その後長期間にわたる反乱をもたらすであろうとはほとんど理解できなかった。その反乱が拡大し始めたときでさえ，あらゆるレベルの指導者はそれを認識することが困難であると判明したのである。リンダ・ロビンソンは次のように述べている。

　　戦争をめぐる永遠の謎のひとつ，そして，様相を変える複雑なものへの証言とは，あらゆる階級の多数のインテリジェンス将校が，戦争を分析しそれに対する解決策を見出そうとする任務に超人的な努力を払っているにもかかわらず，相対的にはほとんど効果がないという事実である。長い時間任務に就くこと，戦闘という圧力，そして日々の雑事への近視眼の結果，多くの人びとは木ではなく森全体を見ることが困難になっている（Robinson 2008: 13）。

　戦争の性質を理解して付いてくるものとは自らの比較優位性を正しく理解することである。それにより適切な戦略の基礎が形成される。クラウゼヴィッツの見解では，比較優位性を正しく理解する鍵は敵の重心を理解することにある。

かかる主要な事情から一個の重心，即ち力と運動との中心が生じ，一切はかかる重心によって決定せられる。それだから攻撃者は，全力を挙げて敵のかかる重心に総攻撃を加えねばならないのである（Clausewitz 1989: 595-6，邦訳下巻296ページ）。

クラウゼヴィッツの見解では，ある国家が勝利を収めるためには敵の重心を探り当てて攻撃することが必要である。クラウゼヴィッツは，重心はたいてい，規模の順に，敵の軍隊，首都，主たる同盟国，指導者，そして世論であると書いている。しかし実際には，敵対国の重心を決定するのは往々にして難しい場合がある。たとえば1991年の湾岸戦争で，アメリカの政策決定者は，「あらゆる権力の中心」は実際はサダム・フセインの政府であったにもかかわらず，イラクの軍隊，とくにイラクの共和国防衛軍を重心であると考えていた。

◆制限〔限定〕戦争 対 非制限〔非限定〕戦争

戦争は幅広い目的のために遂行され，それは領土や資源の拡大から敵の完全崩壊にまで及ぶ。しかし，『戦争論』の内容の改訂に向けた「方針」のなかで，クラウゼヴィッツは限定的な目的のために遂行される戦争と非限定的な目的のために遂行される戦争とのあいだに線引きを行っている。

> いま二種の戦争と言ったが，その第一は，敵の完全な打倒を目的とする戦争である，なおこの場合に国家としての敵国を政治的に抹殺するか，それとも単に無抵抗ならしめ，従ってまた我が方の欲するままの講和に応ぜざるを得なくするかは問うところでない，——また第二は，敵国の国境付近において敵国土の幾許かを略取しようとする戦争である，なおこの場合に，略取した地域をそのまま永久に領有するか，それとも講和の際の有利な引替え物件とするかは問うところでない。言うまでもなくこれら二種の戦争の間には，種々の中間的段階がある，しかし両者の追求する目的がまったく性質をことにするものであるということは，いかなる場合にも徹底していなければならないし，また両者の相容れない性質を截然と分離せねばならない（Clausewitz 1989: 69，邦訳上巻13〜14ページ）。

イラク国内をパトロールするアメリカ軍（2007年）[Elisha Dawkins 撮影：U.S. military or U.S. Department of Defence]

　この線引きは，戦争の遂行方法と終結の仕方に影響を及ぼすものである。限定された目的のために遂行される戦争では，軍人と政治家は，戦場での成功を敵対者に対する政治的な影響力に変えなくてはならない。その結果，両者は，軍事的にどの程度まで進行し，政治的に何を要求するのかについてつねに再評価しなくてはならない。この種の戦争は戦争当事国のあいだの公式または暗黙の交渉と合意によって終結する。非限定的な目的のために遂行される戦争は，敵対国の政権を転覆させるか無条件降伏に導くために行われる。この種の戦争は，交渉されたというよりは押しつけられた和平合意とともに終結する。
　1991年の湾岸戦争と2003年のイラク戦争は，この2種類の戦争の差異をうまく説明している。1991年，アメリカが率いる多国籍軍は，イラクの占領からのクウェート解放，クウェート政府の政権回復，湾岸地域のアメリカ国民の安全確保，湾岸地域の安全・安定確保のために戦った。2003年，アメリカとその同盟諸国はサダム・フセインのバース党政権を転覆させるために戦った。
　限定的な戦争の終結は，軍事的な関与を長期化するだけでなく，少なくとも当事者の誰かに不満をもたらす可能性がある。それをよく示す例としては，たとえば，アメリカ率いる多国籍軍はサダム・フセインに敗北を認めるよう強いるまえに，1991年の湾岸戦争を時期尚早なかたちで終結してしまった。その結果，アメリカの湾岸地域に対する軍事的関与が長期化し，アメリカ軍をサウ

ジアラビアに駐留させることになり，同地域のみならず世界中のイスラム教徒の怒りを助長した。非限定的な目的のために遂行される戦争の余波は別なかたちの関与の長期化につながる。というのは，戦勝国は新政府を樹立または支援しなくてはならないからである。2003年のサダム・フセイン政権の打倒に際し，アメリカとその協力諸国は，戦火のなかで国家建設を行うという威圧されるような任務に直面している。すなわち，拡大する反乱と戦いながら，イラクの人びとに安全を提供し政治的正統性を構築するための新たな政治的，経済的，そして軍事的組織を設立しているのである。

◆戦争の合理的解析

クラウゼヴィッツの『戦争論』に由来するほかの概念に，国家がその目的に付与する価値と，その目的を達成するために国家が使用する手段とのあいだには相関関係があるべきである，というものがある。

> およそ戦争は，盲目的な激情に基づく行為ではない，戦争を支配するものは政治的目的である。それだから政治的目的の価値が，この目的を達成するために必要な犠牲の量を決定せねばならない，そしてこの量は，犠牲の大小だけに関するのではなくて，犠牲を払う時間の長短にも関係するのである。それだから戦力の消費が増大して，政治的目的の価値がもはやこれと釣合わなくなれば，この目的は放棄され，けっきょく講和が締結されざるを得なくなるのである（Clausewitz 1989: 92，邦訳上巻67〜68ページ）。

したがって国家は，瑣末な国益の場合に比べて，重要な国益を確保および保護する場合は，より長期にわたってより懸命に戦争を遂行する心積もりがなければならない。これは，たとえばアメリカ政府が，18人の兵士が死亡したことでソマリアからの撤退を決断した一方で，3万3000人の死者を出しながらも朝鮮半島にとどまった理由を説明する際に有用である。

戦争の合理的解析という概念は，戦略が最も科学的に見える領域のひとつのように思える。しかしながら，この概念は理論上は整合的であるが，実践に適用するには問題を含んでいる。たとえば，政策決定者がまえもって軍事行動の費用対効果を決定するのは往々にして困難である。さらに言えば，政治的，社

会的，経済的コストの見積もりは戦争が進行していくにつれて変化する。クラウゼヴィッツが述べたように，「実際，最初の政治的意図は戦争の経過中に著しく推移して，お仕舞いにはまったく別のものになることさえある，このような場合に政治的意図は，既に獲得した成果によって規定されるばかりでなく，将来確実に起きると思われるような出来事によっても想定されるものだからである」(Clausewitz 1989: 92, 邦訳上巻 68 ページ)。国家は，戦争において指導者の威信がかかっている場合や国民に理性なき感情が喚起された場合，降伏するという「合理的な」地点を超えてなお戦い続けるであろう。あるいは，多大な犠牲を出したことが紛争のエスカレーションを招き，その性質を変えることになる。たとえば1990年代，西側の目標に対するアルカイダの攻撃は，一連の限定的な反応を呼び起こした。ナイロビやダルエスサラームのアメリカ大使館攻撃への報復として，1998年にスーダンとアフガニスタンに巡航ミサイルで攻撃した事例のように。しかしながら，2001年9月11日のアメリカに対する攻撃は，約3000人もの罪なき人びとを殺害したため，紛争にかかる利害は大きく跳ね上がり，アフガニスタンへの侵攻，アルカイダを保護するタリバン政権の打倒，そして，世界規模の長期間にわたる対テロ攻撃作戦へとつながっていったのである。

◆摩擦

揺るぎない価値を持つ概念として，摩擦もあげられる。クラウゼヴィッツは，摩擦を「現実の戦争と机上の戦争とをかなり一般的に区分するところの唯一の概念である」(Clausewitz 1989: 119, 邦訳上巻 132 ページ) と定義している。クラウゼヴィッツはその名称と概念を物理学から借りた。彼が『戦争の原理 (The Principles of War)』で書いているように，「戦争の遂行は多くの摩擦を抱えた複雑な機械の操作に類似している。机上では簡単に計画できるその結合が，多大な努力をもってでしか実行できないという意味で」(Smith 2005: 77 で引用)。摩擦の原因には，敵がもたらす危険，自国の軍隊に求められる努力，物理的環境による困難，そして現在何が起こっているかを把握する難しさ，などがある。

摩擦の例は近年の戦争に多く見られる。たとえば，2003年のイラク戦争においてイラク最大の反撃は4月3日早朝のバグダッドの南西に位置するユーフ

ラテス川に架かるある主要な橋梁付近で生じたが，これがアメリカ軍を驚愕させた。70両の戦車と装甲兵員輸送車をともなった8000人の兵士からなるイラクの3つの旅団が接近しているのを，アメリカ軍のセンサーは感知できなかったのである。

> 🔑 **KEY POINTS**
>
> - クラウゼヴィッツは戦争を戦闘，軍隊間の争い，政策の手段，そして社会的活動と考えていた。
> - クラウゼヴィッツは戦争を理性なき感情，蓋然性〔確からしさ〕，理性から構成される矛盾した三位一体であると考えており，これらは一般に国民，軍隊，政府に対応する。
> - 戦争の性質の理解は効果的な戦略を展開するために必要な前提であるが，同時に難しい前提でもある。
> - 戦争では敵の重心を認識し，攻撃することが重要である。クラウゼヴィッツの見解では，重心はたいてい，敵の軍隊，首都，同盟国，指導者，または世論にある。
> - クラウゼヴィッツは制限的な目的のために遂行される戦争と非制限的な目的のために遂行される戦争とのあいだに線引きを行った。前者は領土を賭けた戦いである。後者は敵対政権を転覆させるか，無条件降伏に導くために遂行される。
> - クラウゼヴィッツは，国家がその目的に付与する価値と，その目的を達成するために国家が使用する手段とのあいだには相関関係があるべきであると論じている。しかし実際にはその相関関係を決定するのは往々にして難しい。
> - 摩擦とは，戦争において最も簡単な活動でさえ難しくするものを表す概念である。

4　孫子，毛沢東，ジハーディスト

一見すると，クラウゼヴィッツと孫子のあいだには大きな溝がある。前者は19世紀初期のヨーロッパの視点から論じており，後者は古代中国の視点で論じている。この2人の遺した書は著しく異なる。『戦争論』はその大部分が多くの散文で書かれている一方で，『兵法』の多くは一見やさしそうに見える警句で構成されている。『戦争論』は600ページ近いが，『兵法』は英語版で40

ページ以下，中国語版では 6600 文字に満たない。しかし，イギリスの戦略家バジル・リデルハート（Basil Liddell Hart）が考察したように，クラウゼヴィッツの『戦争論』と孫子の『兵法』の内容は見かけほどには異なってはいない（Handel 2001: 20）。

しかし孫子は，戦略のいくつかの側面に関して〔クラウゼヴィッツとは〕間違いなく対照的な見解を抱いている。たとえば，2人は異なる戦略的嗜好を示しており，またインテリジェンスと策略に関して対照的な見解を示している。それ以上に，孫子のアプローチは毛沢東やイスラムの理論家たちに代表されるその後の多岐にわたる戦略思想家の世代に刺激を与え続けている。

孫子

◆戦略的嗜好

孫子の戦略的嗜好はクラウゼヴィッツの嗜好とは著しく異なっている。孫子は殺戮のない勝利を理想的なものとして奨励し，次のように書いている。「戦わずして人の兵を屈するは善の善なる者なり」（Sun Tzu 1963: 77，邦訳 34 〜 35 ページ）。対照的に，クラウゼヴィッツは戦闘に対するそのようなアプローチに懐疑的であり，殺戮をためらうことで敵の術中に陥る可能性があると論じている。

孫子は戦争を比較優位性の模索であるととらえている。孫子は，戦争の成功は敵対者の軍隊の破壊よりは敵の戦う意志を打ち砕くことにあると考える。彼の見解では，最も成功した戦略というものは心理学と策略を強調したものである。

孫子にとって，情報が戦争の成功の鍵である。孫子によれば，「彼れを知りて己れを知れば，百戦して殆うからず」（Sun Tzu 1963: 84，邦訳 41 〜 42 ページ）。しかし，概してそのような簡潔な指令は，不完全な情報，自民族中心主義，ミラー・イメージといった，自分自身や敵対者の理解を困難にする多くの難問を

4　孫子，毛沢東，ジハーディスト

113

覆い隠してしまう。
　クラウゼヴィッツが，敵軍の破壊はほとんどの場合において戦争の勝利の鍵であると書く一方で，孫子は，最良の選択肢は敵の戦略を攻撃することであると説く。二番目の選択肢は敵の同盟軍を攻撃することである。敵軍の破壊は，孫子が好む戦略のリスト上で三番目に位置している。

◆インテリジェンス

　その他，クラウゼヴィッツと孫子との対照的な点に，インテリジェンスについての見解がある。孫子はインテリジェンスをめぐって楽観的で，指導者が状況を正しく評価していればまえもって戦争の結果を知ることができる，と主張している。

> すなわち，君主は〔敵と味方とで〕いずれが人心を得ているか，将軍は〔敵と味方とで〕いずれが有能であるか，自然界の巡りと土地の情況とはいずれに有利であるか，法令はどちらが厳守されているか，軍隊はどちらが強いか，士卒はどちらがよく訓練されているか，賞罰はどちらが公平に行われているかということで，わたしは，これらのことによって，〔戦わずしてすでに〕勝敗を知るのである（Sun Tzu 1993: 103-4，邦訳20～22ページ）。

　この文章では2つの側面に注目すべきだ。第一に，孫子は絶対能力ではなく「相対的な強さ」を強調している。換言すれば，自らの能力は敵対者の能力と関連して検討される場合にのみ有効なのである。第二に，孫子が重要であると認識している要素の大部分が，定量的ではなく，定性的なものである。
　対照的に，クラウゼヴィッツはインテリジェンスに懐疑的である。彼は次のように述べている。

> 我々が戦争において入手する情報の多くは互に矛盾している，それよりも更に多くの部分は誤っている，そして最も多くの部分はかなり不確実である。……つまり彼がかかる情報をもとにして咄嗟に決断せざるを得ない羽目に陥った場合に，これまでの情報はすべて嘘であり誇張であり誤りであるなどということが判明したら，彼の判断はまったく無意味なものになるだろう。要するに情報の大部分は誤っている，そのうえ人間の恐怖心が，情報の嘘言や虚偽の助長

力を貸すのである（Clausewitz 1989: 117，邦訳上巻 128 ～ 29 ページ）。

2003 年のイラク戦争以前に，アメリカの諜報機関だけでなくすべての主要な諜報機関がイラクは核兵器，生物兵器，そして化学兵器を保有していないと判断できなかったことは，高性能の情報（インフォメーション）収集手段が開発されているにもかかわらずインテリジェンスは依然として不確定であることを示す証拠である。

孫子はまた，策略の提唱者でもあった。孫子は繰り返し，成功を収める将軍はいかに敵を驚かしかつ騙し，またいかに優れたインテリジェンスを集め，敵の士気を弱めるべきであるかを論じている。しかし孫子は，敵も同じように考える可能性があるという事実についてはほとんど指摘していない。

孫子の思想の痕跡は毛沢東の文章のなかに見てとれる。毛沢東は自らの戦争理論を一冊の本にまとめたことはない。むしろ，彼の理論的貢献はいくつかの異なった文書のなかに分散している。それらを総合すると，毛沢東の思想は，洗練された政治・軍事戦略を通じてはるかに弱い勢力が強大な勢力を敗北させるための青写真を提供している。それらはたとえば，農村部に漸進的に政治統制を確立すること，農民のほぼすべてを総動員すること，そして，紛争を意識的に長期化することである。毛沢東は，社会的，政治的，そして経済的進展がそうした紛争の結末に決定的な影響を及ぼす事実を強調している。彼の戦略思想のより具体的事例は，戦争に対する次のような三段階のアプローチに示されている。すなわち，最初に，戦略的防勢による革命運動，つぎに，集中的なゲリラ戦争を特徴とする戦略的膠着状態を創出すること，最後に，決定的な通常戦争により敵を敗北させるための戦略的反攻である（Mao Tse Tung 1967）。

毛沢東の著作は中国に起源があるとはいえ，あらゆる発展途上国の革命運動の雛形として用いられた。それらは同様に，ジハーディストの戦略家に影響を

毛沢東 ［写真：The People's Republic of China Printing Office］

4 孫子，毛沢東，ジハーディスト

与え続け，長期間にわたる反乱によっていかに地方政権を打倒すべきかの手本として毛沢東の文章が参考になったのである。

> 🔑 **KEY POINTS**
> ・孫子は，戦争の成功は敵対者の軍隊を破壊するよりはむしろ敵の戦う意志を打ち砕くことでもたらされる，と論じている。
> ・孫子は，最良の選択肢は敵の戦略を攻撃することであると説く。
> ・孫子は，指導者が状況を正しく評価していればまえもって戦争の結果を知ることができる，と主張している。
> ・毛沢東は，長期にわたる革命戦争によってより強大な勢力を敗北させる反乱の青写真を提供する。

5　戦略の揺るぎない重要性

　近年では，学者も実務者も古典的な戦略理論の有用性を疑問視している。なかには，情報化時代の到来によって戦争の伝統的な理論が無効となってしまったと論じる者もいる。そのような論者によると，科学技術はこれまで歴史的に戦闘を特徴づけてきた摩擦の多くを打開したが，これからも打開していくであろうと主張している。ウィリアム・オーエンズ海軍大将は何年か前に次のように書いている。

> 孫子からクラウゼヴィッツにいたる軍事理論家は自らの敵を知ることの価値，そして彼らが作戦を遂行する地理的，政治的，社会的文脈を理解することの価値を指摘してきた。しかしながら，今日違っているものは，今日利用可能であれ近い将来に利用可能であれ，いくつかの技術によってアメリカが全能へと近づきつつある強みを——少なくとも潜在的敵対者との比較のうえで——持っているであろう点である（Owens 1995: 133）。

　この見解を支持する者は，情報化時代の到来により，ビジネス理論，経済学，

またはいわゆる新物理学から発想を得た新たな戦略理論の枠組みが求められているると主張する。たとえば，アーサー・セブロフスキー海軍中将とジョン・ガルストカは，「情報化時代のためのカール・フォン・クラウゼヴィッツの『戦争論』に匹敵するものがいまだに存在しない」(強調は引用者)と書いている。もちろんこれが暗に示しているのは，そのようなものが必要だということである (Cebrowski and Garstka 1998: 29)。

二番目のグループは，戦略に対する古典的なアプローチが時代錯誤であることには同意するが，理由はかなり異なる。このグループの批評家たちは，古典的な戦略理論の有用性は軍隊と国家とのあいだの戦争に限定され，その一方で今日の戦争には以前より多くの脱国家集団(トランスナショナル)や下位国家集団(サブナショナル)が関与していると主張する。ジョン・キーガンの説明によると，クラウゼヴィッツ的な思想では「始まりや終わりのない戦争や，国家に先立つ集団までも含む非国家による地方固有の戦争は……認められていない」(Keegan 1993: 5)。この批判が言外に意味するのは，そういった紛争は国家が関与する紛争とは異なった論理に従うという前提である。フィリップ・メイリンガーは次のように述べている。

> われわれと戦っているアルカイダ，ヒズボラ，ハマス，タリバンなどの集団の戦士は，戦争を政治の手段として見ていない。それ以外の文化的，生物学的，宗教的要因が彼らを動機づけている。彼らは『戦争論』の内容に則していない。彼らはクラウゼヴィッツ主義者ではないのだ。われわれは，何が彼らを動機づけているのか理解する必要があり，別の場所や別の時代に属する政策決定者への古ぼけた格言に頼ることはできないのである (Meilinger 2008: 10)。

最後に，戦略はそれ自体が幻想であると主張する者がいる。この見解では，戦略的概念は誤解を招くものであり，害さえ及ぼす。軍事史家のラッセル・ワイグリーは次のように述べている。

> ……戦争はもはやほかの手段をもってする政治の延長ではない。戦争がそのような政治の延長であるとの格言を確認することが，それが繰り返し生起する頻度を正当化するに十分なほど真実であるかについては疑わしい (Weigley 1988: 341)。

上記のような主張にはそれぞれ支持者がいるものの、すべてに欠点がある。クラウゼヴィッツを批判する人びとはせいぜい、彼の戦略思想を限定的にしか理解していない。第一に、ステルス技術、精密技術、情報技術の発展および拡大は近年の戦争に多大な影響を及ぼし、さらなる大きな変化の前触れとなったものの、戦争の基本的な性質を変えたという確証はいままでのところない。コソヴォ、アフガニスタン、そしてイラク戦争からわかるのは、摩擦に代表される概念が揺るぎない価値を有しているという事実である。変化があるとすれば、現代の戦争が複雑性を増していることで摩擦の原因が増えている可能性がある。

ビジネス、文学、そして自然科学を引用した新しい「戦争理論」の提唱者は往々にして、斬新さと有用性とを混同している。リチャード・ベッツはこれを次のように言い当てている。

> 批判者は、ほかの分野で最近出た多数の理論が少数の古い戦略理論よりもより良い理論̶̶世界を理解するためにより有用̶̶であることを証明しなければならないであろう。1人のクラウゼヴィッツはいまだにバスいっぱいのほかのほとんどの理論家に匹敵する（Betts 1997: 29）。

第二に、非国家主体が関与する戦争が国家間の戦争と違うのかは、明らかではない。イスラムテロ組織に対する闘争に関して最も重要な戦略的問いは、それ以前の戦争における問いとほとんど変わりはない。アルカイダは様相や行動では従来の敵対国とかなり異なっているが、それでも戦略的行為者であることには変わりはない。ハサン・アル・バナ（Hasan al-Bana）、アブ・バク・ナジ（Abu Bakr Naji）、アブ・ウバイド・アル・カラシ（Abu-' Ubayd al-Quarashi）、そしてアブ・ムサブ・アル・スリ（Abu Musab al-Suri）といったイスラムの著者はすべて、戦略について作品を書いているが、そのなかにはクラウゼヴィッツ、孫子、そして毛沢東の思想を想起させるものがある（Stout *et al.* 2008: 123-32）。

第三に、戦略は幻想であると主張する人びとは、戦略遂行の困難性と戦略の基礎論理の存在とを混同している。たしかに、戦略概念のいくつかは実践では限定的な有用性しか持たないであろう。たとえば、指導者たちは事前に目的の

価値を評価することができないかもしれないが，これらの概念や指針を無視すれば，成功の見込みが低くなるだけである。

　古典的なアプローチに対する批判に説得力がないということが，既存の戦争理論がすべての答えを持っているということを意味するわけではない。たとえば，クラウゼヴィッツは科学技術が持つ影響についてほとんど語っていない。しかし，戦略に対する古典的なアプローチを否定する論者は代わりに提供できるものを何も持っていない。実際には，戦略思想を否定することで武力の行使を政治の手段とする発想を切り捨ててしまっている。

> **KEY POINTS**
> - 科学技術が，これまで歴史的に戦闘を特徴づけてきた摩擦の多くを打開し，これからも打開するであろうという理由で，古典的な戦略理論は時代遅れであると主張する論者がいる。しかし，その打開が現在起こっているということを示す確証は弱い。
> - 古典的な戦略理論は脱　国　家集団（トランスナショナル），下位国家集団（サブナショナル）が関与している紛争を説明していないと主張する者もいる。しかし現実では，国家もテロリスト集団も戦略的行為者であろう。
> - さらに，戦略はそれ自体が幻想であると主張する者がいる。このような主張をする論者は，戦略遂行の困難性と戦略の論理の存在とを混同している。

6　おわりに

　戦略理論がわれわれに教えるのは，新技術の開発によって戦争の特徴と戦争遂行に著しい変化が生じたにもかかわらず，戦争の性質は変わらないという事実である。戦争は，政治目的を模索する集団が国家であろうとテロリスト・ネットワークであろうと，その政治目的を達成するために武力を行使することであることは変わらない。同様に，敵対者との相互作用は戦略が科学となることを妨げる主な力学のひとつである事実も変わらない。

　クラウゼヴィッツの『戦争論』と孫子の『兵法』に見られる概念は，ともに

揺るぎない価値を持っている。クラウゼヴィッツの有名な三位一体，戦争の性質を理解する必要性，制限〔限定〕戦争と非制限〔非限定〕戦争との差異，戦争の合理的解析，そして摩擦の議論は，すべて有用である。孫子は，勝利は必ずしも敵対者の物理的な破壊を必要とはしないと指摘した。彼はまたインテリジェンスの重要性も強調している。クラウゼヴィッツの概念も孫子の概念もともに，われわれが現代の紛争を理解する際に役立つものである。

Q 問題

1. なぜ戦略理論の研究が重要なのであろうか。
2. どのような点において戦略は術（アート），あるいは科学なのであろうか。
3. 戦略に関するクラウゼヴィッツと孫子の見解の主な違いは何か。
4. 政策立案者が武力行使を考える場合，どのような事柄を頭に入れておくべきだろうか。
5. 行動のための指針として戦略理論の有用性を制限するものは何か。
6. 戦争とほかの暴力の形態とを区別するものは何か。
7. クラウゼヴィッツが戦略理論に貢献したのは主にどのようなことか。
8. 孫子が戦略理論に貢献したのは主にどのようなことか。
9. クラウゼヴィッツまたは孫子はインテリジェンスに関して現実主義的な見解を持っていたのだろうか。
10. 戦略理論のどのような要素が 21 世紀初頭の世界において最も重要なのか。どんな要素が最も重要ではないのか。

📖 文献ガイド

石津朋之『リデルハートとリベラルな戦争観』中央公論新社，2008 年
▷ 20 世紀を代表するイギリスの戦略思想家バジル・ヘンリー・リデルハートに関する日本語で初の評伝であるが，リデルハートの生涯や戦略思想はもとより，クラウゼヴィッツやジョミニに代表されるナポレオン戦争以降の戦略思想の系譜が簡潔にまとめられている良書。

石津朋之編著『名著で学ぶ戦争論』日経ビジネス文庫，2009 年
▷戦争や戦略を学ぶために最低限必要な 50 の著作を厳選し，それに解説を付した書。戦争・戦略研究の入門書として最適。

クラウゼヴィッツ／篠田英雄訳『戦争論』上中下巻，岩波文庫，1968 年
▷現在の戦略理論の基礎をかたちづくった古典的名著。本章でも解説されている「制限戦争」「三位一体」「重心」「摩擦」といった概念は，後の戦略研究に大きな影響

を与えた。

清水多吉・石津朋之編『クラウゼヴィッツと「戦争論」』彩流社，2008年
　▷戦略研究を志す者であれば最初に学ぶべきプロイセン〔ドイツ〕の戦略思想家カール・フォン・クラウゼヴィッツの『戦争論』と彼の戦争観の内容を詳しく考察した日本語で初の本格的な学術書。

孫子／金谷治訳注『孫子』岩波文庫，2000年
　▷約2500年前の中国・春秋戦国時代にまとめられた，兵法書の古典中の古典。実際に戦闘を行わずにいかに勝利を収めるかという問題意識は，リデルハートの「間接アプローチ戦略」にもつながる。

パレット，ピーター編／防衛大学校「戦争・戦略の変遷」研究会訳『現代戦略思想の系譜——マキャヴェリから核時代まで』ダイヤモンド社，1989年
　▷戦略思想家の役割に焦点を当てて，約500年にわたる戦争と戦略の歴史を描いた書。ただし，下のマーレーらの編著では，その手法が批判されている。

マーレー，ウィリアムソンほか編著／石津朋之・永末聡監訳，歴史と戦争研究会訳『戦略の形成——支配者，国家，戦争』上下巻，中央公論新社，2007年
　▷古代ギリシア・ローマ，古代中国から今日にいたるまでのグローバルな戦略の歴史を，主として戦略の「プロセス」という視点から考察した書。

【訳注】

本章で用いた訳書は以下のとおり。
Clausewitz (1989) = 篠田英雄訳『戦争論』上中下巻，岩波文庫，1993年
Sun Tzu (1963), Sun Tzu (1993) = 金谷治訳注『孫子』岩波文庫，2000年
Liddell Hart (1967) = 市川良一『戦略論——間接的アプローチ』上下巻，原書房，2010年

第4章
戦略文化

本章の内容

1　はじめに
2　文化と安全保障を考える
3　政治文化
4　戦略文化と核抑止（1945〜90年）
5　戦略文化の源泉
6　コンストラクティヴィズムと戦略文化
7　今日的課題
8　非国家，国家，国家連合の戦略文化
9　戦略文化と大量破壊兵器
10　おわりに

読者のためのガイド

　本章は，各国の国際安全保障政策を学術的に理解し，また分析するにあたって戦略文化がどのように役に立つかを考察するものである。こうしたアプローチの重要性は，多くの紛争が文化によって影響を受けていると見られることからも首肯できる。これについての分析をわかりやすく示すため，本章は次の3つの部分で構成してある。第一に，冷戦期における文化と核戦略の関係性を論じた各種の分析を概観する。また，これまでの研究によって明らかにされた，「戦略文化」の多様な源泉について解説をする。第二に，戦略文化に関するいくつかの理論上の問題を論じる。具体的には，コンストラクティヴィストの手法が安全保障研究にもたらした影響や，戦略文化の「帰属（ownership）」問題，そして，非国家主体，国家主体，国家連合が，それぞれ異なる戦略文化を持っているのか否か，などが課題となる。最後に，本章の三番目の部分では，戦略文化と大量破壊兵器の取得にどのような関係性があるのかを論じた最近の研究を概観する。

1　はじめに

　本章では，現在の世界において戦略文化が学術研究や政策決定においてどのような役割を果たしているかを概観し，同時に，過去において戦略文化に関する概念的あるいは具体的な議論に影響を与えたいくつかの問題の背景を明らかにするものである。

　文化が戦略的意思決定に与える影響はきわめて大きいと考える論者は少なくなく，近年，国際安全保障における文化の役割に対する学術的・政策的関心が再び高まっている（Johnson, Kartchner and Larsen 2009）。研究者や実務家は，イラク戦争後のイラクにおける民主主義の定着，ヨーロッパにおける安全保障協力，アメリカの中国，ロシア，イランとの関係，対テロ政策や大量破壊兵器拡散などの課題を，戦略文化の枠組みを用いて理解するようになりつつある。

　21世紀の安全保障環境においては，多くの異なる戦略文化の影響を理解することはとりわけ重要であるように思われる。また，その際に，自民族中心主義（ethnocentrism）を克服することが不可欠となる（Booth 1981）。ジーニー・ジョンソン，ケリー・カーチナー，ジェフリー・ラーセンは次のように述べている。

> すべての文化は，その構成員に一定の発想法をとらせるものであり，全員が特定の状況に対して，あらかじめすり込まれた一定の反応を見せる。つまり，文化は，われわれが特定の事象に対応するにあたって，その認識や選択の幅を規定するものなのである。しかし，社会が激動や大災害を経験した場合には，文化は柔軟に解釈・適用されるようになる。これは，新しい事態を理解し，その衝撃を緩和するためには，それまでの説明方法，パラダイム，そして考え方を一時的に新しいものに置き換える必要が出てくるためである。9.11同時多発テロは，まさにこうした変化をアメリカに強要したのである（Johnson, Kartchner and Larsen 2009: 5-6）。

　こうした立場から，自分自身の文化を基盤とした見方の外側に踏み出し，非

西洋文化が異質な思考方法や行動様式を持っている可能性を受け入れることが重要である。こうした試みによって，戦略研究は伝統的に過度に西洋中心的だとの批判を緩和することができるし，たとえば脱植民地社会についての研究や国家形成に関する問題の文脈をよりよく理解することができる。

2　文化と安全保障を考える

　文化と戦略についての研究には，主として3つのアプローチがある。第一は，国家行動についての追加的説明手段として文化をとらえる考え方である。ここでは，文化は国益とパワーの分布を中心とする理論を補完し，説明の穴を埋めるための道具として用いられる。つまり，文化は行動に影響を与える可能性のある変数ではあるが，あくまで国際システムの圧力に続く，副次的な要因としてとらえられるのである。第二のアプローチは，文化を，すべてではないにしても，一定程度，戦略的な行動様式を説明することができる概念的手掛かりと考えるものである。このアプローチは，反証可能かつ研究の蓄積にも貢献する

Box 4.1　文化に対するいくつかの異なる見解

- 文化は，言語，価値，ひいては民主主義に対する支持や戦争の無意味さなどの根本的な信条などをも含む，「解釈のための符号(コード)」によって構成される。
　　　　　　　　　　　　　　　　　　　　　　　　—— Parsons 1951
- 文化とは，「象徴によって体現され，歴史的に伝えられた意味の様式であり，人生についての知識や姿勢を伝承，保持，発展させるために用いる，象徴的なかたちで表現・継承された概念の体系」である。
　　　　　　　　　　　　　　　　　　—— Geertz 1973, 邦訳『文化の解釈学』
- 文化は，「伝統に感情を持った生命を与えることによって，民族の共通の記憶を形成し，また，再活性化するダイナミックな受け皿」である。
　　　　　　　　　　　　　　　　　　　—— Pye 1985, 邦訳『エイジアン・パワー』
- 政治文化とは，「政治システムに関する社会信条や価値観の部分集合」である。
　　　　　　　　　　　—— Almond and Verba 1965, 邦訳『現代市民の政治文化』

戦略文化についての理論を構築するために，政治心理学のようなほかの学問分野の知見を導入している。この文脈における戦略文化は，ネオリアリズムやネオリベラル制度主義と同じか，または，それ以上に国際安全保障についての〔政策〕決定過程を説明することのできる独立変数である。第三の学問的アプローチは，人間の行動を理解するためには，対象となる特定の戦略文化の一部となること以外には方法がなく，したがって，反証可能な理論の構築は不可能であると論じるものである。一部の文化人類学者や社会学者は，文化と戦略の関係はきわめて複雑だと指摘し，それは，その関係が言語化された部分と言語化されていない部分の組合せから成りたっているからであると論じる。したがって，文化が戦略に与える影響力を測定するのは不可能であるというのである。

3 政治文化

　文化が戦略上の問題に影響を与え得るという考え方は，トゥキュディデスや孫子の書物に見られるように，古典において最初に登場した。19世紀には，プロイセン〔ドイツ〕の戦略家，カール・フォン・クラウゼヴィッツが，戦争や戦争戦略を「精神的な力と物理的な力のぶつかり合い」ととらえる考え方を提示した（Howard 1991: A23）。クラウゼヴィッツは，戦略の目的は戦場における敵の打倒ばかりでなく，敵の士気を喪失させることであると論じた。クラウゼヴィッツは，帝国の栄光のために行進するナポレオンの軍隊の手で〔プロイセンが〕敗北させられたのを目の当たりにして，国家の指導者は，動員された社会が侵略行為を行う潜在力を持つことを忘れてはならないと強調したのである（Howard 1991）。

　第二次世界大戦によって，言語，宗教，慣習，共通の記憶についての解釈などに基づく，各国独特の「国家の特性」についての研究が多数登場した。学者たちは，国家の特性によって戦争の戦い方にどのような違いが現れるのかに関心を持ったのである。たとえば，日本文化がどのようにして，アメリカの戦艦に対する特攻や南洋諸島における玉砕に見られるような自己犠牲の精神を醸成

したのかを理解しようと努力した（Benedict 1946，邦訳『菊と刀』）。ベネディクトの研究に対しては，文化を具象化し過ぎ，固定観念をつくりだしたとの批判もあるが，マーガレット・ミード（Margaret Mead）やクロード・レヴィ＝ストロース（Claude Levi-Strauss）といった文化人類学者は，これらの研究をさらに発展させる努力を行ってきた。1980年代には社会学者のアン・スウィドラーが文化を，信条，儀式などの慣行，芸術作品，儀式を含む意味の象徴的伝達手段とともに，言語，噂話，物語，慣習などの非公式の文化的慣習をも包摂するものとして広く定義した（Swidler 1986: 273）。マックス・ヴェーバー（Max Weber）とタルコット・パーソンズ（Talcott Parsons）の議論を基礎として，スウィドラーは，利益によって導かれ，文化を基礎とした「行動のための戦略」は国家行動を条件づける重要な要素であると主張した。

それ以前も，ガブリエル・アーモンドやシドニー・ヴァーバらの政治学者が，彼らが「政治システムとそのさまざまな部分に向う態度，ならびにそのシステムにおける自己の役割に向う態度」と定義したところの政治文化に対する関心を呼び起こしていた（Almond and Verba 1965: 12，邦訳11ページ）。政治文化とは，民主主義の原則や制度，道徳や武力行使についての考え方，個人や集団の権利，世界における国家の役割のあるべき姿などへのコミットメントを含むものとされた。アーモンドとヴァーバは，政治文化は少なくとも3つのレベルにおいて明確なかたちをとると論じた。それは，「①実証的かつ因果論的な考え方に代表される認知論的なもの，②価値，規範，道徳から見た判断などの評価，③感情的愛着，アイデンティティや忠誠心，親近感，嫌悪，無関心などの感情などに基づく表現あるいは情緒的なもの」である（Duffield 1999: 23で引用）。

しかしながら，文化についての社会学的モデルがいっそう複雑になってきているにもかかわらず，これ以後，政治文化についての研究は，ほとんど理論的に精緻化されなかった。また，そのアプローチについても，主観的過ぎるという批判や，政治文化の説明力は当該分野の研究者が主張するほど優れているわけではないとの批判もある。そして，この時期には行動科学革命が社会科学に大きな影響を与えていたこともあり，文化の解釈的分析に対する関心はさらに下火となった。地域研究においては概念上の関心が残ったが，国際関係論研究の主流からは，それほど注目されていない。

KEY POINTS

- 文化と戦略上の行動を結びつけようとした初期の研究は,「国家の特性」を言語,宗教,習慣,社会化,共通の歴史的経験などの産物と見なし,それらに注目するものであった。
- 後にアーモンドやヴァーバは,彼らが「政治文化」と称したものの特徴を明らかにすることを通じて,文化的アプローチを政治学に持ち込んだ。政治文化とは,民主主義の原則や制度,道徳や武力行使についての考え方,個人や集団の権利,世界における国家の役割のあるべき姿などへのコミットメントなどを包含するものであった。
- 文化の解釈的アプローチに対する関心は,社会科学における行動科学革命の登場によって下火になった。

4 戦略文化と核抑止（1945〜90年）

1977年,ジャック・スナイダーはソ連の核ドクトリンを解釈するために戦略文化に関する理論を構築し,文化を現代の安全保障研究に導入した。それまで,核戦略についての研究は,合理的選択に基づく効用や普遍的利益を基礎とする計量経済学に基づくものが中心であった。したがって,アメリカとソ連は合理的アクターとしてとらえられ,両国は戦略核兵器の問題に関しては,互いの動きに計算づくの反応を見せるものであるという前提に立っていた。

これに対してスナイダーは,両国のあいだに明確な戦略文化上の違いがあるという解釈に立って,核問題に関するアメリカとソ連の相互作用を分析した。スナイダーは,各国のエリートたちは,それぞれ自国に独特の戦略的思考として社会に組み込まれている世論を体現するかたちで,安全保障や軍事に関する独特の戦略文化を形成すると論じた。そして彼は,「核戦略に関する一般的な信条,態度,行動様式が集合体を形成し,単なる政策以上の『文化的』レベルにおける半永久的な要素として作用するようになった」と主張した（Snyder 1977: 8）。スナイダーは戦略文化の枠組みを用いて,ソ連軍が先制的,攻撃的

な武力行使を好む傾向があり，その起源は不安感と権威主義的支配に彩られたロシアの歴史にあると論じた。

それ以降の戦略文化に関する研究も，核戦略や米ソ関係の基礎を明らかにしようとするものであった。また，コリン・グレイは，アメリカやソ連などの戦略の発展は，「独特の歴史的経験に基づいた深いルーツ」を持つ独特の国家のスタイルによって特徴づけられてきたと論じた。このように，戦略文化は「戦略が議論される場を提供し」，戦略についての政策のパターンを形成する独立変数なのである。スナイダー同様，グレイは戦略文化が安全保障政策に対して半永久的に影響を与え続けると考えた（Gray 1981: 35-7）。また，ケン・ブースは，戦略の理論と実践の両方で失敗の原因となる，自民族中心主義の影響を研究した。そして，ブースは，自民族中心主義は相互に関連する3つの意味を持っていると結論づけた。

ソ連製大陸間弾道ミサイル RT-20 ［写真：U.S. military or U.S. Department of Defence］

> 第一に，集団の重要性と優越感を表現する用語としての意味である。……この意味での自民族中心主義の特徴としては，自身が属する集団を最優先する強い帰属意識や，自身の利益を基準として事象を認識する傾向，他者のそれに比べて自身の生活様式（文化）を選好する傾向……そして，外国人の考え方，行動様式，動機についての一般的な猜疑心などがある。第二に，社会科学において不適切とされる方法論を表現する用語としての意味である。……この技術的意味での自民族中心主義は，自身の見解を不用意に他者に当てはめて考えることを示す。第三に，「文化の呪縛を受けている」の同義語としての意味である。……文化の呪縛を受けている場合，その個人や集団は，異なる国家や人種集団の視点から世界を見ることができない。つまり，自身の文化的な態度を離れて，異なる集団に属する人びとの視点から，想像力を働かせて世界を再構築して見ることができないのである（Booth 1981: 15）。

> **BOX 4.2　戦略文化の定義**
>
> - 戦略文化は，「核戦略に関する一般的な信条，態度，行動様式が集合体を形成し，単なる政策以上の『文化的』レベルにおける半永久的な要素として作用するようになった」のである。　　　　　　　　　　　　　　　　　―― Snyder 1977
> - 戦略文化は「行動上の選択肢を制約する観念上の環境」であり，そこから，「戦略上の選択について具体的予測を引き出すことができる」のである。
> 　　　　　　　　　　　　　　　　　　　　　　　　　　―― Johnston 1995
> - 戦略文化は，「国際的な軍事行動の態様，とくに開戦の決定や，攻撃的・拡張主義的あるいは防衛的戦争についての選好，そして，戦争の犠牲の許容度についての信条や前提条件」によって形成される。　　　　　　　　―― Rosen 1995

　1980年代には，戦略文化の影響を検証することにかなり広範な関心が示された。しかし，戦略文化の理論は主観的すぎるとともに，きわめて範囲の限られた歴史学の方法論に依存していたため，特殊であるから特殊だというような循環論法に基づいた説明や解釈を展開する傾向を持ち，さらに，意味のあるかたちで操作可能なものとすることも困難であるとの批判もあった。その結果，戦略文化の持つ分析および政策決定上の意義が，初期における提唱者によって誇張され過ぎたとの批判がなされたのである。

5　戦略文化の源泉

　戦略文化の源泉としては，すでに先行研究で明らかにされているとおり，物質的なものと観念的な要素の両方があげられる。まず，地理，気候，資源は，過去一千年にわたって戦略思想の鍵となる要素であり続けたが，今日においても戦略文化の重要な源泉である。地理的環境は，しばしば，なぜある国家がほかの国と異なる戦略を採用するのかを理解する鍵となると言われる。たとえば，冷戦期におけるノルウェーやフィンランドに例証されるように，大国との地理的位置関係は重要な要因として認識されてきた（Graeger and Leira 2005; Heikka

2005)。また，大部分の国境線が交渉によって確定される一方で，紛争によってつくり変えられ，係争の続く国境線もある。一部の国は複数の国境線を持ち，近隣諸国との接点ごとにさまざまな戦略上の問題をかかえている。そして，こうした国々は複数の安全保障ジレンマに同時に対応しなければならないのである。そうした要因はイスラエルのような国家の戦略の方向性を決定づけたと考えられ，同国が核能力を保有した動機を説明するものである。不可欠な資源へのアクセスを確実にすることは，戦略上，死活的なことであり，今日のように地球規模で領土や資源の様相が変化している時代にあっては，これらの要素がとくに重要であると考えられる。

歴史と経験は，戦略文化の形成に重要な役割を果たす。国際関係理論によると国家は，弱小国家や強大国家，被植民地国家や脱植民地国家，そして前近代国家，近代国家，脱近代国家などに分類できる。このことから，国によって直面する戦略上の課題に違いがあり，物質面でも観念面でも持てる資源に差があり，したがって，同一の問題に対しても異なる反応を見せると予想される。新興国は，国家形成の困難さに直面して不安になり，そうしたなかで戦略文化上のアイデンティティが形成されていく。逆に言えば，古代に形成され，長い歴史を生き抜いてきた国家は，大国や文明の興亡や，自国に適した政策を形成するうえで重要になる要素を考えようとするであろう。

世代交代と科学技術の進歩，とくに情報通信技術の進歩は，〔個々人の〕能力と戦略上の到達範囲に重要な影響を与えることがあると論じられている。情報通信技術は，一方で社会を変え，他方で個人や集団が新しい方法で交信して，遠く離れた場所に混乱を引き起こすことをも可能にした。インターネットの出現は比較的最近の現象ではあるが，すでに，こうした情報通信媒体とともに成長した世代が登場している。インターネットなどの科学技術は，歴史上例を見ないかたちで，個人あるいは集団のアイデンティティを強化する結果をもたらすかもしれない。

戦略文化のもうひとつの源泉は，国家の政治機構と防衛組織の性格である。西側の自由民主主義的な政府を採用する国もあれば，そうでない国もある。また，いくつかの国家は成熟した民主主義を持つが，ほかの国々はいまだに民主化の過渡期にある。そして，後者の国々においては，国境のなかや国境を越え

て作用する部族・宗教・民族的忠誠といった文化的な変数によって，民主主義定着のペースや深みが決定づけられる．同様に，防衛組織が戦略文化にきわめて重大な影響を与えると考える論者も多いが，その影響の度合いについては意見が分かれる．北ヨーロッパについての研究は，軍が職業軍人によって構成されているのか徴兵によって構成されているのか，そして，実戦経験を有するか否かが，重要な違いをもたらすことを明らかにしている．軍事ドクトリン，民軍関係，〔装備の〕調達方法も，戦略文化に影響を及ぼすかもしれない．

　神話と象徴は，すべての文化的な集団に付随していると考えられており，そのいずれも，戦略文化上のアイデンティティの進化において安定要因としても不安定要因としても作用し得る．そこでは，神話の概念は，「根拠がないか間違ったもの」という伝統的な理解と異なる意味を持ち得る．ジョン・カルバートは神話について次のように述べている．

> ある社会が持つ本質的，かつ，しばしば無意識あるいは無条件の前提となっている政治的価値を表現した信条の総合体であり，言い換えれば，イデオロギーの劇的な表現である．政治的神話に見られる記述の細部は真実である部分とそうでない部分があるが，多くの場合，真実とフィクションがない交ぜになっており，それを区別するのは困難である……政治的神話は，理性に働きかけようとするのではなく，信念と信条に働きかけようとするものでなければ効果的とは言えない（Calvert 2004: 31）．

　象徴についてのある研究も，象徴が「大筋において共通の認識として社会的に認められたもの」として作用するとともに，特定の文化共同体に戦略思想と戦略的行動についての安定的な判断基準を提供すると指摘している（Elder and Cobb, Poore 2004: 63 で引用）．2007 年春に発生した政治不安とそれに続くエストニアへのサイバー攻撃は，象徴がいかに大きい力を持っているかを示すものである．混乱は，ソ連が建造した戦争記念碑〔対独戦の勝利を記念するソ連兵の銅像〕を首都タリンの中心部から〔郊外にある〕戦没者墓地に移動させるというエストニアの決定によって引き起こされた．ロシアと，エストニアに住むロシア系住民にとって，この記念碑は第二次世界大戦における歴史的に重要な犠牲を象徴する価値あるものであった．一方で，エストニアにとって，この記

念碑は過去における〔ロシアによるエストニアの〕占領を象徴するものであった。その結果，銅像をめぐる紛争は急速に拡大し，エストニアの住民のあいだに深い亀裂を生み出した。

平和と紛争を分析した従来の研究は，歴史を通じて，そして，さまざまな文化的環境のもとで，鍵となるテキストが〔戦略的思考や行動の〕発展に大きな影響を与えてきたことを明らかにしている。それは，古代中国の戦国時代に執筆されたと考え

エストニア・タリン郊外の戦没者墓地に移設されたソ連兵の銅像

られている孫子の『兵法』に始まり，古代インドのカウティリヤ（Kautilya）の作品，そして，ペロポネソス戦争についてのトゥキュディデスの解説や，ナポレオン時代の観察を通じてクラウゼヴィッツが著した戦争の本質に関する著作によって形成された，戦争と平和に関する西洋的理解へと続く，歴史の展開に沿ったものであろう。同時に，それは，いくつものテキストが社会に対する影響をめぐって，互いに競い合ってきたということかもしれない。たとえば，ギリシアの戦略文化についての研究によって，2つの異なる戦略上の伝統が交互に影響力を持ってきたという現象が確認されている。一方では，『イリアッド（Iliad）』の英雄アキレスの業績を知的基礎とする伝統主義者がおり，彼らは世界を，力のみが安全保障を最終的に確保する無秩序な場と認識する傾向を持つ。他方，『オデュッセイア（Odyssey）』の英雄オデュッセウスを信奉する「モダニスト」は，世界をアナーキーな場と認識しつつも，平和と安全を確保するために多国間協力を推進することこそがギリシアにとって最高の戦略であると考える（Ladis 2003）。こうした戦略文化における二元性は，長く継承されてきた神話と伝説の影響を反映したものであり，現代社会においても意味を持ち続けている。

また，戦略文化の重要な源泉として，脱国家的な規範，世代交代，科学技

BOX 4.3　戦略文化の源泉となり得る要素

物理的	政治的	社会・文化的
地理	歴史的経験	神話と象徴
気候	政治制度	鍵となるテキスト
天然資源	エリートの信条	
世代交代	軍事組織	
科学技術		

◀──────トランスナショナルな力／規範的圧力──────▶

術もあげられている。規範は,「行為者,彼らの置かれた環境,および可能な行動を規定する社会・自然界についての間主観的な信条」と理解される（Wendt 1995: 73）。テオ・ファレルとテリー・テリフは,規範には「軍事変革の目的と可能性」を規定する力があり,また,武力行使に関する手引きを提供することができると考えている（Farrell and Terriff 2001: 7）。ファレルは,軍人の職業意識におけるトランスナショナルな規範が国家の政策に与える影響と,そうした影響が発生するプロセスを研究した。彼は,トランスナショナルな規範を国家の文化基盤に組み込むことは可能であると考え,それが,対象となる共同体に新しい規範を受け入れさせる圧力をともなうプロセス（「政治的動員」と呼ばれる）か,もしくは自発的な受容（「社会的学習」と呼ばれる）の,いずれかの方法によって起こり得るとした。

つまり,ファレルの言う規範移植は,漸進的なプロセスを経て長い時間をかけて起こり,最終的には,トランスナショナルな規範と国家規範が文化的に統合されることもあり得るのである（Farrell 2001）。

🔑 KEY POINTS

- スナイダーはソ連の核ドクトリンを解釈するために戦略文化に関する理論を構築し,政治文化論を現代の安全保障研究に導入した。
- 研究者たちは,「独特の歴史的経験に基づいた深いルーツ」を持つ独特な国家のスタイルが,冷戦期におけるアメリカやソ連などの核戦略の形成を特徴づけたと論じた。

- 戦略文化の源泉としては，地理，気候，資源，歴史と経験，政治制度，防衛組織の性質，神話と象徴，行為者たちが適切な戦略上の行動をとるうえで鍵となるテキスト，トランスナショナルな規範，世代交代，科学技術の役割があげられる。
- 戦略文化は国際規範に影響されることがある。

6　コンストラクティヴィズムと戦略文化

　1990年代には，コンストラクティヴィズムの影響によって戦略文化への関心が再度高まった。コンストラクティヴィズムには，いくつかの異なる理論的立場が存在するが，一部の研究者は，国際安全保障において観念や規範，そして文化的要素が物理的要素と同じくらい重要な役割を果たすのではないかという点に着目した。いち早くこうした関心を持つに至った研究者のひとりであるアレクサンダー・ウェントは，国家のアイデンティティと利益は，「知的に共有され得る慣行によって社会的に構築されている」と論じるようになった（Wendt 1992: 392）。ヴァレリー・ハドソンによれば，コンストラクティヴィズムとは，文化を「認識，情報伝達，行動を決定づける，時代とともに変わりゆく共有された意味体系」であると位置づけたうえで，これを研究するものである（Hudson 1997: 28-9）。

　その後すぐに，コンストラクティヴィズムと戦略文化を結びつける研究が登場した。アラステア・イアン・ジョンストンの著作『文化的リアリズム――中国の歴史における戦略文化と大戦略』（Johnston 1995）は，コンストラクティヴィズムの影響を受けた戦略文化研究の典型であると見なされている。本研究は，中国の戦略文化の存在と性格を明らかにし，また，中国の戦略文化が外敵に対する武力行使に何らかの影響を与えているかどうかを考察しようとするものであった。ジョンストンは，戦略文化を「行動の選択を制約する観念上の環境」であると見なし，それによって，「〔中国がとった〕戦略上の選択を具体的に予測することができる」と考えた。ジョンストンは中国の明王朝（1368〜1644年）期に自身の理論を当てはめることによって，その当否を確かめようと

した。彼は，中国は「古代に同国の戦略家が有していた政治的手腕や，〔中国が〕比較的満足のいく優位を維持していたという世界観などを背景として，統制がとれ，政治目的に沿った，最小限の武力行使を行う傾向を持っていた」と結論づけ，それが「戦略に少なからぬ影響」を与えたと主張した（Johnston 1995: 1)。1990年代に行われたほかの研究も，戦略文化の重要性を指摘していた。ドイツと日本の戦略文化に関する研究は，両国の外交政策の形成において，「反軍国主義的政治軍事文化」の重要性に注意を払うものであった（Berger 1998; Banchoff 1999)。

　この研究分野における別のグループは，軍事あるいは軍の組織文化に注目した。エリザベス・キアーは，フランスの軍事ドクトリンの発展において，組織文化が重要な役割を果たしたと述べた（Kier 1995)。スティーヴン・ローゼン（Stephen Rosen）は，インドの軍事・組織文化が同国の戦略形成に長期にわたって徐々に影響を与えたことを明らかにした。第二次世界大戦期の武力行使についての制約に関するジェフリー・レグロ（Jeffrey Legro）の研究や，ローランド・イーベル，レイモンド・タラス，ジェームズ・コクランのラテンアメリカ諸国の文化についての研究（Ebel, Taras, and Cochrane 1991）は，いずれも文化が重要な役割を果たしたと結論づけている。総合すると，これらの研究は，組織文化が戦略的選択に直接影響を与える独立変数あるいは媒介変数であることを示している。

事例研究 4.1　戦略文化の事例研究

中華人民共和国

　文化は，中国の戦略行動を形成するうえでとくに重要な役割を果たしている。これまでの研究によって，中国の戦略文化には2つの中核要素があることが明らかになっている。ひとつは現実主義政治に基づく戦いへの備えであり，もうひとつは孔子と孟子の流れを汲む，専ら理念上の議論に用いられる哲学的傾向である。スコベルは，時折これら2つの要素が組み合わさって，「中国的防衛至上主義」が生まれることもあると主張した。中国の文民・軍人指導者たちは，繰り返し，中国が「和為貴（和をもって貴しとなす）」という儒教的価値にコミットしていることを強調し，中国はこれまで一度も攻撃的であったり，拡張主義的であったりしたことはないと主張した。馮恵雲（Huiyun Feng）は最近の研究で，中国は武力行使に関して防

衛的姿勢を示しており，中国の戦略文化における儒教的な要素は「十分に理解されていない」と指摘している（Feng 2009: 172）。しかし，これに対する反論もある。たとえば，スコベルは，中国の指導者たちは，自分たちが関与するいかなる戦争をも――「たとえ，それが本質的に攻撃的なものであっても」――正当なものであり，防衛的なものであると決めつける傾向があると指摘している（Scobell 2002）。

アメリカ合衆国

専門家は，いくつかの核心となる原則が，長い時間をかけてアメリカの戦略文化を形成してきたと主張する。トマス・マンケンは次のように述べている。

> アメリカの戦略文化は，安全保障はタダであるという考え方によって形成されるとともに，例外主義に強い影響を受けている。アメリカの戦略文化は自由主義的な理想主義を強調し，戦争と政策を切り離して認識する傾向を持つ。アメリカ流の戦争方法とも称されるアメリカの軍事文化は，直接的な戦略や産業力による戦争遂行，火力を強調し，戦闘においては技術集約的な手法を重視する（Mahnken 2009: 69-70）。

多くの識者が，2001年9月11日のテロ攻撃がアメリカの戦略文化に与えた影響を指摘する。9.11アメリカ同時多発テロ事件が，テロとの戦いに関するジョージ・W. ブッシュ政権の宣言を生み出し，アメリカの戦略文化に新しい方向性を与えたというのである。新たな戦略文化の方向性には，国土安全保障や，安全保障上の目的を達成するために軍事力を使用することをいとわないという新しい先制行動ドクトリン，国際社会における単独主義的行動などに高い優先順位をつけようとするものがあり，国際安全保障問題におけるアメリカの優位性を前向きに再確認するものであった。そして同時に，こうした新たな戦略文化の方向性は，レトリックの上では民主主義と自由をアメリカが引き続き支持していることの証左として提示された（Lantis 2005）。同様に，今後はバラク・オバマ（Barack Obama）大統領と，その後継政権がどのような政策を採用するかによって，アメリカの戦略文化が変化していくであろう。

日本

冷戦期をとおして，日本は平和主義とアメリカとの安全保障同盟への依存によって特徴づけられた「反軍国主義的政治軍事文化」を育んできた。吉田ドクトリンは，アメリカとの同盟を通じて日本の軍事安全保障を確立する一方，日本自身は経済・

技術開発に集中するというものであった。トマス・バーガーは，日本の反軍国主義的な感情は，妥協が正当化されてきた長い歴史のプロセスのなかで強固に制度化されてきたと主張した。しかし，9.11アメリカ同時多発テロ事件と2006年の北朝鮮による核実験の後，日本は自国の安全保障の見直しを行った。日本政府はアフガニスタンとイラクで戦っているアメリカと多国籍軍に後方支援を提供するとともに，防衛力の近代化を推進した。日本は，世界における国連平和維持活動への貢献も強化した（Berger 1998; Hughes 2004）。

北ヨーロッパ地域——デンマーク，フィンランド，スウェーデン，ノルウェー

冷戦期（そして，それ以前の時期においても），デンマーク，フィンランド，スウェーデン，ノルウェーの戦略文化は，列強との距離によって形成された。スウェーデンとデンマークについては，戦略文化に2つの形態があることも明らかになった。スウェーデンの場合，ひとつは専門的かつ技術的に優れた軍事力を強調するものであり，もうひとつは徴兵と市民の民主主義的参加に基づく人民の軍隊という概念を中心とするものであった。デンマークの戦略文化は，コスモポリタニズムと防衛中心主義（defencism）の2つであった。コスモポリタニズムは，中立，非軍事的手段による紛争解決の代替策，国際連盟や国際連合などの国際機関の重要性を強調するものであった。これとは対照的に，防衛中心主義は，「平和を望むならば，戦争に備えよ」という格言や，NATOに代表される抑止と対処のための地域的軍事組織に象徴されるような，軍備の重要性を強調するものであった（Graeger and Leira 2005; Heikka 2005）。

ドイツ連邦共和国

ドイツの戦略文化は，地政学的環境と歴史の記憶の産物である。西ドイツに深く根づいた歴史の物語は，戦争についての罪責感と，平和主義的，反軍主義的姿勢の要素が結びついたものであった。このような価値観は，冷戦期を通じて，ドイツの指導層における言説だけでなく，政治制度にも根づくようになった。ドイツの指導者たちは，ベルリンの壁の崩壊，ドイツ統一，ソ連崩壊を経験して，ようやく武力の行使を考慮し始めたのであった。政治的言説の焦点が憲法上の制約から，行動する責任に徐々に移行する一方，学術的な議論は1990年代におけるドイツの外交安全保障政策の「正常化」の意義を中心に展開した。今日においても，ドイツは国際社会に支持された多国間の協調的活動においてのみ武力行使を考慮する「シビリアン大国」のままである（Lantis 2002）。

ロシア

　ロシア研究の専門家は、ロシアの戦略文化が地理、歴史、イデオロギーに大きな影響を受けていると主張してきた。つまり、ユーラシアの大部分をカバーするロシアの広大な陸地における政治的な安定や、過去の歴史的経験からくる軍事的包囲への懸念と領域に対する攻撃への恐怖などの要因が、ロシア特有の戦略文化を形成するうえで中心的役割を果たしてきたと考えられているのである。フリッツ・アーマースは、ロシアの戦略文化が世界で最も軍事化したもののひとつであったと分析しているが、同時に、1970年代以降はロシアの戦略文化を非軍事化する要素が増えつつあるとも考えている (Ermarth 2009)。アーマースはロシアの戦略文化が軍事を基調とする伝統的なものに先祖返りする可能性を排除してはいないが、ナショナリズムをイデオロギー上の基礎とし、「石油と〔天然〕ガスからの収益に刺激された近年の劇的な景気回復によって加速化され」、ロシアの戦略文化が自己主張の強いものになりつつあると述べている (Ermarth 2009: 93)。彼は、この「自己主張の高まり」の背景には、「アメリカの力を封じ込める多極化世界の登場を促進し、西側諸国と異なるユーラシアの地政学的なアイデンティティを確立し、ロシアが認識するところの西欧からの文化的脅威と戦うという、ロシアに与えられた超国家的任務があるとの考え方がある」と論じている (ibid.)。

7　今日的課題

◆連続性か変化か

　戦略文化に関するほとんどの研究の焦点は、国家行動の連続性か、少なくとも半永続性にある。ハリー・エクスタインは、時とともに価値観と信条が社会へ浸透していくと指摘した (Eckstein 1998)。これに従えば、過去における学習は集団意識に結びつくため、比較的変化しにくい。過去の教訓は、将来の学習においても考慮すべき要素となる。このため、変化のプロセスは緩慢であり、世代交代が必要となる場合が多い。歴史の記憶、政治制度、多国間協調主義へのコミットメントなどが戦略文化を形成するというのであれば、現代世界の外交政策は「止むことのない変化」を経験していると見ることも十分可能となる。反対に、戦略文化は劇的に変わり得るとの見方もある。たとえば、北朝鮮は

第4章 戦略文化

1998年に日本の上空を通過するかたちでミサイル実験を行い、2006年には初の核実験を行ったが、これに対して日本やほかのアジア諸国の戦略文化は迅速に適応する行動をとった。

どのような要因が戦略文化上のさまざまな変化を生み出すのかを正確に判断するのは容易ではない。戦略文化は、どのような状況のもとで変化するのか。外交政策決定は、どのような場合に伝統的な戦略文化の境界線を踏み越えるのか。ジェフリー・ランティスは、戦略文化のジレンマを引き起こし、安全保障政策の変化をもたらす状況として、少なくとも2つの可能性があり得ると主張した。第一に、外的ショックによって、既存の信条が根本的に揺らいだり、過去の歴史の物語が無効化されたりする可能性がある。これは、過去十年における日本の事例によっても示されているようである。また、ドイツの指導者たちは、1990年代のバルカン諸国における大規模な人道上の悲劇に直面し、自国の戦略文化の伝統的な範囲のなかになかった政策オプションを採用することを決断した。多くの人びとが組織的に大量虐殺と民族浄化の目標とされていることが明らかになったことで、道義的にもドイツが行動をとらざるを得ない状況が生まれた。このように、強い外的ショックの結果、各方面で適切な反応のあり方が再検討されることになった。一部の論者は、ボスニアでの民族浄化がドイツ政治左派の平和主義の道徳的正当性を侵食し、民族浄化という暴力を止めるためには武力行使もやむを得ないという空気を醸成したと述べている（Lantis 2002）。

研究者たちは、いかなる変化のプロセスも容易ではないと考えている。ダフィールドは、変化の促進剤となり得るものとして、「核心的信条や価値観を完全に否定する」ような、「（たとえば革命、戦争、経済的破局といった）劇的な出来事またはトラウマとなる経験」などがあげられると論じた（Duffield 1999b: 23）。とはいえ、各種の事態がショックを引き起こし、それを受けて、核心的信条がどのような影響を受けるのかを真剣に検討するという一連の作業は、短期間に終わる類のものではない。そのような変化には極度の精神的ストレスがつきものであり、また、新たな政治的・文化的な方向性に関する妥協を形成するさまざまな集団参加といった浸透プロセスを必要とする。

第二に、戦略思想の主要な教義が互いに矛盾をきたすようになった場合、外

交行動は，戦略文化の伝統的方針から逸脱することがある。スウィドラーは，「複数の明示的イデオロギーが行動を決定し，また，構造によって規定される行動の機会が，長期的にどのイデオロギーが生き残るかを決定するような……文化的に不安定な時期において」，戦略文化からの逸脱への力学が作用する可能性を指摘する（Swindler 1986: 274）。たとえば，民主主義を支持する一方で軍事力の使用には拒否感を持つ国は，民主主義が軍事行動を必要とするような難局に直面するようになると，戦略文化上のジレンマに突き当たる。日本政府は，東ティモールで民族自決のための闘いが起こったとき，こうした問題に直面した。多国間主義にコミットしているとしても，一方で，規範が脅かされているという認識を自国が持った場合には，同様のジレンマが発生する。マイケル・トンプソン，リチャード・エリス，アーロン・ウィルダフスキーらは，ある文化の核心的原理が人間の必要性を満たし，世界の理にかなった解決を提供し続ける場合にのみ，文化は決定的な役割を果たすと主張する（Thompson, Ellis, and Wildavsky 1990: 69-70）。このような戦略文化の不調和によって，多国間取り決めや，政策協力のための代替的外交イニシアチブや規則の策定などから，国家が離脱する場合がまれにある。

このように，戦略文化のジレンマは外交政策の新たな方向を規定するとともに，歴史の物語の再構築を促す。安全保障政策に突然，かつ，かなり劇的な新しい方向づけを含む変化が発生することはあり得る。このため，戦略文化についての分析は，そうした変化を引き起こす条件をさらに考察すべきである。

◆戦略文化の守護者はだれか

戦略文化がだれによって，どのように維持されているのかを明らかにすることは，今日の戦略文化研究のテーマのひとつとなっている。また，こうした研究は，戦略文化の形成に最も大きい影響を与えるのが個人であるのか，それともエリートあるいは非エリートの集団であるのかという微妙な問題についても触れている。

過去の研究は，「集団を構成するにすぎない個々人ではなく，集団全体」の考えが政治・戦略文化を構成するとの考えに基づき，政治・戦略文化を国家のみが持つ特性と考える傾向があった（Wilson 2000: 12）。しかしながら，最近の

第4章 戦略文化

研究は，非国家主体も戦略文化を持つ場合があることを明らかにし，この分野の地平を広げた。こうした研究によると，国家内のエリート集団，非国家主体，トランスナショナルな集団，さらには国家連合なども戦略文化を持ち得る。研究対象となる行為者の範囲が広がる一方，戦略文化は長期間にわたって価値や信条が社会化されることによって形成されるとも指摘される。とはいえ，このプロセスでどのような媒介変数が実際に作用しているかは不明確である。こうしたことから，戦略文化は，非国家，国家，国家連合がいかなる方法・理由に基づいて戦略的決断を行うのかを分析するための学術的・政策的手段を提供してくれるかもしれない。

　いかなる団体についても，戦略エリートが戦略文化の主たる守護者として，あるいは共通の歴史物語の提供者としての役割を果たしていると言えるかもしれない。戦略文化は社会に深く根ざすものであるという見解がある一方，政策上の言説についての最近の研究は，戦略文化はエリートたちの「交渉を通じてつくりだされた現実」であるとの解釈も示されている（Swidler 1986）。戦略文化の連続性と変化を決定づけるうえで，エリートたちがいかに重要な役割を果たしているかについても研究が発表されている。たとえば，ジャック・ハイマンスは，アイデンティティは間主観的であると同程度に主観的なものであり，指導者たちは，国家のアイデンティティについての自身の概念を競争的なアイディアの市場から採用するのが一般的であると主張する（Hymans 2006）。コンストラクティヴィズムや文化決定論に基づく研究は，新しい規範をつくりだす創造者たちが，各種事態を解釈し，言説をかたちづくり，目的を達成するための新しい議論の道筋を付ける役割を果たしている可能性があると見ている。社会学者コンスエロ・クルースは，研究者が一般に考えるより，指導者たちは多くの裁量を持っていると主張した。指導者たちと，「ある課題に取り組むことが現時点における集団の全体利益に最も合致していると主張したり……，既知と未知の領域を納得のいくかたちで（新たに）切り分けることによって現状認識に変更を迫ったりする」というのである。端的に言えば，クルースは，指導者とは，「診断・処方の両面において，可能性の限界を再定義する」と論じたのである（Cruz 2000: 278）。

　組織文化についての研究は，国家行動が特定の制度的特徴や文化的潮流の関

数であることを示している。たとえば，1990年代の日本とドイツの外交政策決定についての研究は，戦略文化が制度の特徴に色濃く反映されていることを明らかにした。しかし，軍事官僚機構がつねに文化の守護者であるというわけではない。ドイツでは，外務省が外交・安全保障政策を支配している。日本では，国会，自由民主党，自衛隊など各種の政治制度が，外交政策上の制約を共同で担保している。リン・イーデンは，問題の存在を明らかにし，その解決策を見つけるために，「組織的枠組み」が制度的に形成されると主張する。このような枠組みによって，「何を問題と考えるか，どのように問題が提起されるか，どのような手段によって問題を解決するか，そして，解決策にはどのような制約や条件があるのか」などが規定される（Eden 2004: 51）。

戦略文化には，重要な大衆的な側面もある。チャールズ・カプチャンは，戦略文化の基盤は社会的なものであると論じた。彼は，戦略文化とは，「イメージと象徴に基づいて」，「国民が集合的存在としての自身の幸福を規定し，また，安全について考えるときの基準となるイメージ」を指すと論じた（Kupchan 1994: 21）。それでは，非国家主体の大衆的な側面とは何であろうか。その答えは，対象となる組織文化の種類によって変化する。アルカイダについて言えば，「アラブの一般市民」の視点が，文化的な基盤の必要不可欠な一部を構成していることは明らかである。同様に，EUでは，すべての市民を対象とするための国際協調的な「ヨーロッパのアイデンティティ」というビジョンと，27の加盟国それぞれの持つ個別のアイデンティティのあいだに緊張関係がある。

8 非国家，国家，国家連合の戦略文化

戦略文化についての刺激的な新しい研究課題は，ウェントの言葉を借りるならば，「非国家，国家，国家連合は戦略文化をどのように考えているのか」に関するものである。この課題は，欧州連合（European Union: EU）を理解するうえで，特別な意味を持っている。EUは，2003年12月に歴史上初めて共通の欧州安全保障戦略（European Security Stratesy: ESS）を正式に承認した。

ESSの文書は,「早期の,迅速な,そして必要であれば本格的な,介入を可能にする戦略文化」の醸成を要求していた(European Union 2003: 11)。パリに拠点を置くEU安全保障問題研究所は,2005年の核拡散防止条約の再検討会議でEUがどのような立場をとるべきかについてのワークショップを開催した(Schmitt, Howlett, Simpson, Müller, and Tertrais 2005)。こうしたことから,EUには,大量破壊兵器(WMD: Weapons of Mass Destruction)の拡散や国際テロリズムに対し,加盟国が協調的に対応する必要性についてのコンセンサスがあると考えられる。

しかし,本当に新しいEUの戦略文化が出現しているのかどうかは議論の分かれるところである。ポール・コーニッシュとジェフリー・エドワーズのような楽観主義者たちは,「ヨーロッパの戦略文化が,社会化プロセスを通じて,すでに形成されつつある徴候がある」と論じた。彼らは,EUの戦略文化を単純に,「広く受け入れられている正当かつ効果的な政策手段のひとつとして軍事力を管理あるいは配備するにあたって用いられる,制度上の信頼とプロセス」と定義した(Cornish and Edwards 2001: 587)。クリストフ・マイヤーは,欧州理事会(European Council)[訳注1]が2003年12月に採択したESSは,関心と資源を集中させるために必要な「戦略上の概念」を提供するものであったと指摘した(Meyer 2004)。逆に,ジュリアン・リンドレー゠フレンチは,見通し得る将来において,ヨーロッパは共通の外交安保政策を確立するために必要な能力も意志も持ち得ないとの考えを明らかにしている。彼は,今日のヨーロッパを「建築物というよりも,古き日を想い出させるさまざまなデザインを施した荘厳な構造物の崩れ落ちゆくアーケード」であると描写する(Lindley-French 2002: 789)。脅威認識に関する意見の違いを踏まえ,ステン・リニングは,「EUが首尾一貫した強力な戦略文化を持つようになるとは考えにくい」と結論づけている(Rynning 2003: 479)。

もうひとつの問題は,テロ組織や国境を越えて活動している組織に戦略文化の考え方を当てはめることができるかという点である。これらの組織のアイデンティティは,物理空間とサイバー空間の両方の領域で形成される。マーク・ロングは,アルカイダなどのトランスナショナルなテロ集団も明確な戦略文化を持っていると主張する。彼は,非国家主体――とくに組織的テロ集団や解放

第4章 戦略文化

運動など──の戦略文化を研究することのほうが，実のところ国家の戦略文化の研究より容易であるかもしれないと述べている（Long 2009）。また，サイバー革命は，非国家主体からの脅威を算定するうえでの複雑さを増大させている（Rattray 2002; Goldman 2003; Schwartzstein 1996, 1998）。ヴィクター・チャは，「グローバル化による最も広範な安全保障上の影響は，国際関係の『脅威』の基本概念を複雑化させたことである」と論じている（Cha 2000: 392）。

さらに，ジェームズ・キラスは，グローバル化がもたらした技術によって，テロリストが「より致命的で，より広範で，かつ，以前に比べて対処が困難な」活動を行うことが可能になったことを認めつつも，その同じ技術を「テロリズムと戦う意志と資源を持つ政府が利用することによって，テロリズムを打ち破ることもできる」と論じた（Kiras 2005: 479）。チャは，「科学技術と情報のグローバル化によって，国境を越えて組織化され，仮想空間で会議を開き，テロリストの戦術を利用する非国家の過激派あるいは原理主義集団の力が相当強化された」と述べ，科学技術が「これらの集団の重要性」を高める傾向があると結論づけている（Cha 2000: 392）。

🔑 KEY POINTS

- 戦略文化を一連の共有された前提と決定原理として認識するのであれば，それがだれによって，どのように維持されているのかという問題が出てくる。しばしば，共通の歴史の物語をかたちづくるのは一国のエリート集団である。また，政党や国内の連立を含む政治制度が，外交政策における行動に影響を及ぼすこともある。
- 戦略文化に関するほとんどの研究の焦点は，国家行動の連続性にある。しかし，最新の文化研究のひとつの特徴は，時とともに変化が起こり得ることを認めている点にある。
- 戦略文化上の変化をもたらす要因として，少なくとも2つの重要なものがあげられる。ひとつは外的ショックであり，もうひとつは戦略思想の不調和である。
- 何世代ものあいだに持ち越されてきた複雑な研究課題のうちのひとつに，どのような行為者が戦略文化を定義することが多いのかというものがある。それは，国家なのであろうか，地域機構であろうか，文明であろうか，それとも，テロ組織などの非国家主体であろうか。
- 情報通信技術のグローバル化と革命によって，将来にわたって脅威は，より拡散し，広範で，多元的なものになるであろう。

9　戦略文化と大量破壊兵器

　戦略文化から，大量破壊兵器（WMD）の拡散や新たに台頭しつつある抑止体制について何かを学ぶことはできるであろうか。最近の研究は，WMDを保有し，その使用を脅迫の手段として用いることを決断するうえで，戦略文化の果たす役割を明らかにしている（Johnson, Kartchner, and Larsen 2009: 4）。つまり，戦略文化についての研究は，過去に戦略文化研究を活発化させたWMD関連の課題に回帰しつつある。しかし，この現在進行中の動きは，より多くの主体と急速な技術革新に特徴づけられるグローバル化する世界のなかで起こっているのである。

　現在，再び脚光を浴びている課題としては，抑止は実存的なものであり，〔すべての行為者の〕行動を決定づける普遍的な規範として受け入れられるべきものであるのか，それとも，抑止は1945～90年の東西間の抑止関係についての分析を基礎とする競争のなかから本質的に生み出されており，その「規範が移植」され，あるいは伝播しているということなのか，というものがある。そのほかにも，核戦略に対する態度は，もっぱら特定の主体の文化的な背景から派生する固有の構成物であるかどうかという課題がある。この種の課題は，社会科学の進歩と相まって，ここ数十年間に起こった国際安全保障上の劇的な変化によって生み出された。キース・ペインは，「現在の力関係や政治関係は冷戦期のものと大きく異なっているため」，過去の「抑止概念，専門用語，抑止論のあり方は，事実上，無意味になった」との考えを示した（Payne 2007: 2）。

　もし，抑止が，相手国に受け入れがたい損害を与える能力と意図があると信じさせることによって生まれる，本質的に心理的な現象であると考えるのであれば，当然，異文化間コミュニケーション戦略において文化的象徴や意味づけが役割を果たすことになる。スナイダーは1970年代に，初めて抑止の実存性に疑問を呈し，ブースも抑止戦略が本質的に状況に依存した現象であることを強調した。つまり，近年の研究は，抑止とコミュニケーションの力学が文化的なレンズを通じて作用していることを明らかにしようとしてきたのである。こ

こでは、特定の行為者〔抑止する側とされる側〕についての知識が、抑止モデルの信頼性を高め、抑止が成功する可能性を高めることができるのである。こうした教訓は、近年見られるようになった「個別状況対応型抑止（tailored deterrence）」という概念や、諫止戦略にも取り入れられているようである（Hagood 2007）。政策担当者も、このような議論を受容している。アメリカ国防総省の元高官であるペインは、現代の抑止に関する「ほとんどすべての実証的研究」は、「敵、敵が持つ価値観、動機、意志を理解することが、抑止政策の成否を決める重要な要素となっている」と結論づけていると述べた（Payne 1996: 117）。

政治心理学を基礎に、ハイマンズは核兵器を保有するという決断が「奇妙なもの」であり、上に示したように、指導者たちが持つ国家アイデンティティに根ざしていることがわかると論じている（Hymans 2006: 18）。ハイマンズは、さまざまな国家アイデンティティのあり方を理解することによって、各国の指導者たちが最終的に核開発を行うという決断を下すかどうかを、より正確に予測することができるようになると主張する。

イアン・ケニヨンとジョン・シンプソンも、「抑止のメカニズムと効果に関する普遍的合理性と特定の戦略文化〔の相対的重要性〕をめぐる現在の議論や、非国家主体や『ならず者国家』と見られている国々が大規模な破壊的行動をとる脅威が、この議論にどのような影響を与えるか」は重要な問題であると指摘する（Kenyon and Simpson 2006: 202）。アーロン・カープは、今日の抑止は少なくとも3つの様相を呈していると述べた。第一に、核兵器保有五大国のあいだに存在するもので、核兵器は相互に使用を妨げる役割を果たしている。第二に、第一の派生型で、新しい核兵器保有国のあいだに形成されつつあるものである。そして、最後に、テロリストなどの主体に関する抑止の問題である（Karp 2006）。

さらに、現代の研究は、特定の状況について考える場合には、一定の文脈のなかでその関係をとらえることの重要性を認識しており、戦略上の決定がなされる場合に、重要な役割を果たす文化的要因をめぐる条件を把握する努力を行っている。オリ・ホルスティ（Oli Holsti）は、戦略的曖昧性が高い状況や、長期政策を策定する状況においては、〔指導者たちの持つ〕信念構造が意志決定

において過度に重要な影響を与えると論じた。その後，ステン・リニングは，戦略文化は一国が最も重要であると考える政策手段に影響を与える場合が少なくないと述べている。たとえば，「弱い戦略文化」を持つ国家は紛争解決の手段として外交を選択する傾向がある反面，「強い戦略文化」は軍事力を使用する意志を持つ国家を生み出し，そうした国家にゼロサム的な紛争で勝利を収める力を与えると指摘した（Rynning 2003: 484）。また，エイドリアン・ハイド＝プライスは，戦略文化の強さは力，歴史，地理，社会などを含む，複数の要素の変数であるとも主張する（Hyde-Price 2004）。民主主義による平和についての研究は，政治と軍事に関する文化と安全保障政策のあいだに関連性があることを示唆している。

　カーチナーは，特定の状況によって，国家行動を決定づけるうえでの戦略文化の役割が高まることがあるとの仮説を提示した。その具体例は次のとおりである。①ある集団が生存，アイデンティティまたは資源に対する脅威が大きいと認識している場合，あるいは，ある集団がほかの集団に対してきわめて不利な立場に置かれていると認識されている場合，②集団のアイデンティティを形成する既存の強い文化的な基礎がある場合，③国民の集団としての安全保障上の野心や政策への支持を得るために，指導者たちが活発に文化的象徴を利用する場合，④集団の戦略文化に高度な均質性が存在する場合，⑤歴史的経験によって強い集団的脅威認識が形成されている場合（Kartchner 2009）。

　つまり，抑止力の役割は具体的な観念および物質的文脈における特殊なものと言える。ただし，自民族中心主義によって欧米諸国が非欧米諸国を誤解し，また，非欧米諸国が欧米諸国を誤解するように，核戦略に関して複数の異なる解釈が存在することが，〔相互〕理解を困難にしている面もある。たとえば，専門家のあいだでも，武力行使に関する中国の戦略文化の性格が攻撃的なものなのか，それとも防衛的なものなのかについてのコンセンサスは存在しない。一部の専門家は，危機状況において中国は高いリスクをともなう強制外交を行う態度を示すとも考えており，これも抑止の問題に対する含意を持つ。現時点での中国の核態勢は，アメリカやロシアのそれと比較して小規模である（そして，イギリスやフランスに比べてもそれほど大きくない）。中国は信頼できる第二撃能力を確保するために近代化を進めている。とくに2006年に北朝鮮が

行進する中国人民解放軍（2007年）[D. MYLES CULLEN 撮影：U.S. Air Force]

核実験を行ってからは，中国指導部は WMD 拡散が地域安全保障に否定的な影響を及ぼす可能性にも懸念を持つようになった。

　同様に，北朝鮮は自国が認識するところのアメリカからの核の脅威に対抗するために，核兵器が必要であると考えているようである。さらに，アメリカがWMDをどのように使用するかについての北朝鮮の理解と，WMDの持つ能力のあいだに戦略文化上の不調和が見られる[訳注2]。イランも，アメリカを抑止し，国際社会における地位と力を獲得するとともに，国の自尊心の象徴として核兵器を開発しつつあると考えられている。また，最近の研究は，国家主体だけでなく，トランスナショナルな非国家主体にも同様に注目している。たとえば，ロングはアルカイダのイデオロギー上の信条と歴史の物語のあいだ，そして暴力的使用を目的とする WMD 取得への衝動にはつながりがあると考えている。

　こうした変化は，アイデンティティと戦略上の選択に関する最近の研究を通じて，よりよく理解できるかもしれない。アレクサンダー・ジョージは，「抑止と強制外交の効果は，文脈によって大きく左右される」点を強調した（George 2003: 272）。戦略文化に関する既存の研究の多くは権威主義国家における戦略文化の役割に焦点を当てているが，これは，政治的なイデオロギー，教義，言説のなかには，ほかより明確な特徴を備えた戦略文化を持つものが存在することを示している。北朝鮮に関する研究は核心的イデオロギーである自力更生（主体）思想を強調するものが多いが，この思想は国家の安全保障を，（生活必需品を供給することも含む）ほかのすべての政策課題に優先させるというものである。金 正 日に対する個人崇拝は，軍事的プライオリティーなどの安全保障政策のあり方に一定の連続性を担保している。イランについての研究も，同国

が明確な戦略文化を持っていることを示唆している。それは，三千年にもおよぶペルシャ文明の歴史に根ざした，「深刻な不安感」に「文化的な優位性」と「明白なる運命」という感情が組み合わさったものである（Giles 2003: 146）。グレゴリー・ジャイルズは，「16世紀にペルシャによって採用されたシーアの特質は，イランの戦略文化の一部の性格を強化し，拡大している」と論じている（Giles 2003: 147）。

　戦略文化上の要因によって抑止についての見方が多様化しつつあるとの議論を受け入れるのであれば，〔核兵器の使用などを〕禁止すべきであるという世界的な規範の重要性についても関心が喚起されるのは当然のことであろう。WMDに関する規範を通じた圧力が効果を持つ主体もあれば，効果のない主体も存在しよう。一部の専門家は，1945年以降，「核のタブー」が形成されてきており，「最後の手段」としてしか核の使用はあり得ないと論じていることはすでに述べた。しかし，核の不使用の原因として，利害や物理的要因を強調する専門家と，観念上の要因や「核のタブー」のような世界的な規範の発展を強調する専門家とのあいだには違いがある。タネンウォルドは核兵器についての研究を行い，アメリカの持つ核使用に対する強いタブーの重要性を論証した（Tannenwald 2007）。しかし，アメリカがそうしたタブーに制約を受けている一方，異なる戦略文化を持つ主体は同様の制約を感じないかもしれない。このため，異なる戦略文化的背景のもとで，規範的な抑制がどの程度作用するかが重要な課題となる。

10　おわりに

　最近の出来事によって，戦略文化についての学術的あるいは政策決定上の関心が再び高まった。NATOの指導者たちが2010年代のための新戦略概念を策定するなかで，戦略文化の研究は新しい知識を生み出し，多くの領域で政策に資する重要な洞察を提供することができる。研究者ならびに実務家は，文化という視点を通じて解釈できる多くの課題――中国の核近代化や宇宙技術の進展

から，世界的な景気後退やテロへの欧米諸国の対応まで——にも取り組みつつある。過去十年間の学術研究によって，WMD拡散，規範とタブー，安全保障ジレンマの力学，現代社会におけるパワーの構造的決定要因などについての伝統的・非伝統的仮説を検討することの重要性が明らかになった。こうして，文化的な解釈モデルは学界と政策サークルでますます注目を集めるようになり，戦略文化研究が今後いっそうの発展を遂げることを期待させている。

同時に，このような研究を行う場合には，文化決定論者の重要な警句を思い出さなければならない。つまり，因果関係の存在を明らかにしようとする際に，現実の社会（the social world）を単純化し過ぎる危険があり，また，ひとつの事例から導き出された分類が不適切なかたちでほかに適用される場合がある。特定の戦略文化についての不十分な認識によって，誇り，名誉，義務，または安全保障や安定性などの特徴に関する誤解が生み出される可能性もある。長年，文化的解釈の重要性を唱えてきた専門家さえも，この分野から生み出される知識に政策担当者が過剰に依存することの危険性について警告している。

Q 問題

1. 文化の定義にはどのようなものがあるか。そして，その違いは安全保障政策研究にどのような意味を持つか。
2. 世界の国々の戦略文化（または歴史の物語）の具体例をいくつかあげよ。
3. 戦略文化の源泉として，どのようなものがあげられるか。また，どの要素が最も重要であると考えるか。
4. 戦略文化を研究する際の出発点を歴史上のどの時点に求めるべきか。
5. 戦略文化の変化を引き起こす要因としては，どのようなものがあるか。
6. 一国の戦略文化を定義する主要な要素に，どのようなものがあるか。これらの要素が互いにぶつかり合うような状況はあり得るか。
7. 戦略文化の分析枠組みを非国家あるいは国家連合などの主体に適用することはできるか。
8. 戦略文化を理解するにあたって，グローバル化はいかなる意味を持つか。
9. なぜ，戦略文化とWMD拡散の関連性を研究することが重要なのか。
10. 政策決定の視点から見て，戦略文化に過剰に依存することの落とし穴は何か。

📚 文献ガイド

石津朋之，ウィリアムソン・マーレー編『日米戦略思想史――日米関係の新しい視点』彩流社，2005年
　▷日本とアメリカの国家戦略および軍事戦略についての論文集。「海洋国家日本の戦略」「米国の戦略計画策定」「第二次世界大戦における米国の戦略とリーダーシップ」「敗戦国の外交戦略」などを所収。

カッツェンスタイン，ピーター・J．／有賀誠訳『文化と国防――戦後日本の警察と軍隊』日本経済評論社，2007年
　▷国際関係の主要理論であるリアリズムやリベラリズムでは日本の対内・対外安全保障政策をうまく理解することはできないと指摘し，国家制度に組み込まれた規範を手掛かりに分析。

「共通論題 戦略文化」『年報 戦略研究』第4号，2006年
　▷戦略文化を特集した，日本でほぼ唯一の書。「戦後日本の地政学に関する一考察」のほか，中国，アメリカ，ロシア，ドイツの戦略文化についての論考が所収されている。

「共通論題 日本流の戦争方法」『年報 戦略研究』第5号，2007年
　▷「共通論題 戦略文化」の続編。石津朋之は将来の「日本流の戦争方法」について，「高度な技術力及び知的な人的資源とグローバリズムを基礎とする，ソフト・パワーを中核とした，『間接的アプローチ戦略』」になるとしている。

【訳注】

訳注1）　EU加盟27カ国の外相会議で，所在地はベルギーのブリュッセル。
訳注2）　北朝鮮は，一方ではアメリカが核兵器を自国に対して使うかもしれないという懸念を持っているが，他方では自国の安全保障のためには核保有が適切であるとも考えている，ということ。

※本章で用いた訳書は以下のとおり。

Almond and Verba（1965）＝石川一雄ほか訳『現代市民の政治文化――五カ国における政治的態度と民主主義』勁草書房，1974年
Geertz（1973）＝吉田禎吾ほか訳『文化の解釈学』1～2巻，岩波書店，1987年
Pye（1985）＝園田茂人訳『エイジアン・パワー』上下巻，大修館書店，1995年
Benedict（1946）＝長谷川松治訳『菊と刀――日本文化の型』，社会思想社，1972年

第5章
法律・政治・武力行使

本章の内容
1 はじめに——国際法の有効性
2 なぜ国家は法に従うのか
3 国際法と武力行使
4 開戦法規（ユス・アド・ベラム）
5 戦闘規則（ユス・イン・ベロ）
6 おわりに

読者のためのガイド

　本章は国際政治における国際法の役割について検討するが，その焦点は，国家による武力行使を法律が規制できるかどうかにある。ここでは武力行使に関する基本的な禁止事項を描きながら論評を加えるものの，法律上の規定を詳細に吟味するわけではない。むしろ本章では，法律上の規定が主権国家の行動，とりわけ政治的，戦略的決定にどのような影響を与えるのかを中心に論じる。また，国際法の専門家が国家の行動に対して，決定的な影響力を与えるまでにはいかないものの，かなり重要な影響力を与えていることを論証する。さらには，国益に直結し，武力行使が論議されるような問題に国家が対処するような場合でさえも同様のことが言えることを明らかにしたい。

1 はじめに——国際法の有効性

　国際法とは国家の行動に何ら影響を及ぼさないというのが通説であろう。この見方によれば，国際法とは政治的な意図に基づく行動を正当化する外交手段のひとつに過ぎない。ケン・マシューズは次のような言葉で表している。

> 国際法は守られたときよりも，破られたときに注目されるし，また，国際法は無視されることがあまりにも多いため，国際法は存在しないも同然であるというのが一般的な見方である。くわえて……国際システムにおいて国家が国益を追求する行為を国際法が抑制する確たる証拠もないと見なされている（Matthews 1996: 126）。

　国際法へのこうした評価は，国際政治へのアプローチとして支配的な現実主義(リアリズム)と呼ばれるものに見出せる。現実主義者は，自国の国益をひたすら追求する国家によって世界は支配されていると論じる。国家は，主権国家を超越する権威の存在が認められていない無政府的(アナーキー)な世界において，相互に作用しあうことになる。そして，この世界において国家間の相互作用は力の行使によって規定されることになる（究極的には軍事力の使用を通じて規定されている）。現実主義者は，国際法では実効性のある規制は期待できないと主張する。

　世界や国際法の役割についてのこうした立場は，ルイス・ヘンキンに代表される学者によって挑戦を受けている。ヘンキンは「ほとんどの国家が，ほとんどの国際法の原則や義務を，ほとんどの場面で遵守している，ということだ」（Henkin 1968: 47）と見ている。それではなぜ，こうした見方が国際法についての共通した認識に反映されていないのであろうか。その答えは，認識と現実のあいだのギャップにある。

◆認識と現実のギャップ

　認識と現実のギャップはさまざまなレベルで存在する。国際法が一般的に低い評価しか得ていないのは，国内法と国際法とを誤って対比させながら，国際

オランダ・ハーグの国際司法裁判所 ［写真：International Court of Justice］

法は本物の「法」としての地位を得ていないとの（立証されていない）結論に至るためであろう。これについて国際法の専門家から疑問が呈されることもある。ハーシュ・ラウターパクト卿は，「国際法とは法の消尽点（vanishing point）である」との有名な評言を残した（Lauterpacht 1952: 381）。国内では法律遵守が規範であるが，国際的には法律不履行が規範である，と一般的に想定されている。現実には，国際的にも国内的にも法律遵守が規範であるが，こうした傾向は国際的レベルでは国内レベルに比べて弱い。

いつもこの点が見落とされてきたのは，法体系が十分に機能するには立法府，中央集権化された実効性ある警察力，そして裁判所という「法の三位一体」を兼ね備えていなければならないという，もうひとつの思い込みのせいである。

Box 5.1　認識と現実のあいだのギャップの例

認識	現実
国際法はいつも軽視されている。	国際法はいつも遵守されている。
軍事的な紛争が常態である。	軍事的な紛争は例外である。
国際法が武力行使を規制する。	国際法は国家間の行動のほとんどすべてを規制する。
法は行動を禁止する。	法は行動を促進する。

国連の安全保障理事会や総会，国際司法裁判所や国際刑事裁判所といった機関は存在するものの，国際的なレベルではこうした三位一体はまず存在しない。このことから，国際法は国家の行動に効果的に影響を及ぼすことはできないという結論が通常導かれる。この議論は誤解を招くものである。国内法が刑事法と同義だという考えを根拠にしているからであり，それが結果的に，事実認定と法の執行の問題，ひいては法の三位一体に見当違いに目を奪われることにつながっている。ヒレール・マックーブレーが晩年に記したように，「法や法体系の施行を外から観察すると，執行——とりわけ刑法の執行の過程において——が強調される傾向があった。……しかし，この点を強調するのは大きな間違いであると言えるであろう」(McCoubrey 1998: 271)。

　国内の刑法は拘束力があり，国家の支配下にあり，司法上で下された処罰を課することによって執行されるというのはもちろん正しい——国内の刑法には法の三位一体がある。にもかかわらず，刑法があれば国内社会のすべての構成員を効果的に支配できるというわけではないし，逆に，そうした〔拘束力という〕特徴がなくてもほかの法的規制が機能するということもある。たとえば，契約法の影響が及ぶのは契約締結を選択した者の生活に限られる。契約法の執行は自助に頼る当事者に依存しており，多くの制度においては不履行に対して懲罰が与えられるわけではない。このような「不備」があるにもかかわらず，契約法は国内の行動の重要な側面を効果的に規則で取り締まっている。同様に，国際法が，これまで慣れ親しんだ刑法のモデルに当てはまらないとしても，それによって必ずしも国際法の実効性が失われるわけではない。

　認識と現実にギャップがあるもうひとつの理由とは，学術書やジャーナリズムの論評における国際政治の表現の仕方にある。国際関係についての学術書には，協力よりも紛争に重きを置く傾向がある。ここに重点が置かれる理由は次の2点である。第一に，国際法がしばしば破られること，第二に，国際法の主な機能が武力行使を規制すること，というものであるが，これらはいずれも正しくない。国家間の軍事紛争が——この章が主眼を置くにもかかわらず——例外であり，ほとんどの場合国際法は，軍事紛争とは全く関係のない国家間の平凡かつ「日常」レベルの整然として予想可能な関係を規定したものである。世界で起こる事件についてのメディアの報道ぶりは，学者同様に軍事紛争ばかり

に注目している。ジャーナリズム・ビジネスの世界において，目を引くような見出しや特ダネを生み出す必要があることは容易に理解できるが，視聴者が大勢いるためにその影響がますます有害なものとなっている。

> ## KEY POINTS
>
> ・ほとんどの国家は，ほとんどの場合において法律に従う。
> ・国際法は国家が採用する政策に対して，決定的とまでは言えなくても，かなり重大な影響を及ぼす。
> ・法執行への懸念は強調され過ぎる傾向にある。
> ・国際法と国内法が類似していると見なすのは，不十分な情報に基づく不適切な見方であり，誤解を招く恐れがある。国際法を刑法と比較するのはとりわけ問題がある。

2　なぜ国家は法に従うのか

　通常，国家が法に従うと見るのはとりたてて驚くべきものではない。国際法や法一般は，禁じられなければ国家（国内社会においては個人）が普通にとるであろう行動を禁じるためのものではなく，社会的に受け入れられるような行動様式を定めるものである。良い法とは何かを促進するものであり，禁じるものではない。法は社会の秩序や価値を反映し，これを強化するものであって，これらを他者に強要するものではない。さもなければ，法は実効性を持たず短命となるであろう。法そのものを目的と見なしてはならず，目的を達成する手段と見なすべきである。法は社会が政治目的を達成するための仕組みである。こうした政治目的がひとたび法に規定されれば，今度は法が一般に受け入れられる政治行動の様式を定めるのに役立つ (Reus-Smit 2004)。

　こうした見方はさらに複雑な問題を提示する。どのような社会的価値や目的が法律に規定されるべきであろうか。現実主義者にとって，それは現状維持勢力の優越的な地位を確保し，永続化させるような価値となる。しかし，その見方は，規範的枠組みが発展する際の複雑さを，あまりにも単純化している (Morris 2005)。最強の国でさえも思い通りに自由に命令を発することはできな

い。むしろ最強の国でさえ，大多数の国々が国益を共有する行動規範の成文化を前提とする秩序を確立しなければならない。ヘンキンが述べたように，「豊かな国や強い国ですら，……武力や一方的通告を通じては欲するものを獲得できず，相互主義的な義務や補足的義務という代価を支払う準備をしなければならない。」(Henkin 1968: 31) こうした譲歩をするうえで必要となるものはどのような性質のものであるかをめぐって，論争が絶えない。しかし，国際秩序が安定するには，大多数の国がそれを正当な秩序と認識し，その秩序が自国の国益にも合致すると認識しなければならない，という基本は変わらない。

◆強制・国益・正当性

国益に合致するからこそ国家は法を遵守する可能性が高いという考えは，法は単に政治的動機による行動を正当化するための外交手段に過ぎないという現実主義者の主張とは異なる。イアン・ハードの著作は，見事にこの点を描いている。ハード (Hurd 1999) によれば，国家は強制，国益計算，そして正当化を通じてルールを受け入れる。強制とは，力の行使によってルールの遵守をアクターが強制されるような，非対称的な権力関係を含む。ルールの遵守が国益計算の結果であるとすれば，これを可能とするのは結果的に得をするという見通しから導かれた自制である。いずれの場合でもルールの遵守は慎重な計算の結果である。いずれの場合でもルールの内容やルールに関係する制度そのものが価値を有したり，直接関連したりすることはない。この２つのシナリオを分けるものは，強制という事例において国家が法に従うのは制裁を回避するためであり，自己利益の場合とは異なり，法を破ることが結局は不利になるということに気づくからである。

BOX 5.2　なぜ国家は国際法に従うのか

- 強制 (Coercion)：あるアクターが力の行使を通じてルールの遵守を強要されるような，非対称的な権力関係を含むもの。
- 自己利益 (Self-interest)：ルールの遵守の結果が利益となるか不利益となるかについてのその場その場の計算を含むもの。
- 正当性 (Legitimacy)：ルールの遵守は，ルールそのものに価値があるという信念からなされる。ルールの遵守はアクターのアイデンティティと不可分である。

ルールを遵守させるのに強制手段に依存するシステムを維持するのは困難である。なぜならそうしたシステムを警察力によって強制することは資源がかさむからである。ルールの遵守を図るうえで自己利益に依存するシステムは、それほどのコストを必要としない。しかし、それは予想困難であり、不安定なものになる。その理由は、その場その場の損得計算に左右されるからである。そのため、主に強制や自己利益にたよって遵守させるような法体系は、非効果的で短命に終わりやすいと結論できる。それゆえ、法規制が長続きして効果的であるためには、その正当性が幅広く共有されなければならない。このような事例において、ルールの遵守は（上記で定義されてきたような）懲罰的な制裁や自己利益によって動機づけられるものではない。むしろ法そのものに内在的な価値があるという事実によって動機づけられているのである。このような状況において法を遵守するという一般的な立場は、国家の利益やアイデンティティを構成する要素となる。国益はルールの遵守から得られる利益や不利益を想定して定義されるものではなく、法そのものとの関係において定められる。自らの目標を追求するという点で国家は利益に従っているが、国家はあくまで内在的に決定される行動パラメーターに沿って利益を追求するため、ルールから逸脱するのはまれである。

　いかなる事例において、強制への恐れ、自己利益の計算、正当性への認識のいずれが法の遵守をもたらすかについては、不明確であることが多い。またこの件に関する主張の誤りを立証することはできない。国際法の一般的に低い評価に同調する際には、慎慮というものが主たる動機であるとの前提があるようだ。しかしハードが指摘するように、

> 別の動機を優先させる従来の立場に後退し、その根拠も示さない——こうした行為を正当化するための特定の動機を立証するのは困難であることを引き合いに出すのは合理的ではない。……ここでは強制（ないしは自己利益）を想定するよりも、正当性を想定するほうがはるかに合理的であろう（Hurd 1999: 392）。

　実際には国際法の事例で、強制力が最も重要な遵守の動機となることは、その性質からあり得そうもない。

自己利益や正当性を考慮すれば，より説得力ある説明が得られる。ただし，こうした動機や原因の相対的な重要性を決定する過程は複雑である。たとえば，国家が法律上の義務を遵守することによって評判を高める場合を考えてみよう。国家は「法を破る者」，流行している表現を使えば「ならず者国家（rogue state）」と呼ばれる恥辱を避けようとするものである。国家は信頼できるという評価を得ることが有利であると期待する。その理由は，他国とは問題となっている特定のルールや協定について交渉するだけではなく，より広範な法律への関わりについても，これから取引をするうえで相互にやり取りしていくからである。すなわち，慎慮に基づく計算（観察）の動機は自己利益となる。しかしながらこれに反して，政策決定者，とりわけ自由民主主義の伝統に立脚するシステムに携わってきた政治指導者は，法を破る者というレッテルを貼られるのを好まないことを示す十分な証拠がある。彼らは法の支配という観念を重視しているからである。彼らはルールを守るということ自体に価値があると考えているのである。

　法に従う第二の理由は，法そのものに実質的な価値があると認識するためである。つまり，ある一定のルールに沿った行動形態は尊重されるということである。法律上のルールとは社会が集団的目標を追求するひとつの手段である。こうした期待を共有する国家が増え，特定のルールがその達成に役に立つほど，ルールが国家によって受け入れられ，遵守される公算が高まる（Franck 1990）。政府当局者が国際法上の義務を遵守する第三の理由は，彼らが国際法には機能的な価値があると認めているからである。国家の指導者は，一部の法律はさして重要でないと見なすかもしれないが，全体として法に基づく規制が国際社会に貢献すると認識している。もし国家が自ら従うルールを恣意的に選択するとすれば，法の権威は失われるため，ルールはすべて遵守されなければならない。いずれの場合においても，思慮や正当性にかかわる懸念が再び問題となる。たとえば，武力不行使，領土保全，国境不可侵に関わるルールについて見てみよう。こうしたルールは，個々のレベルにおいて，明らかに国家の存在を保護するものとして作用する。そのため国家がこうしたルールに従うのは自己利益に基づくものであると論じることは可能であろう。しかし国家が秩序そのものを社会財として尊重するのは当然であろう。植民地主義が消滅してからは，国家

には外部から干渉を受けることなく政治的な独立を享受する権利や自らの将来を決める権利があるという見方が幅広く認められている。

　法による規制や法律遵守が広く受け入れられるための最後の要因とは，慣性の力である。国家は法による規則に一致するような政策を形成し，採択することに慣れていく。その理由は，一元論的な憲法上の規定で，国際法の義務は国内法体系のなかに取り込まれるからである（Brownlie 1990: 32）。こうした状況において，国際法上の義務に抵触するような政府の政策は，国内の裁判所で訴訟を生むかもしれない。しかしながら，国家が法を遵守する慣習を身につけていくのに，それほど目立たない方法もある。それは，国家上層部のエリートや官僚が規定の方法に徐々に慣れて社会化していくというものである。また，さらに，民主的に選出された政策立案者が公衆，メディアおよび法律上の監視を受けている場合，法的義務に反するような政策は選挙で支持されないと見なされるかもしれない。

◆法の不履行を理解する

　国家はおおむね法に沿って行動するとはいえ，国家がつねにこれに従うわけではない。国際法違反の行為は，国際政治における国際法の役割や地位について何を語るのであろうか。直感に反するかもしれないが，少なくとも法を破るという行為が例外である限りにおいて，法を破るという行為は，しばしば法の強さを示すものとなる（Box 5.3 参照）。国家は通常は法に従うため，その不履行は国際法全般への遵守に反するものとして起こり，そこで問題となる特定のルールに反するものとしても発生する。ルールを破る行為が国際的な非難の対象となれば，これはルールの効果を示すものであり，無効果を示すものではない。1990 年のイラクによるクウェート侵攻は国際法からの明白な逸脱行為であり，圧倒的な支持をもって非難されることになった。それゆえ，この出来事は国際政治における武力行使の法的禁止を強化するものであり，覆すものではない。これほど明白ではなく法の曖昧さが残る事例においては，「違反行為」は，行動の合法性をめぐって本当に一致していないために生じるかもしれないし，それゆえ慣習に服従している部分を具体的に表しているかもしれない。たとえば武力行使の全面的禁止は，その禁止の範囲や（先制攻撃や人道介入など

> **BOX 5.3　法の不履行を理解するために**
>
> - 国家が国際法のルールに違反するという事実は，そのルールや国際法全般の無効果を示すものではない。
> - ある特定のルールや法一般が遵守されているにもかかわらず，法の不履行はつねに発生する。
> - 違反行為への非難の声が広まれば，そのルールは強化される。
> - 違反行為の説明は法的議論に依拠して行うのが常である。

の）例外を認める点に関する，ほかの多くの解釈に従うものである。最後に，この点に関して最後に注意すべきは，法の違反行為については，次のような主張をともなうのが常であることだ。つまり，問題となるルールは，ルールを破る国家にとっても通常は適用するものであると認識されるものの，例外的な状況やほかの競合する原則が存在することによって，逸脱行為が必要となったという主張である。とりわけ，〔競合原則が存在するという〕後者の事例においては，ある程度注意を必要とする。歴史は，明らかに誠実さを欠くような要求に満たされている。非脆弱な超大国から，義務不履行もはなはだしい破綻（はたん）国家に至るまで，国家が自ら法を破るとき，自らの行動を法律に依拠しながら正当化するのが常である。このような法律上の要求が，空虚で皮肉に満ち偽善的なもののように映るかもしれないが，それでも法律が形成されているという点は示唆的である。

> **KEY POINTS**
>
> - 国家は（強制の畏れ，自己利益，正当性の認識といった）要因の複雑な組み合わせによって法に従う。
> - 法の不履行はしばしば，法の弱さではなく法の強さを示すのに役立つものである。
> - 国家が法を破るとき，国家が国際法の有効性を完全に拒否しようとするのはまれである。むしろ国家は，法に基づいて自らの行動を正当化しようとするのが常である。

3　国際法と武力行使

　武力紛争法の2つの幅広い機能は、「開戦法規（jus ad bellum）」と「戦闘規則（jus in bello）」によってそれぞれ担われている。開戦法規とは、国際関係において軍隊の使用を規制したり、その回避や制限を追求するものである。戦闘規則とは、敵対的行動を規制したり、その緩和を追求するものである。まず、これらの分類は目的や意味合いにおいて異なることを明らかにしなければならない。戦闘規則の適用とは、いずれか一方の交戦国による、開戦時における武力行使の正当性や不当性によって影響されない。もしこの2つを切り離さないのであれば、前近代的な「正戦（just war）」へと回帰するのみならず、歴史的に正戦を乱用することにつながってしまうのである。開戦法規による法的な規制が存在するにもかかわらず、武力紛争が起これば戦闘規則は効力を発し、当事国のうちどちらの国が最初に法を逸脱したかに関係なくそれぞれに適用される。これらは実際の戦闘の経験に根ざした実際的な目的である。にもかかわらず、戦争を遂行するうえで法的制約が必要であるという考えは古代に生まれたものであるが、その内容は逆説に満ちたものである。この逆説は、2つの主張によって明らかになる。それは武力紛争法が適用されるかの判断が分かれる、2つの分野にそれぞれ対応する。

　開戦法規とは国際関係において国家が武力行使をする状況を規制しようと試みるものである。しかしながら「権力政治」の論理が最も明確なとき、法律遵守を求める抑制要因が最も危うくなる傾向にある。ハーシュ・ラウターパクト卿の言葉をそのまま引用すれば、「もし国際法とは法の消尽点であるならば、……戦争法というものは国際法のより明白な消尽点である」（Lauterpacht 1952: 381）。

　国家が武力行使を、通常の国際関係における実行可能かつ一般に承認される部分と見なしていないことは明白である。しかし武力行使が最後の手段として政策と見なされていることも同じくらい明らかである。こうした状況では、国際関係の通常のルールは最もきびしく制約される。ドイツのヴェートマン＝ホ

第5章 法律・政治・武力行使

ルベーク（Bethmann-Hollweg）宰相は，第一次世界大戦の勃発当時，帝国議会で行った悪名高い演説で次のように述べた。

> われわれは非常事態にある。非常事態において法は存在しない。……われわれのように脅迫を受け，最も崇高な目的のために戦っている者は，どこに活路を見出せるかを考えるのみである（Wilson 1928: 305）。

しかしドイツの宰相の演説が興味深い理由は，その示唆する必要と法の関係だけにあるのではない。宰相が言及している決断（すなわち2つの中立国の侵略）が，法を無視してなされたのではなく，むしろ法を意識的に破ってなされたからである。考え抜かれた行動が合法的であるか否かが政策決定過程において重要な論点であることは明らかである。

ただしこれは，政策決定者が武力行使を検討する際に，法的な問題が判断のうえで最優先されることを意味しない。最も差し迫った問題とは，武力行使を通じて政策目標が妥当なコストで達成できるかという点であるし，つぎに，焦点となっている目的の重要性によってコストが妥当か否かが左右される。最終

ドイツ・ヴェートマン＝ホルベーク宰相 [Nicola Perscheid 撮影：Bundesarchiv, Bild 146-1970-023-03]

Box 5.4 武力紛争法

開戦法規（戦争に至る過程における法）
国際関係における軍隊の使用を規制し，制限しようとするもの。
主な出典：国際連合憲章第2条第4項および第7章

戦闘規則（戦時における法）
実際の戦闘行動を規制し，制限しようとするもの。
主な出典：ジュネーヴ4条約（1949年），ハーグ議定書（1899年および1907年）

的な国家生存を賭けた闘いでは，いかなるコストも妥当なものと見える。他方で，政治的拡張主義に基づく闘いや，自国民以外の福祉を確保するための闘いにおいては，受け入れられる敷居ははるかに低くなるであろう。われわれは〔戦争の〕「コスト」という概念をさまざまなかたちや方法で認識する。紛争の直接的なコストとして，軍人や民間人の生命や財産がその騒乱で失われる，というコストもある。現代の兵器の破壊力を考えれば，そのコストはほとんど制限がない。そうした状況では法律の品格は，せいぜい的外れのものとして見なされるだけである。つぎに，武力行使を含む政策に対して，国内および国際的にどのような対応をするのかによる政治的コストが存在する。それは紛争の帰結に大きく作用されるものの，勝利しても称賛を受けるとは限らない。もしその行動が，国際法上，容認されている行動規範に反するものであると認識された場合，政治的な友好国ですらも同意しないであろう。効果的な制裁を直接課すことはないとしても，ここでは法律上の考慮が最も重視されている。その理由は，国際法は国家が自らの対応を検討し，表出し，正当化する際に基礎となるような政治的対話の接点をもたらすからである。

規範上のコストも考慮されなければならない。国際秩序における武力行使を禁じる中心的なルールに反した際の，長期的な影響とはどのようなものであろうか。違反行為が繰り返された場合，大国と小国の双方が既存の利益を持つ秩序が失われるのみであろう。こうしたルールの存在は自国の国益のみを露骨に追求するような大国にとっては不利に作用するが，大国が既存の秩序やルールを尊重しようとすることは明らかである。国際社会において，武力行使禁止の枠組みは小国にとっても利益をもたらすものである。多くの小国にとって，自衛や国家の生存を軍事的に達成することができないため，こうしたルールが広く遵守されることに頼っているのである。ロバート・ジャクソンが述べたように，「今日，崩壊寸前の国家ですら国外からの介入といった憂き目に遭うわけではない。……こうした国家ですら以前とは異なり，戦争，征服，分割，植民地主義などの結果として主権を剥奪されることはない」（Jackson 1993: 23-24）。この点は現代の国際政治における領土保全の効用であるとともに，1945年以降のより啓蒙された政治状況によるものである。しかしそれにもかかわらず，世界の相当数の国家にとって，主権独立は軍事的に保証されたものであるとい

うよりも，主に法制化されたものである。

　この議論に従うかぎり，国際法は国際秩序維持に死活的な役割を果たす。しかし紛争は依然として発生する。ひとたび敵対行為が始まれば，国際法はどのような役割を果たすのであろうか。「通常の（normal）」国際関係が最終的に崩壊した状況としての戦争では，際限なき武力行使が繰り広げられ，法規制を受け入れて作戦を自制するのは自殺行為につながると見なされる。もし部隊の戦闘効率を制限し，これを低下させることが法的規範の本当のねらいであるとすれば，そうした拘束はたしかに正当なものであるが，長続きすることはないであろう。しかし実際には法的規範の目的も効果も，そうしたものではない。戦争における法的規制の神髄とは，クラウゼヴィッツの古典的著作『戦争論』の一節に見て取れる。ただし，この節はしばしば誤って解釈されてきた。偉大なるプロイセン〔ドイツ〕の戦略家は，次のように記している。

> 武力を仮借なく行使し，流血を厭わずに行使する者は，相手が同じような決意を持っていない限り，優勢を確保できるに違いない……もともと戦争は，諸国の政府とその互いの関係両方の社会状態から発生し……それによって戦争は制約され，また緩和されるものである。とは言え，これらのものは，戦争そのものに属するのではなくて，戦争にとってはほかから与えられた条件にすぎないのである。それだから戦争の哲学のなかへ，なにか緩和の原理を持ち込むようなことをすれば，不合理に陥らざるを得ないのである（Clausewitz 1982: 102; 篠田英雄訳『戦争論 上』（岩波書店，1968年）30～31ページを参考にしつつ訳者が翻訳）。

　もし戦争が独立した現象として分析されるならば，際限なき武力行使の論理が提示されるかもしれない。しかしクラウゼヴィッツが示すように，戦争や武力紛争は独立して起こるものではなく，実際の国際関係の文脈のなかで起こる。実際の国際関係において，ある種の期待が生まれ，これに沿って武力紛争への対応が決まり，政治的，軍事的インパクトがもたらされるのである。
　まず，必要以上の野蛮さは，紛争の展開と最終解決の双方をきわめて困難にする。クラウス・クーン大佐が指摘したように，「永続的な平和を達成し，これを維持する近道とは，敵対行為を人道的に遂行することである……人道的な考慮を，軍事指導者の戦略概念から分離できないことは明白である」（Kuhn

1987: 1)。

　不必要なまでの野蛮さを禁じることは，倫理的，人道的考慮だけではなく，交戦国に対する第三国の対応や，紛争処理を誤って，敵国を窮地に立たせ，絶望させてしまえば，かえって紛争が長期化するかもしれない可能性に言及することで推奨される。こうした考え方は決して目新しいものではない。紀元前5世紀，中国の哲学者である孫子は，「絶望した相手を窮地に追い込んではならない」と助言している。この主張を裏づける証拠は歴史上多数存在する。1945年にドイツ第三帝国の部隊は，すでに勝利への一縷の望みも消え，西部戦線では連合国軍に投降するおびただしい数の兵士が出ていたにもかかわらず，前進するソ連軍に対して抵抗を試みた。ソ連側の怒りは，これまでのドイツ側の行動に多少なりとも影響されていた。交戦国の経済が破綻しさえすれば，すべての戦争はいずれ終結する。そして平和的関係が再び始まる。実際には，この過程が容易であった試しはなく，紛争が野蛮であるほど戦後復興は困難になる。

　交戦規則への第二の批判は，規則に沿って戦争を人道的なものに変えると，戦争が起こりやすくなるというものである。しかし，戦争そのものの残酷さによって戦争を予防できるわけではないため，この議論には大きな欠点がある。もしこの議論が正しいとすれば，〔第一次世界大戦における〕ヴェルダン，ソンム，パシャンデールでの悲劇の後に，どのように戦争が考慮されたかを想像することは困難となる。戦争が起こり続けているということは，扇動者が自ら戦う必要があったり，戦争の犠牲者になったりすることがまれだという事実を反映している。いつのまにか戦闘へ参加していた人びとの痛みを和らげることを否定することは最も非情の論理となるだろう。

　武力紛争における規制という規範を求める倫理的，現実的議論にも説得力がある。しかし戦闘行為を規制する規範は，開戦に関わる規範とは明確に異なり，その性格上，苦痛を和らげる効果を求めるものに過ぎない。倫理や法が戦争をかくも人道的なものへ変えると主張するのであれば，クラウゼヴィッツが言及した「不条理さ」が急激に際立つようになるであろう。

> **KEY POINTS**
> ・武力行使を検討するような極限状況においても，法的要因は政策決定者に影響を及ぼし続ける。
> ・戦争とは社会現象であり，戦争行為の法的規制という考えは妥当なものである。
> ・戦争行為を規制する規範の効果は，苦痛を和らげるようなものにとどまる。

4 開戦法規（ユス・アド・ベラム）

今日，開戦法規は国際連合憲章の第2条第3項，第4項および第7章（第39条から51条）を根拠としている。国連憲章第2条第3項，第4項は次のように規定している。

（3）すべての加盟国は，その国際紛争を平和的手段によって国際の平和及び安全並びに正義を危うくしないように解決しなければならない。

（4）すべての加盟国は，その国際関係において，武力による威嚇又は武力の行使を，いかなる国の領土保全又は政治的独立に対するものも，また，国際連合の目的と両立しない他のいかなる方法によるものも慎まなければならない。

1969年の条約法に関わるウィーン条約第53条によって，上記の第2条第4項に定められた禁止事項は，国際法として強行規範（ユス・コーゲンス）と見なされている。すなわち「一般国際法の強行規範とは，いかなる逸脱も許されない規範として，……国により構成されている国際社会全体が受け入れ，かつ，認める規範をいう」。

国連憲章第2条第4項による禁止には2つの重要な例外がある。第一に，憲章第51条に定められた，武力攻撃が発生した場合の個別的又は集団的自衛の固有の権利であり，第二に，憲章第42条に定められた，国際の平和及び安全の維持又は回復に必要な行動である。

憲章第51条は次のように定める。

この憲章のいかなる規定も，国際連合加盟国に対して武力攻撃が発生した場合には，安全保障理事会が国際の平和及び安全の維持に必要な措置をとるまでの間，個別的又は集団的自衛の固有の権利を害するものではない（United Nations 1945）。

第51条は，第2条第4項の規定に沿えば，多数の問題を引き起こす。第2条第4項について言えば，「武力による威嚇又は武力の行使」とは何を指すのであろうか。また，この武力による威嚇や武力の行使が，国の「領土保全又は政治的独立に対する」ものではない場合，果たしてこれは容認されるのであろうか。第51条の規定に従えば，「個別的又は集団的自衛の固有の権利」の要件とは何であろうか。また，どの時点で国連安保理が「国際の平和及び安全の維持に必要な措置をとる」と見なされうるのであろうか。

こうした問題は，予防的自衛，在外邦人保護のための軍事介入，そして人道的介入といった活動の合法性をめぐる論争の主題となっている。2001年9月11日のテロ攻撃とそれに続くテロとの戦いによって，こうした論点がいっそう鮮明になった（Gray 2008）。武力行使禁止原則の緩和論者は，国際的規則を拒絶して核・化学・生物兵器を使う潜在的能力を持つようなテロリストの地球規模でのネットワークが存在することで，法解釈の修正が不可欠になったと考えている。つまり，これによってテロリストをかくまったり支援するネットワークや国家に対して，国家は予防的な軍事活動を合法的に行うことができるようにすべきであるとされる。この議論は，国連憲章の第2条第4項および第51条によって予防的自衛の活動が容認されると理解すべきとするイスラエルのような国家が提示する議論よりも，一歩先に進んだものである。この議論は，自衛という「固有の権利」には先制攻撃を実行するための国連憲章以前の権利が含まれるという考えに立脚するものである。ただしその先制攻撃とは比例的（proportionate）で，急迫（imminent）のものであり，平和的な手段では予防できない脅威に対してのみ実行されるべきものと理解されている（Arend and Beck 1993: 71-79）。最近の出来事を考慮してかたちが変わったが，予防的自衛を唱える多くの論者は，近年，攻撃の脅威が差し迫ったものでなければならないという要件を無視しながら，予防攻撃を実行する権利に賛成するようになった。アメリカ（United States White House 2002: 15）と欧州連合（European Union

核不拡散・核軍縮について協議する安全保障理事会（2009年9月）［Pete Souzsa 撮影：The Official White House Photostream］

2003: 7）の両者の安全保障戦略はこうした権利を示唆しており，これは2003年のイラク戦争の合法性をめぐる議論の中心的論点であった。EU加盟国が2003年にこうした宣言を発したにもかかわらず，イラク戦争について激しく分裂したという事実は，自衛の問題が依然として議論を呼ぶことを示す証拠である。

　これまでの議論の法律的，道義的，政治的および戦略的な利点がどんなものであったとしても，武力行使を原則的に禁止することのより広範な意義を見失うべきではない（Morris and Wheeler 2007）。主権国家から構成される国際社会において，国家を超越する権威は存在しないため，その秩序はすでに脆弱であり，現代戦争の破壊力は武力行使の制限をいっそう必要なものとするに過ぎない。国家が死活的国家目標を達成するための手段をほかに見出せないとき，武力に訴えかけることは国際政治のやむを得ない事情であるが，こうした厳格な法的規制が紛争の制限に役立っていることが明らかな場合に，その規制を緩めるということは，国際社会の究極目標に反することになる。武力に訴える国家を全体として拒否するという国家慣行は，この立場を支持するものである。つまり，武力行使はきわめて例外的なものであると解釈すべきと結論できよう。

　開戦法規に関してもう一点考慮すべきことがある。つまり国連憲章の第2条第4項に示された武力行使の禁止と，国連憲章の集団安全保障に関する規定との関係である。国連憲章の起草者は，（自衛の場合を除く）武力行使の禁止とい

う法的枠組みのみならず，国家安全保障を確保するための集団安全保障メカニズムの創設をも構想していた。国連憲章第39条は次のように定める。

> 安全保障理事会は，平和に対する脅威，平和の破壊又は侵略行為の存在を決定し，国際の平和及び安全を維持し又は回復するために，勧告をし，第41条及び第42条に従っていかなる措置をとるかを決定する（United Nations 1945）。

必要であれば，安全保障理事会は第41条に基づいて非軍事的な（主として経済的な）制裁又は第42条に基づいて軍事措置を課することができる。安全保障理事会にそうした権限が与えられ，第43条に従って国連の活動に自国の軍事部隊を拠出する協定を国連加盟国が締結することによって，ジグソーパズルの最後のピースが提供される予定であった。この点で国連集団安全保障体制が決して当初予想されたようには展開しなかったことは，現在では歴史として記録されている。第47条に基づき，これらの部隊の戦略的指導を行う軍事参謀委員会が設立された。しかし，この委員会は指揮する軍隊を持たない参謀部に過ぎず，冷戦期における国連の機能不全を象徴する記念碑として存在している。冷戦終結後もしばらくのあいだ，国連は軍事能力を確保できなかったため，与えられた役割を果たす能力は弱体化していった。

こうした制約があるとはいえ，武力行使に制裁を課す安全保障理事会の権限は依然として重要であり，この点で第41条と第42条を連続して執行されないといけない規則であると理解されるべきではない。妥当な場合には第39条から直接第42条へと進むのが合法であるのは当然である。この点は，非軍事的制裁では「不充分なことが判明した」と安全保障理事会が考えれば，第42条を適用することができるという同条の規定によって明らかである。さらに，軍事的制裁を課する前に非軍事的制裁をすべて実施しなければならないというお決まりの主張も，根拠に疑問がある。そこには経済的措置のほうがより人道的だとする前提があるが，実際には，非難されるべき指導者層よりもむしろ罪のない人びとに偏って経済的制裁がふりかかる。技術進歩によって，これまでより正確に軍事的目標が選別されるようになり，経済制裁は誰かれ構わず対象とする無差別的な選択肢と見なされるようになった。制裁対象となる国家の関心

が，自国民の福祉よりも，国内の苦境が世界のメディアで報じられることで得られる政治的資産のほうにある場合，これは当てはまるであろう。現代技術によって〔一般市民を巻き込むような〕「付随的損害」が最小限に食い止められ，軍事紛争が「クリーンに」なるという見通しは歓迎されるであろう。しかし，「受け入れ可能で」究極的には合法の戦争が，徐々に「クリーンな」戦争と同義と見なされるように変化するにつれて，その政治的意義が大きくなることは強調されるべきであろう。「スマートな」兵器は現在，少数の大国が独占しており，こうした状況はこの先長く変わらないだろう。もし武力行使が少数の大国のみに認められる法的特権となれば，開戦法規への影響は大きい。

　国連憲章第7章の規定には多くのグレーゾーンがある。とくに「平和に対する脅威，平和の破壊及び侵略行為」が何を指すのかという点がそうである。憲章はそうした状況が何を指すのかを示していない。憲章起草が安全保障理事会へそうした決定について広範な権限を与えようと意図していたことは，その起草作業からも明らかである（Goodrich and Hambro 1949: 262-72）。侵略の定義をその規定に含めようという提案は，起草のとき受け入れられなかった。その理由は諸国が安全保障理事会の活動に足かせをはめることに慎重であったからである。この決定は，安保理が法的組織としてよりも政治的組織として活動することを求められており，その結果，厳密な法的定義にはなじまないと見なされていたという事実を反映している。安保理の対応は国際問題，すなわち，国家間の問題に制限されていた。しかし，こうしたやや制限的な解釈は，実際の活動のなかでしだいに消えていった。20世紀末が近づくにつれ，国内における武力行使ですら，地域的安定を脅かす場合には，安保理の合法的な付託事項に含まれることを，国連の活動は示唆するようになっていった（White 1997: 45）。

　国連安保理が活動の対象とするのは国家間の武力行使に限られるという――現在では大幅に緩和された――制約に加えて，国連憲章第7章の仕組みに対してはいっそう重要な制約が課せられた。つまり，中国，フランス，イギリス，アメリカおよびソ連という安保理常任理事国5カ国の活動については，憲章第27条第3項に基づいて拒否権が付与されているため，国連による制裁の対象外となる。国連創設者は，こうして深刻なジレンマを解決しようとした。つまり，5つの常任理事国は当時最も強力な国家であり，それゆえに国連の要であ

ったが，一方でそのパワーを考えると国際的秩序を乱す可能性が最も大きい国家であるというジレンマである。5大国の行動を規制しようとすれば大規模な紛争へと発展し，国連が崩壊するであろうことは避けられなかっただろう。拒否権によって生じる膠着状態は最もましな代案であるとみなされ，この見解は，国連創設のための会議に集った各国代表から広く支持された。インド代表がサンフランシスコ会議で言明したように「拒否権とは……国連の名のもとに，大国に対する戦争行動が要請されることはないという，全加盟国に対する暗黙の保証である」(Claude 1962: 161)。

　このように国連憲章起草者は，全会一致が得られて拒否権が発動されることはないなどとは想定せずに，むしろ意見の不一致が起こるかもしれず，そうした場合に安保理は活動を停止するという理解のもとに，起草を進めたのである。このように見れば，予想以上に激化した米ソ対決によって国連が機能不全となり，国連体制の実効性が問われたものの，国連が理想主義的な組織であるという批判には何ら根拠がない。

　国連の安全保障機関としての欠陥は，最後の問題を提起する。憲章第2条第4項は，第7章の実効性に左右されると見なされるべきであろうか。実効性ある集団安全保障のメカニズムが存在しなければ，第2条第4項の武力行使禁止を並べるのはきわめて不合理なものに見える。しかし，おおむね60年にわたって実効性ある集団安全保障のメカニズムが存在しないにもかかわらず，憲章第2条第4項の妥当性や，その強行規範（ユス・コーゲンス）としての地位を真っ向から否認した国家はない。とはいえ，21世紀が始まった最初の数年間に，この国連体制の中心部分が2つの点で挑戦を受けることとなった。第一の挑戦は，すでに述べたように，最大限の自衛権を支持する議論に基づいたものである。第二の挑戦は，安保理が決議を採択して国際の平和及び安全を維持又は回復する行動を正当化できないような場合，国家がそうした行動をとるという主張である。アメリカおよびその同盟諸国は，1991年に国連安保理によって課された法的拘束力のある義務を〔イラクに〕履行させるために行動すると主張し，この議論を2003年のイラクに対する行動を法的に正当化するうえで中心に据えた(Kritsiotis 2004)。これは，これまでの国家慣行からの大きな逸脱であり，大多数の国家がこれを受け入れなかったことはイラク戦争への各国の反応で示され

た。

> **KEY POINTS**
> - 開戦法規(ユス・アド・ベラム)とは,国際関係における軍隊の使用を規定したり,制限しようとするものである。
> - 武力行使は,個別的,集団的自衛の場合,または国連安保理の授権による国際の平和及び安全を維持又は回復するための行動を除いて,禁止されている。
> - 武力行使禁止の例外は限定されるべきと解釈されている。
> - ほとんどの国家は,国連の集団安全保障メカニズムが正常に機能するかどうかによって武力行使禁止の原則が影響を受けるべきであるとは考えていない。2003年のイラク戦争はこうした立場に挑戦するものであった。
> - 武力行使禁止の一般原則に公然と反対する国家はない。

5 戦闘規則(ユス・イン・ベロ)

「ジュネーヴ諸条約」と「ハーグ諸条約」はこれまでの一連の条約の基になってきたという点から,戦闘規則は通常,主にこの2つに分類されてきた。現代のジュネーヴ諸条約は,主に武力紛争の犠牲者保護に関するものである。ハーグ諸条約は戦闘の方法や手段にかかわるものであり,使用される武器の種類と使用法の規制,戦術や敵対行動全般を含むものである。現在,ハーグとジュネーヴの区別は人為的なものであることは強調されるべきだろう。両者とも戦闘行為の緩和や軽減という人道的考慮を基礎としており,そのため両者が重複する部分も少なくない。「国際人道法」という言葉は歴史的に「ジュネーヴ諸条約」のことを指してきたが,現代ではジュネーヴとハーグの諸条約の両方にかかわる戦闘規則全体を指す表現として使われている。

この2つの規範は究極的には,軍事行動によって「不必要な苦痛」を与えることを禁止するという基本原則に立脚する。この原則は1868年のサンクトペテルブルク宣言にはっきりと述べられている。

戦争において国家が追求するべき唯一正当な目標とは，敵の軍事力を弱体化することである。……負傷した人員に不必要なまでに苦痛を与えるように武器を使用すれば，この目的が覆されてしまう。［また，］そうした過剰な武器使用は人道法に反する。(McCoubrey 1998: 212 から引用)。

ハーグ諸条約の現代的な基礎は，1899年と1907年のハーグ議定書，および1977年のジュネーヴ議定書第一追加議定書に見出すことができ，それらには戦闘の手法，手段および爆撃の制限に関する規定が盛り込まれている。現代のジュネーヴ条約は，1949年のジュネーヴ4条約を基礎とし，①戦地にある軍隊の傷者及び病者，②海上にある軍隊の傷者，病者及び難船者，③捕虜，④文民，にそれぞれかかわる。この条約および慣習法の規定に基づいて国際人道法の基本原則は定着している。しかし，この基本原則の適用には一貫性が欠け問題が多いことを認めなければならない。

一貫性が欠ける主な原因は，人類同胞，とりわけ敵または脅威と見なされる者に対して耐えがたい苦痛を与えてしまうという，われわれが生来持っている能力にあり，これはストレスが大きいときや紛争中にいっそう深刻となる。残念ながら，歴史上，こうした行為の例は枚挙にいとまがない。しかし，国際人道法が遵守されない原因は，（明らかに限定的だが）ある程度，この法をどの範囲まで適用するか，とりわけ，どの程度双務性に基づいて適用するかをめぐる論争に端を発している。まず，出発点としては，国際人道法が人権に関する一般法と密接な関係にある点は注目すべきであり，これにより国際人道法から生じる義務は本質的に一方的なものであり，双務的なものではないという説得力ある議論が生まれている（McCoubrey 1998: 187）。赤十字国際委員会もこうした見方を堅持しており，国家は他国による自国民の取扱いに国際人道法が反映されることだけを願って国際人道法を遵守すべきではなく，「人間を人間として尊重」するために遵守すべきだと述べている（Meron 2006: 11）。ニュールンベルク裁判は，ハーグ諸条約の双務性を立証する際に――これとは明らかに反対する声明も含みつつも――上記の見解に賛成する立場を打ち出していた。ニュールンベルク裁判がそう判断したのは，ハーグ諸条約は起草時点では新しく革新的であったが，「協定のなかで規定されたこうした規則は1939年までに

> BOX 5.5　戦闘規則
>
> ジュネーヴ諸条約
> ・戦争の犠牲者の保護にかかわる。
> ・主に1949年のジュネーヴ4条約に依拠する。
>
> ハーグ諸条約
> ・武力紛争の手法, 手段にかかわる。
> ・主に1899年および1907年ハーグ議定書に依拠する。

すべての文明国に認知され, 戦争の法および慣行を宣言するものであると見なされたためであった」(ibid.: 10)。この原則は,「締約国は, すべての場合において, この条約を尊重し, 且つ, この条約の尊重を確保することを約束する」と規定したジュネーヴ議定書共通第1条によっていっそう強固なものとなった(強調は引用者)。

上記の点から, 少なくとも国家間の武力紛争に関しては, 双務性を基礎とせずに国際人道法を適用することが徐々に根付いてきていることがわかる。国内紛争についても, 残酷極まりない暴力をともなう傾向があるにもかかわらず, これまで国際人道法の対象外にあったが, 規制に向けた重要な進捗もあった(Moir 2002)。こうした法整備がなされたにもかかわらず, 旧ユーゴスラヴィア, ルワンダ, コンゴ民主共和国, ウガンダおよびスーダンの紛争といった国内紛争および民族紛争では恐ろしい残虐行為が目撃されている。そのような行為は, これまで正規軍に対して遵守が期待されてきた——多分に理想化された——規則がほとんど守られない非正規軍の戦闘でしばしば見られる。国家間の紛争よりもむしろ国内の紛争の頻度が高まるという紛争発生のパターンは, この点では良い兆候ではない。しかし先進国を含む正規軍にも, 残虐行為にかかわる非難が向けられていることを認めなければならない。イラクにおける米英軍に関する非難がそれを示している。

戦場での行為に関してアメリカ兵に向けられた疑惑に加えて, グアンタナモ湾にある悪名高いアメリカ軍基地の拘留者をめぐっても懸念が高まった。これは捕虜の拘留状態および捕虜に対する尋問手法にかかわる告発であった。テロ

リストの活動に対して国際人道法を適用するべきかという根源的な論争があるものの（Sassòli 2004; Barnes 2005）、騒動の原因は、アメリカが国際法上の一般的義務に対して明らかに矛盾した態度をとったことにあった（Forsythe 2008; Carvin 2008）。グアンタナモ収容所の捕虜は国際人道法に基づく保護もアメリカ国内裁判所への訴訟権も享受していないとブッシュ政権が主張したことは、同政権が法律の範囲外で行動しようとしていたことを示唆している。こうした主張はいずれもアメリカ連邦最高裁判所で最終的に却下されたが[1]、このように法的見解が訂正されたのが遅すぎたため、自ら招いた国際的な信用面でのダメージを回復することはできなかった。後任のオバマ大統領がこうした展開を歓迎したのは明白である。オバマは大統領としての任期当初に、グアンタナモの捕虜へ国際人道法が適用されることを確認し、収容所の閉鎖を示唆したが、これは法的に重要であると同時に非常に象徴的な措置でもあった[2]。

第一次世界大戦時の赤十字ポスター［Albert Herter 画：Willard and Dorothy Straight Collection, Library of Congress］

　これまでの議論から、国際人道法の理論上の適用可能性と実際の適用は決して同じでないことは明白である。こうした差異が存在する限り、紛争の犠牲者の苦悩はいっそう増していく。しかし「理論的」立場は依然として非常に重要である。国際人道法に違反する者の行動は、その根拠となる法的要請や倫理原則に照らして観察されるからである。〔人道法〕違反が目に見えるかたちで起これば政治的にも多大な影響が出るため、きわめて実際的で戦略的にも重要な方法で明らかにされる。最強の国家でさえ自らの行為の費用を同盟国と分担できれば利益を得る以上、他国が進んで同盟国となること、または同盟国であり続けること、それゆえに紛争から生じる費用を進んで分担することは、こうした展開のなかでも最も重要である（Reus-Smit 2007）。これは純粋に国際的な現

象というわけでもない。24時間リアルタイムでテレビ報道がなされ，グローバルな通信も進歩し，アムネスティ・インターナショナルやヒューマン・ライツ・ウォッチといった非政府組織がキャンペーン活動を繰り広げてきたため，世論の関心も高まり重要になってきている。人道問題が注目を集めていることによって国内では政府にかなりの政治的圧力がかかり，選挙にきわめて大きな影響を持つ可能性がある。このことは2008年のアメリカ大統領選挙が如実に示している。たとえば対人地雷禁止条約の採択によって示されたように，国家による行動の判断基準となるきわめて法的な枠組みを形成する際に，NGOであれ非公式の草の根運動であれ，非国家主体が重要な役割を演じる可能性がある[3]。

　理論と実践のギャップを埋めることになるかもしれない，国際人道法に関するもうひとつの前進は，2002年の国際刑事裁判所（International Criminal Court: ICC）の設立である。ICCは集団大虐殺（ジェノサイド），非人道的犯罪，戦争犯罪の事案を訴追する正当な権限を有しており，将来的には侵略の罪をも扱う可能性を秘めている。ICCの管轄権は締約国の国民，ならびに，領土内で発生してもその当事国が自ら訴追を行う能力や意思を欠くような犯罪にも及ぶ（Schabas 2004）。ICCにも批判者がいっさいないわけではなく，その顕著な例がアメリカである（Ralph 2007）。ICCはその意欲を証明する必要があるが，ICCの存在自体が，わずか20年前にはほとんど夢想だにしなかった前進なのである。現在ICCはコンゴ民主共和国，中央アフリカ共和国，ウガンダおよびスーダンの紛争にかかわる事案を審理している。ICCはまだ草創期にある。また，戦闘が終われば当事者，とくに敗者側が訴追を受ける可能性があるため，一部の紛争が長期化するかもしれないという懸念が指摘されている[4]。この点は長いあいだ，交戦国に免責特権を付与するべきであるという主張の中心であった。こうした状況では，ICC設立によって「平和」と「正義」のいずれを優先するかという論争が終息するわけではないが，ICC設立は後者を支持する意義ある一歩になると思われる。

　もちろん国際人道法（ICCを含む）が掲げた目標をどこまで実現できるかは，交戦国が禁止された行動を実際にどの程度避けるかに左右される。前述のように，戦争犯罪への懲罰に過剰なまで恐怖心を抱くのは，的外れである。国際人

道法の主な機能とは，法を犯した者を罰することにあるのではなく，まず一義的には，戦争犯罪を防ぐことによって武力紛争の犠牲者を保護することにある。戦争犯罪者を罰したり，何らかの刑を執行したりすることを問題にする前に，この最初の取り組みでの失敗を予想しなければならない。その意味で，効果的な広報活動や訓練に比べれば，法執行の問題は二義的である。現在，後者〔犠牲者の保護〕が広く実践されているわけではなく，軍の規律や指揮命令の乱れによって問題は深刻になっているが，多くの国々で犠牲者の保護は軍事訓練の重要な要素となっているのは，良い兆候だ。

KEY POINTS

- 戦闘規則は「ジュネーヴ諸条約」と「ハーグ諸条約」の部分に分かれ，現在は国際人道法として一般に知られており，実際の戦闘行為を規制し，これを緩和しようとするものである。
- ジュネーヴ諸条約は武力紛争の犠牲者の保護を対象としている。ハーグ諸条約は戦闘の手法や手段を対象としている。
- ジュネーヴ諸条約とハーグ諸条約の多くは強行規範としての地位を確立している。
- 国際人道法の主な機能としては戦争犯罪を予防することによって武力紛争の犠牲者を保護することがある。こうした目的はもっぱら教育や訓練によって追求するのがいちばんであり，事後の訴追によってなされるべきではない。

6　おわりに

　これまで国際法への評価が低かったのは，次のようないくつかの要因による帰結である。それは，国際政治とは紛争を基調とする国際環境であるとわれわれが認識している結果である。こうした世界において，国家が社会を形成するという観念は当てはまらないため，そこには法が効力を発揮する場はないと見なされてしまう。こうした認識は根本的に誤っている。われわれは，この世界で頻繁に起こる軍事紛争を嘆くよりも，紛争が起こった際に生じる破壊や苦難を忘れることなく，国家が協力し，時には互恵主義に基づく方法で共存するよ

うになっていったことに驚いてよいだろう。これが壮大な法的企ての結果であると主張するのは誤りであるが，国家の行動様式に国際法が何ら影響を及ぼさないと主張するのも誤りであろう。ロバート・コヘインの表現を借りれば，国際法は「行動するうえでの役割を規定し，活動を制約し，期待を形成する」(Keohane 1989: 3)。

　すべての法と同様に，国際法もときどき破られる。しかしこれはあくまでも例外であり，一般的な事象ではない。国際法が破られる事例においても，自らの行動を法的に正当化しようとしない違反者を見つけるのは難しい。違反行為が明白で重大であるほど，正当化の試みも重要となる。武力紛争法ほど，国際法上の違反行為が重大かつ明白となる分野はないであろう。そしてここまで利害が大きく圧力が強い分野もないであろう。つまり，むしろこの分野において，法はとりわけ重要となることに注意すべきである。

Q 問題

1. 国際法に対する評価が低いのはなぜか。そうした評価は妥当か。
2. 国際法は本当に国家の行動に影響を及ぼすのか。もしそうなら，どのように影響を及ぼすのか。なぜ影響を及ぼすのか。
3. 相対的な国家権力は国家の行動に対する国際法の影響力にどのように作用しているか。
4. 国家が国際法に違反したにもかかわらず，法的に自己正当化を図らないような，武力行使の事例はあるか。
5. 武力行使禁止の例外として，予防的自衛，在外邦人の保護，国家が支援したテロ行為への懲罰，人道的介入があげられるが，これらは正当化できるか。
6. 武力行使禁止は，国家安全保障のための実効性あるメカニズムの存在を前提とするべきか。
7. 戦争遂行の手段に関する規制は現実的なものか。
8. 国際人道法は双務的なかたちでのみ適用されるべきか。
9. 国際刑事裁判所の設立は，より正当な紛争後の解決をもたらすか。それとも，紛争の長期化をもたらすか。
10. 「テロとの戦い」は国際人道法にどのような影響を及ぼしたか。

文献ガイド

明石康『国際連合――軌跡と展望』岩波新書, 2006 年
　▷国際連合の概要を知るうえで最良の入門書。

伊勢崎賢治『武装解除――紛争屋が見た世界』講談社現代新書, 2004 年
　▷紛争後の平和構築における武装解除, 動員解除, 社会再統合（Disarmament, Demobilization, Reintegration: DDR）の実態を伝えてくれる。

ウォルツアー, マイケル／萩原能久監訳『正しい戦争と不正な戦争』風行社, 2009 年
　▷戦争の正義をめぐって議論するうえで, 必読の文献。

上杉勇司・青井千由紀編『国家建設における民軍関係――破綻国家再建の理論と実践をつなぐ』国際書院, 2008 年
　▷平和構築における文民と軍事組織の役割について豊富な事例を通じて検証している。

グールディング, マラック／幡新大実訳『国連の平和外交』東信堂, 2005 年
　▷冷戦終結によって国連平和維持活動（PKO）がどのように変容したかが克明に描かれている。著者は当時, 国連平和維持活動担当の事務次長であった。

篠田英朗『平和構築と法の支配――国際平和活動の理論的・機能的分析』創文社, 2003 年
　▷国際平和協力活動の課題が多面的にとりあげられており, 日本の平和構築の研究におけるひとつの金字塔である。

筒井若水『違法の戦争, 合法の戦争――国際法ではどう考えるか？』朝日新聞社, 2005 年
　▷国際法から戦争を見るうえで好個の入門書。

ブル, ヘドリー／臼杵英一訳『国際社会論――アナーキカル・ソサイエティ』岩波書店, 2001 年
　▷国際政治の場は歴史的に「政府なき社会」として成立してきたと論じる書。国際関係の規範的側面を扱う。

最上俊樹『人道的介入――正義の武力行使はあるか』岩波新書, 2001 年
　▷コソヴォ, ソマリアなどの事例を通じて人道的介入論を批判的に考察している。

ロールズ, ジョン／中山竜一訳『万民の法』岩波書店, 2006 年
　▷「公正さ」を軸とした正義論を国際社会へと拡大する試みであり, カントが著した『永遠平和のために』の現代版。武力行使の正当性を論じるうえで有益な視座を与えてくれる。

【注】

1) 'U.S. Shift Policy on Geneva Conventions', washingtonpost.com, 12 July 2006, available at http://www.washingtonpost.com/wp-dyn/content/article/2006/07/

11/AR2006071100094.html; 'Guantanamo Bay trials in disarray after US Supreme Court ruling', The Times Online, 13 June 2008, http://www.timesonline.co.uk/tol/news/world/us_and_americas/article4123181.ece を参照。

2) 'Executive Order-Review and Disposition of Individuals Detained at the Guantanamo Bay Naval Base and Closuure of Detention Facilities', 22 January 2009, available at http://www.whitehouse.gov/the_press_office/closureOfGuantanamoDetention Facilities

3) http://www.icbl.org/campaign/history を参照。

4) 'Uganda: Peace, Justice and the LRA', Global Policy Forum, available at http://www.globalpolicy.org/intljustice/icc/investigations/uganda/2008/0221accord.htm を参照。

第6章
地理と戦略

本章の内容
1 はじめに──地勢
2 地上戦──勝利の追求
3 海洋戦略
4 エア・パワー
5 最後のフロンティア──宇宙戦争
6 おわりに──他の手段をもってする戦争：サイバースペース

読者のためのガイド

本章は，物理的環境の違いによって戦争における戦略上の可能性が異なってくることを明らかにする。そして，陸・海・空とそれぞれ別の場所で戦闘を行う各種戦力が，それぞれどのような長所と短所を持っているのかを明らかにする。また，宇宙戦争や，将来，武器として用いられる可能性のある情報技術が，どのような戦略的潜在力を備えているかについても考察する。

1 はじめに——地勢

　戦略理論は，複数の政治共同体のあいだに発生する武力の行使を対象とするものである。暴力の手段と，それがもたらす心理的効果とのあいだには明確な相関関係があるわけではない。海からの攻撃も陸からの攻撃も，その効果は似たり寄ったりである。攻撃を受けた者は自国防衛の意志を強くし，反撃を企図するであろうし，あるいは逆に，屈服を余儀なくされることもある。プロイセン〔ドイツ〕の理論家カール・フォン・クラウゼヴィッツは，今日においても戦略研究の基礎をなす『戦争論（*On War*）』（1832年）を著したが，彼は地上戦についてしか論じていない。しかし，クラウゼヴィッツが明らかにした戦争の特徴——①恐怖，偶然性，不確実性の大きな影響，②交戦主体に強度の高い手段を用いさせるエスカレーションの力学，③防御の優位性，④長期間にわたって軍事行動を継続することの困難さ，⑤予想外の状況につねに適応し続ける必要性——は，海戦にも空戦にも同様に当てはまることである。軍事衝突が発生する物理的な環境に関係なく，あらゆる軍事衝突には，ほぼ同じような形態の意志と意志のぶつかり合いがつきものである。

　しかし，実際問題として，戦争遂行のあり方はもっぱら地理的環境によって規定される。そして，これこそが軍隊のあり方を最も本質的な部分で特徴づける基礎となる。各国の陸軍は，自国の海空軍よりも，多くの共通点を持っている。また，現代の陸軍は，現代の海軍よりも古代の陸軍との共通点が多いが，それは，陸軍の基本的要素が数千年にわたってほとんど変わっていないからである。これは，ほかの軍種についても同じことが言える。いかなる軍隊でも，敵との戦闘に入る前に，まずは直面する物理的環境に一義的に対処する必要がある。船は浮いていなければならず，航空機は，（いかにそれが困難でも）滞空していなければならない。陸軍は，さまざまな障害物のある困難な土地を前進しなければならない。戦争——あるいは戦争遂行——においては，何よりもまず，自然によって課された制約のなかで，自らに与えられた〔勝利の〕可能性を最大限に生かすことが重要となる。それができて初めて，敵そのものに注

意を向けることが可能になるのである。

　物理的地形は，軍事組織の戦術上のアイデンティティを定義する。また，地形は，軍隊の戦略的効果を規定する。攻撃を受ける側にとっては，軍艦，航空機，火砲のいずれから発射されたものであっても，爆弾の効果は，ほぼ同様である。とはいえ，軍事行動を政治的結果につなげるという点について，陸・海・空軍がそれぞれ独特の長所と短所を持っているというのも事実である。主に陸軍を相手に戦う政治共同体は，もっぱら海空で戦う政治共同体とは異なる戦略上の問題に取り組むこととなる。本章のねらいは，それぞれの異なる可能性について議論すること，つまり，それぞれがもたらす特徴的な戦略上のリスクとチャンスの存在を明らかにするために，さまざまな地理的環境における戦争遂行のあり方を考察することである。

　航空機が発明されてからの状況を勘案すると，ここからの議論がいくぶん抽象的なものにならざるを得ないことを強調したい。つまり，現実の説明というよりも，むしろ思考実験ということになる。現代における強力な陸海軍は，制空権を確保せずに軍事行動をとることは決してない。現代の海軍が保有する主要兵器システムは，戦術的には空軍のそれと区別できない空戦用兵器（航空機やミサイルなど）である。同様に，空軍は地上配備のインフラに依存しているが，そのインフラの建設と防衛を陸軍にほぼ頼っている。このような相乗効果は「統合」軍事作戦の核心であり，「統合」軍事作戦において，陸・海・空軍は相互協力を通じて，全体として最善の結果を生み出すよう努める。今日，統合作戦のほうが優れていることがきわめて明白であるため，すでに軍の作戦立案者にとって統合作戦は当然のことと受け止められるようになっている。陸・海・空軍がそれぞれ単独で発揮できる戦略上の能力は限られたものであり，また一面的なものである。陸・海・空軍単独の能力は各軍固有の短所によって相殺されてしまう。統合戦によって，軍事組織は個々の構成要素の長所を生かしつつ，それぞれの短所を補うことができるため，いまや統合戦は当然の前提であり，さらには理想的な戦争遂行形態となったと言える。

　もちろん，それでも長所や短所は残る。そして，政治指導者たちが政策の手段として軍事力を行使するとき，手段を選択する決断を下す手掛かりとして，各軍の長所と短所を考慮してみる価値はある。こうした観点から，以下では，

さまざまな物理的環境——陸上，海上，空中，そして最後に，近年その戦略上の潜在的重要性が注目を集めている仮想領域「サイバースペース」も別個に議論する価値があろう——のもとで戦争を遂行するにあたっての，戦略上の考慮事項に焦点を絞ることとする。

2　地上戦——勝利の追求

　陸軍は，ほとんどの国において軍事力の中核となっている。これは，すべての政治共同体にとって，類似集団の相手から独立を守る能力を持つことが不可欠であり，また，政治共同体を成立させるにあたって陸軍が中心的な役割を果たすためである。陸軍だけが自国領土の国境を守ることができる。そして——主権国家がほかの政治主体と最も異なる点がこれなのであるが——領域を継続的に支配する能力を備えているのは陸軍だけである。国家以外の政治体(polity)でも戦争を起こすことはできる。しかし，陸軍を展開することができないのであれば，その政治体は領域を支配することはできない。そして，領域を支配しなければ，世界中に主権国家があるなかで確固たる地位を確立することはできない。歴史的に見ると，陸軍と国家は，互いをつくりだすものである。今日，地理的に恵まれているために，ほとんどかたちだけの陸軍しか持っていない国家も多少は存在するが，かといって陸軍を完全に廃止できるような国家は存在しない。

　戦略的に言えば，陸軍の顕著な長所は，その防御能力にある。陸軍のみが，その対象を占領・保持することを目的とする唯一の軍種であり，その対象を単に破壊するにとどまるものではない。海空軍と同様，陸軍も互いを破壊しようとするのも事実である。しかし，戦争における死と破壊はつねに目的を達成するための手段なのであり，もし，その目的が相手国民を支配することにあるとすれば，これを達成できるのは陸軍だけである。そして，いったん，陸軍が領土を占有すれば，それを排除するのはきわめて困難である。「政権変更」(レジーム・チェンジ)は本質的に陸軍の任務であり，陸軍を投入しない限り，これを実現することは不可

能である。

　こうしたコミットメントが重大なものであることは，すでに認識されている。海空軍力によって大規模な損害と苦痛を与えることができるアメリカのような国家にとっては，軍事力を使用するという決定そのものよりも，陸軍を使用するという決定のほうがしばしば政治的危険をともなうのである。陸軍の参加する軍事作戦においては友軍誤射による被害が発生しやすくなるという事実ひとつだけをとっても，それが民主主義社会の世論に与える影響は大きいと言える。一般的に，陸軍投入が検討されるのは，戦略爆撃のような作戦を実行してみて，それでも不十分であることが明らかになってからのことである。朝鮮半島，ヴェトナム，イラク（1990～91年）へのアメリカの大規模な介入は，すべて空軍と海軍を使用するという決定がまずなされ，その後に，あらためて陸軍を投入するとの決定がなされたのである。2003年のイラク侵攻においてこうした段階的アプローチがとられなかったのは，敵国の打倒と占領が当初から目的となっていたためである。

　地上戦に入るときには政治的に慎重になる傾向があるが，これは陸軍の投入が海空軍作戦にはない一種の最終性を持つからである。陸軍の優れた長所がその防御能力にあるとすると，重大な短所は，移動するのに手間がかかり容易でないという点である。強い意志がなければ，陸軍を使用することはできない。であるからこそ，陸軍を投入する目的のひとつとして，そのような決意を敵に伝えることがあげられるのである。しかし，いったん陸軍を投入したら，これを撤収させるのはきわめて困難になる。敵を撃破していない状態で陸軍を撤退することには戦術的リスクがともなうし，作戦が失敗すると，その光景が世界中に知れわたってしまうという問題がある。これが艦艇や航空機であれば，そうした問題を気にすることなく，自由に配備したり撤退させたりすることができる。陸軍を配備するということは，そこにとどまることを意味する。戦術的にも戦略的にも，それが陸軍の性格であり目的なのである。

　陸軍が持つ防衛上の耐久力は，それが同時に攻撃作戦の成功を困難にするという意味で両刃の剣となる。地上戦は，つねに骨の折れる，うんざりさせられる類のものである。孫子の『兵法』は，地上戦の困難性を多少なりとも緩和することに意を注ぐものであった。16世紀オーストリアの陸軍元帥ライモンド・

2　地上戦

第6章 地理と戦略

ライモンド・モンテクッコリ

モンテクッコリ（Raimond de Montecucolli）は，地上戦の目的は「勝利」であると述べた。この見解は注目を集めたが，それは，当時のエリート貴族たちが国家の政治的利益と同様に重視していた多くの目的——名誉，栄光，略奪，名声——を退けるものであったからである。戦略用語としての「勝利」は，単なる軍事的概念ではなく政治的概念でもある。これこそが，現代におけるモンテクッコリの後継者たちが，彼の言葉に「決定的（decisive）」という単語をつけ加える理由である。そして，決定的勝利とは，戦術的目的の実現を超えて，戦争が不可避となった政治状況を変化させる結果を生み出すような勝利を意味する。決定的勝利は，敵に打撃を与えることだけで得られるものではなく，また，敵に撤退を強いることだけでも実現できない。決定的勝利を得るためには，敵の抵抗力を破壊し，これを混乱に陥らせることによって，近い将来，自国の防衛力が奪われてしまうことになると敵に悟らせることが不可欠である。

　現代の軍事理論によると，決定的勝利を得るには3つの方法がある。第一の方法は18世紀の戦略研究において初めて登場した，敵陸軍の両翼と後方に向けて機動するというものである。陸軍のなかで戦闘部隊の数はほんのわずかである。それ以外の部隊は，陸軍を動かし，糧食を供給し，戦闘の支援をするための複雑な補給システムの維持に用いられる。そのような補給システムに対する攻撃は，攻撃の規模に比してはるかに大きな破壊的効果をあげると見られており，そうした攻撃作戦は最も望ましい作戦形態であるとされている。しかし，この脆弱性は広く認識されているため，現実にはそうした手段を用いるのは困難である。陸軍は，可能な限り自軍の通信と兵站を保護しようと努力するものである。しかも，敵の後方に対して大胆な機動作戦を行う場合，自軍の後方に対する敵からの同様の攻撃を回避しなければならないため，こうした攻撃は実際には容易ではない。近代的な軍隊は互いに相手を出し抜くような機動作戦を

展開すべく非常に努力してきた。そして，1870年と1940年のドイツのフランスに対する攻撃の場合のように，実際にそうした作戦が成功したときの結果は刮目すべきものである。しかし，そのような結果が得られることは歴史的にまれである。それは，同規模の陸軍同士が，類似した方法を用いて戦うのであるから，短期間に全面的勝利を収めることができるほど敵の裏をかいた行動をとることはきわめて困難だからである。1914年のドイツのフランスに対する攻撃の場合のように，いったんそのような試みが失敗すると，早晩，消耗戦という恐るべき現実が立ち現れてくるのである。

　〔決定的勝利を得るための第二の〕策として当然考えられるのは，敵と同じ大きさの陸軍を持つのではなく，はるかに大きな陸軍を持つことである。近代国家は，戦争のために自国民を動員する手段——説得もしくは強制であるが——を有しており，その点で，伝統的社会よりはるかに優れている。しかし，19世紀末まで各国政府は自国の大衆を武装化しようとしなかったのであり，これは，巨大な陸軍の装備調達が難しかったこともあるが，同時に，そうすることによる政治的リスクを嫌ったからであった。戦争に動員された人びとが，その見返りに政治的譲歩を期待するのも無理のない話だったのである。国民に訓練を施して武装させた場合，彼らが自らの力で，直接，政治的譲歩を勝ち取ろうとする可能性が高まるとも考えられた。1793年のフランス革命政府が世界で初めて国民皆兵制を導入しようとしたのも首肯できる。結果として誕生したフランス軍は，フランスに敵対する国々の軍隊よりもはるかに巨大なものとなった。そして，ヨーロッパのほかの列強は，類似した方法を採用することによってしか，フランス軍を打倒する方法を見出せなかったのである。

　19世紀において，主要国の陸軍は規模の面で劇的に巨大化した。こうした変化による影響は，射程や殺傷力の面で以前の兵器を上回る近代兵器によって，さらに拡大した。軍人たちは，この新たな現実について考えをめぐらせた結果，敵軍を機動力で出し抜く可能性は大きく低下したと認識するようになった。数百万の規模を誇る軍隊にとって，意味のある機動を行うことはきわめて困難である。そして，そのような大規模な軍隊が，いったん敵側の兵器の射程内に入れば，大規模な大虐殺を招くことになるのである。

　最も信頼できる専門家の結論としては，こうした状況に打開策があるとすれ

BOX 6.1 　機動戦と消耗戦

　地上戦についての文献では，通常，地上戦は「機動戦」と「消耗戦」に区別される。しかし，両者の違いは明確ではない。すべての陸軍は，敵と交戦するのに有利な場所を手に入れるために機動する。反対に，機動戦が可能となるのは，あらかじめ敵軍を組織的に破壊することができる場合のみであり，これは通常，「消耗戦」と呼ばれる。しかしながら，これら２つのアプローチには，別物として分類して考察するに足る差異があるのも事実である。

　消耗戦は，火力を組織的に使うことで得られる累積的破壊力を重視するものである。それは多くの場合，十分な物的資源を持ち，それゆえに勝利のために凝った方法を用いる必要を感じていない側にとっての自然な選択であると考えられる。戦術上の決断は，ドクトリンに従って体系的に優先順位を付けられた攻撃目標または目的のなかから適切な選択肢を選ぶことに集中するものである。消耗戦は一般的かつ反復性の高いものであるため，将来の脅威が不明確な場合にも適切な選択肢となる。脅威対象が不明確な場合には，どんな敵に対してでも機能すると考えられる手段のほうが採用されるものである。

　機動戦は，特定の敵に対してのみ意味を持つ。機動戦は，〔敵の〕脆弱性——たとえば，ゆっくりとしか動けないとか，架橋装備が不足しているとか，士気が低いとか——を利用することによって，大きな成果を得ることを目的とするものである。「機動戦」を迅速な運動と考える論者が多いが，実際には，機動戦はより一般的な概念であり，比較的限られた空間と時間を支配することによって大きな優位を生み出そうとする考え方である。ヴェトナム戦争時にアメリカ軍の小規模分遣隊が孤立した村々の治安を守ったが，これは機動戦の例である。この作戦は，敵戦力を破壊することを目的とするものではなく，ヴェトナムの人びとが実際に生活している，規模は小さいが重要性の高い地域を支配することによって，敵に目的を達成させないことを眼目とするものであった。

　機動戦は，つねに不釣合いなまでに大きな成果を獲得することを目的とするものである。つまり，機動戦においては，敵側の気づいていない重大な弱点を取り返しのつかないかたちで利用することによって，小規模な戦力で大規模な成果をあげることが眼目となる。戦争において，多くの場合，弱者側が大胆かつ攻撃的な機動戦を頼みの綱としてきたのは，弱者側は不利を補う手段として，きわめて賭博性の高い戦闘手段を用いることを余儀なくされるからである。しかし，機動戦のねらいが組織的破壊ではなく敵の抵抗力の全面的崩壊にあることから，近年においては，政治目的に照らして軍事行動による破壊を最小限にとどめる努力を払うようになったアメリカのような強国にとっても，機動戦が大きな魅力を持つようになった。

ば，それは，緒戦においてのみ存在する。つまり，敵軍が行動の準備を終える前に攻撃をかけるのである。決定的勝利を得ることのできる可能性が最も高いのは，緒戦において敵に最大の打撃を加えることができた場合であろう。勝利への第三の道は，まさにここにある。こうした手段は，歴史的に多くの失敗を生み出しているにもかかわらず，今日においても大きな魅力を持ち続けている。20世紀の大戦争の多くは即時に衝撃的な勝利を達成することを目的とした大規模な攻撃によって開始されたため，戦前における敵・味方の相対的な軍事力についての評価は無意味なものとなった。具体的には，1904年の日本のロシアに対する攻撃，1941年の日本のアメリカとイギリスに対する攻撃，1914年のドイツによる攻勢作戦，1939～41年のいわゆる電撃戦，1950年の北朝鮮による韓国侵攻，1980年のイラクのイランに対する攻撃，1990年のイラクのクウェート攻撃，1967年のイスラエルによるエジプトとシリアに対する先制攻撃，1973年のエジプトとシリアによるイスラエルへの先制攻撃などがあげられる。〔奇襲や先制攻撃の〕例はほかにもある。しかし，これらの実例から言えることは明らかである。つまり，先制攻撃によって得られる優位は，軍事力の基礎となる〔経済力などの〕本質的能力における優位を相殺するほど決定的なものとはなり得ないのである。陸軍は多くの人員と物資を必要とする。一般論として，地上戦における勝利は，長期にわたって軍事行動を継続するために十分な政治的意志，社会的強靱性，経済的生産力を備えている国家に帰することになってきたと言える。

　それにもかかわらず，ほとんどの思慮深い軍人たちは，可能な限り速戦即決を実現させることが自分たちの義務であると考えている。ただし，すべての軍人がそう考えているわけではない。革命勢力による反乱は，長期戦を戦略上の力の源泉と考え，これをいとわないものであるが，これも地上戦の一種である。そして，革命勢力が長期戦によって敵を消耗させることに成功する場合もある。反乱軍は，在来型の軍隊が回避しようとする地理的特性を利用しようとする。たとえば，反乱軍は，自らが姿を隠すために一般市民社会を利用したり，これを人質にとったりする。そのような方法は，戦争と同様に，時を超えて変わらず用いられる。いつの世でも，強者と戦う場合，弱者は待伏せ，罠，テロリズム，奇襲攻撃などの手段を用いてきた。つまり，弱者は，生き延び，つねに戦

い続けることによって，いつかは勝利が得られるのではないかと考えてきたのである。

　近年，このような非正規戦争が増加しているが，これは国際システムの特徴としての在来型の地上戦が相対的に意味を失ってきたためでもある。第二次世界大戦の終結後，先進諸国は互いに戦争を避けるために努力を続けてきた。この結果，大規模な戦争は弱小国同士によるものと，先進国が弱小国を対象に遂行するもののみとなったのである。また，通信技術をはじめとする高度技術を得られたおかげで，反乱勢力の勝機が高まったのも事実である。少数の通信機が孤立した反乱集団やテロリストの集団同士を結びつけ，戦術レベルにおいて重大な役割を果たす可能性が出てきた。また，反乱集団やテロリストが公的なメディアを通じて一般市民に訴えかけることができるようになったことで，基本的な用語がつねにイデオロギー的に規定されるような争いにおいて，反政府側が政府に対抗しやすい環境が醸成された。

　大規模な陸軍の戦術機動を円滑にするのに不可欠な長距離空中攻撃システムを考慮しなければ，反乱鎮圧作戦こそが現代の陸軍の主要かつ最も特徴的な任務であると考えられることになってしまうだろう。こうした現実を受け入れようとする軍人はごく少数であるが，それは何よりも，これを受け入れると，陸軍の役割が勝利を達成するというものから勝利を拡大するというものに格下げされてしまう危険があるためである。21世紀への変わり目においてさえ，敵の陸軍を迅速に打倒することこそが，職業軍人の最も重要な業績であると見なされているのである。この伝統的規範に変更を加えるためには，過去三百年間にわたって続いてきた地上戦の基本的前提を再検討しなければならない。

🔑 KEY POINTS

- 陸軍は，単に目標を破壊するだけでなく，それを占領し，保持する能力を持っている点においてほかの軍種と異なる。
- 産業化時代において，地上戦は手詰まりと消耗戦に帰結しがちになった。
- 機動戦とは，攻撃の規模の割には不釣合いに大きな破壊あるいは混乱を発生させることを目的に，特定のタイミングや場所で敵に攻撃を加えるものである。
- 近代戦争は，相手側が動員を完了する前に勝利を収めることを目的とする，大規模な先制攻撃によって始まることが多い。

- 革命勢力による反乱は，速戦即決ではなく，徐々に敵の精神的，政治的意志を侵食していくことによって勝利することを目指す。

3　海洋戦略

　人口の多くは，つねに世界の海洋の近く，あるいは，そこに至る航行可能な河川沿いに集中していた。そして，こうした事実は，航空機やミサイルの登場と相まって，人類の大部分が海軍兵器システムの射程内に入るという状況を生み出してきた。しかし，沿岸地域に対する砲撃は海軍の任務のなかでも最も重要性の低いものであった。海軍特有の戦略上の貢献は，海洋における活動にあった。ただし，海軍は，陸地に住む人びとの考えや行動に影響を与えない限り，海洋で起こっていることは重要な意味を持ち得ないことも理解していた。

　古代から16世紀まで，海軍の主要な軍事的役割は軍人を敵地の海岸に輸送することであった。陸上の軍事行動につきものの困難さを考えると，何よりも攻撃の時間と場所を自由に選ぶうえで，海軍の使用には大きな利点があったのである。そのような海軍は，独自の戦略的役割を持たず，陸軍の戦術的付属物に過ぎなかった。もちろん，海上戦闘も発生したし，軍艦が海で遭遇したときには互いに戦闘を試みた。しかし，そのような事例はまれで，重要でもなかった。重要なのは船舶が運搬する兵員であった。そして，戦争の帰趨を決めたのは陸上戦闘であった。

　世界の海洋を横断することのできる帆走軍艦が開発されたことによって世界は一変し，その影響は強調してもし尽くせないほどである。ヨーロッパ諸国は帆走海軍を手段として海外帝国を建設したが，その海外帝国が今日の高度に集約された世界経済を生み出したのである。この過程における海軍の役割には2種類のものがあった。第一は，軍人や商人，宣教師，そして移民を世界のはるか遠方に輸送したことである。第二は，その結果拡大した海洋貿易のネットワークを保護あるいは略奪することである。

　伝統的に，海洋戦略は，このような貿易ネットワークがもたらす金銭的利益

第6章 地理と戦略

16世紀スペインの帆走軍艦（Albrecht Dürer 画）

による影響力を目的とすると理解されていた。大陸国家の硬直した農業経済によって得られる利益に比べ，長距離貿易が生み出す富ははるかに大きなものであったが，その長距離貿易を育て，保護したのが帆走海軍であった。海軍は経済戦争の手段として機能し，国際貿易に影響を与えることによって戦略的効果をあげた。アメリカの海軍主義者アルフレッド・マハン（Alfred Mahan）が19世紀末に「シー・パワー〔海軍力〕」という言葉をつくりだしたとき，彼が念頭に置いていたのは，シー・パワーと商業・植民地の拡大のあいだの相互作用であった。マハンの見方は，海洋を「制する」こと——つまり，自国の軍事・商業目的のために海洋を利用する一方，他国がそうすることを拒否すること——のできる海軍を持つ国家は，それを持たない国家を支配する運命にあるというものであった。

　しかし，マハンが研究を著したころには，シー・パワーと海洋貿易の有機的関係は壊れ始めていた。部分的には産業革命の結果であった。大陸国家は，海外貿易によってもたらされる経済生産性と同等の生産性を産業革命によってあげることが可能になったのである。そして，貿易によっていっそう深化した経済依存もシー・パワーと海洋貿易の有機的に見える関係を突き崩し始めていた。一見，世界の海洋を横断してくる商品の価値に比例して，シー・パワーの戦略的重要性も高まると考えられる。これはまさに，マハンや彼の同時代人たちが，当然そうなるであろうと思ったことである。しかし，現実には，世界経済は徐々に巨大で複雑過ぎるものになっていき，直接的に軍事的手段によって操作できるものではなくなってしまったのである。

　このことは，19世紀初めのナポレオン時代のフランスに対するイギリス海

軍の作戦や，20世紀初めのイギリス海軍のドイツに対する戦いを考察することによって理解することができる。これらの戦いにおける初期の海戦では，敵の沿岸を封鎖することが中心となった。イギリスは，フランス側が追い払えないほど強力な多数の軍艦を配備し，フランスの主要港への進入路で待ち伏せすることによって，ほぼ完全にフランスを海上貿易から切り離した。さらに，公海上のイギリス艦艇は，フランスと貿易をしているのではないかとの嫌疑をかけてすべての商船を停船させ，臨検することができた。中立国の海軍はイギリス海軍に歯が立たなかったため，中立国はこうした干渉を受け入れざるを得なかったのである。イギリス自身はもっぱら植民地との貿易に頼っていた。早晩，ヨーロッパ，そして，アメリカの商人でさえ，イギリスの商船で商品を輸送するのを好むようになった。イギリス商船であればイギリス海軍に干渉されないからである。海軍の優位によって，イギリスはフランスの海外植民地を占領することにも成功し，また，その貿易も乗っ取った。短期的には，このいずれもナポレオンの陸軍が非道にも周辺諸国を占領することを阻止できなかった。しかし長期的には，イギリスとその同盟国が獲得した財政力は圧倒的なものとなり，世界史上，最も劇的であったナポレオンの軍事的征服でさえ，それに対抗することはできなかったのである。ナポレオンを倒すことになった最後の軍事作戦はイギリス陸軍が実施したものではなかったが，その大部分は，古典的形態の海洋戦略を実行して潤っていたイギリス財務省によって財政的に支えられていた。

　1世紀後には，このようなことは不可能となっていた。そのころまでには，長射程の沿岸砲，機雷，魚雷といった産業革命が生み出した新たな兵器によって，敵国の沿岸で哨戒を行うことが軍艦にとって危険になったため，近接封鎖は実行不可能になっていた。かわりに，イギリスはヨーロッパ大陸全土に対する「遠隔」封鎖を試みた。これは中立国の権利を著しく脅かすものであり，中立国も，そのようなイギリスの行動を受け入れる意志を持っていなかった。イギリス自身の戦争遂行能力は世界市場へのアクセスに大きく依存していた。このため，イギリスの貿易相手である中立国がイギリスとの取引を拒否する，あるいはイギリスに敵対するかたちで参戦する可能性によって，イギリスのシー・パワーの使用オプションは著しく制約された。

ナポレオンとの戦いにおいて、イギリスは海外貿易を独占することによって富を築いた。ドイツとの戦いでは、イギリスは戦費を調達し中立通商国家が昔からの顧客と取引できなくなったときの損害を補償するためにアメリカから融資を受けるなどしたため、財政的に大きな損害をこうむった。巨大な工業国〔ドイツ〕から継戦手段を奪うというのは、イギリス海軍の能力をはるかに越えるものであることが明らかになった。そのうえ、ドイツの報復的潜水艦作戦によってイギリスの海外貿易活動は歴史上初めて深刻な脅威にさらされることになり、これによってイギリスの防衛負担がさらに増大した。イギリスは世界経済を生み出すのに貢献したが、その世界経済は、もはやイギリスにとって戦略上の影響力の源泉ではなくなり、現在あらゆる先進国がある程度共有している戦略上の脆弱性の源泉となった。

　経済戦争は、もはや海軍の重要任務ではなくなった。これは、そのような任務の遂行が戦術的に不可能になったからではない。それよりも、シー・パワーを使用した場合の政治的・経済的影響が大きくなり過ぎたことが原因であった。シー・パワーが経済戦争に関与しなくなってから、それによって得られる戦略上の利得は減少し、目に見えにくいものとなった。もちろん、潜在敵国から海で隔てられている国家が海を横切っていくことを望むのであれば、海軍が必要となることは言うまでもない。しかし、現在、そういう状況に置かれている国は地球上にひとつしか存在しない。それがアメリカであり、それこそが、アメリカがグローバルな戦略的重要性を持つ唯一の現存する海軍を維持している理由である。

　その重要性は、「制海」能力というよりも、どのような場所に対しても海から陸地に対して戦力を投入できるところにある。この役割において、海軍は特殊な空軍のように機能する。そして、この特殊空軍は、基地を自由に移動させる能力によって、空軍装備の射程が短い点を補っているのである。こうした長所を過小評価してはならない。地上配備の空軍は大規模な固定インフラを必要とし、その位置によって空軍の使用形態が制約されるのである。敵の攻撃から安全な、十分離れた基地から作戦行動を行う航空機は、目標に到達するために中立国の空域を通過することを余儀なくされるかもしれないが、その場合、空域通過の許可が得られないこともあり得る（そして、危機や危険な状況におい

BOX 6.2 砲艦外交

「砲艦外交」というのは，ヨーロッパ帝国主義の絶頂期に使われた嘲笑的な表現の名残りである。それは，植民地を持つ大国が時折，大使のかわりに軍艦を送ることによって，弱小国に自国の望みを伝えることがあった事実を示すものである。2～3発の大砲が，通常の外交通牒の代替物として用いられたのである。そのような慣行は時代遅れのものとなり，それとともに，「砲艦外交」という表現も消えていった。しかし，それが示唆する根源的な現実を知ることは，海軍の持つ戦略上の影響力を理解するにあたって不可欠である。

強大な海軍は，平時においてさえ保有する艦艇のほとんどをつねに海上に配備しているのが一般的である。陸軍と空軍は駐屯軍である。陸軍と空軍は，危険が迫ったとき，初めて戦闘のために展開される。一方，公海上に配備されている海軍は，平時であれ戦時であれ，ほぼ同様の能力を持っている。海軍はつねに武装し，即応態勢をとっており，キール〔船の竜骨〕の下に水がありさえすれば，どこにでも行くことができる。

大規模な海軍力を海上に展開することのできる国家は，相当な戦略上のオプションを得る。海軍艦艇は，いかなる挑発的行動もとることなく，敵国に脅威を与え，また友好国に心理的保証（reassurance）を与えることができる。海軍はあらかじめ「展開している（out there）」ので，危機に最初に対応するのはたいてい海軍である。持ち場についている軍艦はすばやく状況に対応できるため，好ましくない行動を予防することもできる。地上配備の長距離航空機は，いかなる場所にでも行くことができるが，航空機が提供する軍事オプションというのは，よくても何かを爆破するくらいのことである。海軍は，長期にわたる監視から示唆的な脅迫の伝達，そして経空攻撃や上陸作戦の実施まで，多種多様な選択肢を提供してくれるのである。

過去，こうした任務を遂行する能力が海軍を保有する主たる理由となったことはない。しかし，いずれにしろ，そうした能力を備えているのであるから，それは重要な付随的利点である。すべての軍事行動と同様，砲艦外交も危険をともなう。たとえば，敵に孤立した標的を攻撃する機会を提供することがあげられるが，そうした危険性は，アメリカ海軍艦艇「コール」が2000年10月のイエメン港停泊中に遭遇した不意の攻撃によって明らかになった。それにもかかわらず，海に展開された海軍艦艇は，拡散する脅威や自然災害を含む，急速に現実のものとなりつつある危機によって特徴づけられる安全保障環境にきわめて適合する。たとえば，2004年のインド洋における津波発生時に，最初に効果的な人道支援を行ったのは海上に配備されていた軍艦であった。

第6章 地理と戦略

アメリカの空母キティホーク（2006年）［STEPHEN W. ROWE 撮影：U.S.Navy］

ては，しばしばそうなる）。こうした問題を解決するために前方展開基地を建設することもあるが，これには時間と資源が必要となり，また，敵の射程内にあるほかの固定施設と同様，防御することが困難である。もし，前方展開基地を敵の領土内に建設するのであれば，まず，必要な領土を占領しなければならない。そして，中立国や同盟国の領域内に前方展開基地を建設するのであれば，その作戦は再び，調整困難な政治的要求にさらされることになる。軍艦はこうした問題に悩まされることがなく，公海を通って直接，目標に接近することができる。一度現場に到着すれば，軍艦は海上で継続的に補給を受けながら，ほとんど無期限に作戦を継続することができる。

　そのような優位性が永遠に保たれるという保証があるわけではない。強力な海軍の戦略上の有用性は，究極的には，接近してくる敵海軍を自国の沖合いに寄せつけないことを目的とする長距離攻撃システムや「アクセス拒否」能力を持つその他の兵器がどれくらい進化するかに左右される。しかし，そのような兵器を構想するのは簡単であるが，実際につくるのはきわめて困難である。一方，海軍は攻撃能力，速度，柔軟性という要素を兼ね備えた特徴を持っているため，早期に脅威を予知するのが困難な安全保障環境に適している。海軍は，小規模な紛争が頻発して危機が急速に現実のものとなる世界において必要とされる警察機能を果たす能力を持っているが，これこそが，現在，海軍の果たせ

る貢献の最も重要な役割のひとつである。

> **KEY POINTS**
> ・帆走海軍は，もっぱら国際貿易へのインパクトを梃子（てこ）として，その戦略的影響力を発揮した。
> ・〔ヨーロッパ〕大陸経済が発展し，グローバル経済の複雑性が高まったことによって，産業化時代には海軍の戦略的影響力が相対的に低下した。
> ・公海で自由に行動する軍艦の能力は，敵へ直接に接近する戦略的手段を与え得る。そして，そのような手段を提供できるのは海軍だけである。
> ・今日においては，「海を制する」という海戦の伝統的な目的は，海から陸地に対して軍事力を投入するという課題にほぼとって代わられた。

4　エア・パワー

　人類の発明のなかで，「航空機（flying machine）」ほど情熱的に待望されたものはなかった。そして，そのイメージはルネサンス以降の芸術と文献に発見することができる。そのような装置がいかなる形態をとることになるのかはだれも知らなかったが，それが戦争の手段として多くの驚くべき用途を持つことを疑う者はほとんどいなかった。空戦の歴史は，さまざまな誇張された理論上の期待によって異常なまでに影響を受けてきた。そして，多くの場合，その期待に反して現実の空軍力は不十分なものであった。
　第一次世界大戦の西部戦線上空で戦闘に参加した何万もの軍用機は，地上の巨大な陸軍を再び進撃させるために偵察任務を果たした。軍用機は，同大戦の2〜3年前にH. G. ウェルズ（Herbert George Wells）が，小説『翼（*Wings*）』（1908年）で描いたような攻撃力——ドイツから発進した巨大な航空艦隊がニューヨーク市を荒廃させるというもの——を全く持ち合わせていなかったのである。その後20年にわたる技術的進歩によって，航空機が爆薬を空中に持ち上げる能力が高まった。エア・パワー〔空軍力〕の信奉者ジウリオ・ドゥーエは，著書『制空権（*Command of the Air*）』（Douhet 1984, 原著は1921, 邦訳『ド

第6章

地理と戦略

ゥーエ 戦略論体系6』）で，空爆はきわめて破壊的であるため，空爆によってすべての戦争を早期に終結させることができると主張して黙示録的幻想を提示したが，第二次世界大戦の終わりまでにイギリスとアメリカの空軍は，ドゥーエのそれに勝るとも劣らない幻想を振りまいていた。

しかし，1939年から1945年のあいだにこうした憶測が現実のものとなることはなかった。そして第二次世界大戦後，多くの人びとは，ドイツと日本の都市を荒廃させた空爆作戦が単に現代戦の惨禍を拡大させ，難を逃れられたはずの市民に不必要な災難をもたらしてしまったのではないかと考えた。1934年，イギリス首相のスタンレー・ボールドウィン（Stanley Baldwin）は危機感を強める下院で，「爆撃機は，つねに防空網を突破し，敵地に進入することができる（the bomber will always get through）」と述べたが，この不気味な予言は〔ドゥーエらの考えと〕同じことを別の側面からとらえただけのもので，同様に誤りであることが明らかになった。現実には，爆撃機がつねに防空網を突破し，敵地に進入できたわけではなかった。1945年までに，イギリス空軍は同国の海軍よりも多くの犠牲者を出していたが，これはイギリス空軍のパイロットであれば誰もが理解していた事実——ほかの戦争形態と同様，空戦も困難で，危険で，思い通りの結果が出ないものであるということ——を証明するものであった。

戦争遂行のために航空兵器をどのように用いるかは，20世紀における中心的な軍事上の課題であった。21世紀から過去を振り返ると，多大な成果が得られたことは明らかであり，それによって，きわめて明確かつ納得のいく全体像が浮かび上がってきた。2度の世界大戦における失敗〔エア・パワーが思ったような結果を生み出さなかったこと〕には，技術の未熟さと，組織の利益が客観的な分析を損なう傾向などに，原因の一部がある。最も積極的なエア・パワーの主唱者たちは，陸海軍と同格の独立空軍のみが，こうした新しい戦争方

ジウリオ・ドゥーエ

Box 6.3 制空権

　この主要目的から決して逸脱してはならない。空を征服するには敵からすべての飛行手段を奪うことが必要であり，このため，空中における攻撃，作戦拠点に対する攻撃，生産拠点への攻撃などを通じて，飛行手段を生み出す可能性があるものはすべて攻撃すべきである。これらの目標は陸軍や海軍の兵器ではなく，航空戦力によってのみ破壊することが可能である。……。

　勝利は戦争形態の変化を的確に予測する者に微笑みかけるのであって，変化が起こってからそれに適応しようとする者には微笑みかけない。戦争形態が次から次へと急速に変化する現代においては，新たな道に最初に大胆に足を踏み入れた者こそが，最新の戦争の道具が時代遅れのものに対して持つ大きな優位を獲得することができる。戦争の新たな様相は攻撃の優位性を際立たせており，これによって，戦場における迅速かつ圧倒的な勝利が可能になるであろう……。最初に準備を整えた国は，迅速な勝利を手に入れるばかりでなく，戦争による犠牲と費用を最小限に抑えることができるであろう（Douhet 1984: 23-40）。

法を体現することができると確信していた。彼らは，空軍の制度上の独立性を確保しようとするあまり，経済および民生インフラに対する長距離爆撃によって戦争の帰趨を決定づけることができるとの誇張された主張を行った。しかし，そうした主張は，エア・パワーは全く重要ではないという，同様に誇張された懐疑論を生み出した。こうした官僚政治的な論争——つねに独立した空軍を支持するものであったが——は技術の進歩と結びついて，より健全な解決策に帰結した。つまり，エア・パワーは現代戦の万能薬としてではなく，現代的な諸兵科連合作戦を可能にする多目的の接着剤として位置づけられることになったのである。

　エア・パワーが独立した戦略上の役割を保持するとすれば，それは全紛争形態のなかの両端に位置することになる。政府が核兵器を組織的に使用するとすれば，その運搬手段は確実に航空機かミサイルになるであろう。そして，核兵器が大量に使用された場合，その爆発の効果によって，それ以降の陸海軍の活動は，ほとんど無意味なものになってしまうことは想像にかたくない。伝統的なエア・パワーの理論から見て，より興味深く，また意外な点は，限定的な武力行使のみが正当化されたり必要とされるような紛争における，エア・パワー

の役割についてである。2つの主要な原因によって，エア・パワーは大国が弱小国に強制力を行使するための手段となった。第一は，実際に，スタンレー・ボールドウィンの予言がいまや現実となったということである。軍事ドクトリンや技術的進歩の結果，最高の空軍を持っていれば，同じくらい高度な防空システムを相手が持っていない限り，そのすべてを制圧することができるようになったため，爆撃機は，ほとんどの場合，防空網を突破し，敵地に進入することができるようになったのである。戦闘任務の遂行がパイロットにとってつねに命懸けの仕事であるのは明らかであるとはいえ，それにともなうリスクはほかの同じくらい破壊的な戦争行動のいかなるものより低い。そして，攻撃が弾道あるいは巡航ミサイルによって遂行される場合には，リスクは完全に消滅する。さらに，いったん防空網を突破して敵地に進入すれば，爆撃機やミサイルは過去には想像もできなかったほど確実に，目標に到達するようになったのである。2度の世界大戦において，航空兵器は無差別破壊の代名詞であった。今日では，航空兵器はステルス性と精度の高さの代名詞であり，こうした要因によって，過去には高かった使用上のリスクが大幅に低下した。

　これが良いことであるかどうかの判断は，近年，経空攻撃作戦の実施が容易になったことによって，戦争状態と平和状態の区別が不明確になってきているという問題をどう認識するかにかかってくる。外交上の要求を突きつけたり，制裁を実施したりするために経空攻撃を用いたとしても，それを実行する要員はほとんど危険にさらされないかもしれない。しかし，そのような攻撃が相手側のエスカレーションを引き起こす可能性を無視することもできない。戦争における暴力の目的は，つねに敵の意志をくじくところにある。しかし，経空攻撃は，同様に敵の意志を硬化させ，その忍耐力を高め，その機知を刺激する可能性もある。

　戦争のための社会動員は，注意を要する課題である。平時における不安や欲望は脇に置いておかなければならない。私生活の領域は狭まり，公共の領域が広がり，介入的になってくる。動員を成功させるためには，敵に苦痛を与えつつ，敵からの苦痛に耐える精神的活力を注入しなくてはならない。そこでは，戦闘員と非戦闘員の倫理上の区別が不明確となる。理想的には，戦争のために動員された社会はひとつの統一体と認識され，その構成員は統合された戦争遂

市民も無差別に爆撃した東京大空襲直後の東京（1945年3月）[撮影：石川光陽]

行機関のなかの相互に交換可能な部品として見なされるようになる。

当初の構想で，戦略爆撃は，そのような全体論的認識に基づいて敵国を理解していた。敵国の政府は，その社会を真に体現するものとして理解され，すべての国民は敵国政府の共犯者と見なされた。こうした考え方によって，空爆のもたらす広範な破壊行為が倫理的に正当化され，戦術的にも合理的とされた。ひとつの場所への攻撃は，敵国全体に影響を与えると想定されていた。つまり，陸軍兵器を製造する工場や，その工場で働いている人びとやその住居を粉砕しさえすれば，陸軍は使用不能に陥るというわけである。前線で犠牲者が出れば市民の士気にも影響を与える。市民の死は政府の士気をそぎ，あるいは政府を不安定化させる。

とくに自由民主主義諸国においては，敵国をこのように見ない傾向が強くなっている。自由民主主義諸国においては，軍事組織，国家，社会の精神的な統一は，もはや当然のこととは認識されていないのである。それどころか，いまや自由民主主義諸国における軍事組織，国家，社会は，政治的便宜，暴力，あるいは何らかの同様に脆い糸によって人工的に縫い合わされたものとして理解されている。その結果できた縫い目が，現在における戦略爆撃の主要な標的となった。精密兵器によって実施される航空作戦のねらいは，政府と軍事組織，そして，これを支える重要インフラに対してのみ攻撃を加えつつ，それらを取り巻く社会には，できる限り被害を与えないようにすることによって両者を分断するところにある。こうしたアプローチには，人道上の利点以外にも，負か

した敵国の再建と復興をやりやすくするという追加的な利点がある。しかし，このような心理上の仮説が，過去に比べてより妥当なものであるといえるかどうかは必ずしも明らかではない。現代において，エア・パワーがどのように作用するのかについての理解は，孤立した専制的な政府に対する軍事作戦を通じていっそう深まった。しかし，民主主義諸国は，自国にとっての敵性国家はすべて道徳的な正当性を備えていないと速断し過ぎる傾向がある。全体主義で犯罪的な政府——とくに革命によって出現したもの——は，実は，それがよって立つ社会に深く根ざしている場合もあり，そうした場合には，全面戦争を誘発するようなかたちの対応をとらせずに，その政府に対して強制力を行使するのは容易ではない。

KEY POINTS

- 戦争において航空兵器をどのように用いるかは，20世紀における先進諸国の軍事組織にとって主要な課題であった。
- 空軍ができることについての期待は，空軍が実際にできることに比して，しばしば誇張されていた。
- 現代の航空作戦は，もはや大量破壊を目的としたものではなくなっており，敵国の社会に与える損害を最小化しつつ，その政府と軍事組織を無力化することを目的とするようになった。
- 精密誘導兵器によって，敵に譲歩を強要することを目的とする戦争の遂行においては空爆が最も好ましい選択肢となった。

5　最後のフロンティア——宇宙戦争

　空戦の優れた特質は，打撃の速度と精度の高さにある。そして，その戦略上の有用性に関する限り，ほぼすべての面でこれらの利点は限界点に達した。航空機やミサイルの速度を2倍にすれば，その戦術的な用途は多少増えるかもしれない。しかし，これらの兵器を使用するという政治決断をするのにかかる時間は以前と全く変わっていないため，兵器の速度を2倍にしても，その戦略上

の意味に変化は起こらない。同様に，さらに精度が向上しても，収穫逓減の法則が作用しはじめるのが関の山である。目標の5フィート以内に落下する精度を持ち，50フィートの穴を空ける能力を持つ兵器があれば，命中精度が仮に3フィートまで向上しても，その効果にはほとんど差が生まれない。

　少なくとも敵に行動の自由を制約されない限りにおいては，陸や海と比較して空が著しく行動の自由度の大きい戦場であることは明らかである。しかし，その特徴はさらに強まる余地がある。地球の大気圏の外には，もう何も存在しないのである。そして，それこそが宇宙なのだ。宇宙は，地球の表面を観察し，そこでの活動を支援する以外には，いっさい，戦争目的に使用されていない，完全に透明で摩擦のない環境である。その意味で，宇宙は無視できない重要性を持っている。宇宙自体は無の存在であるが，宇宙は空(から)ではない。数千とまではいかなくとも，数百もの軍事衛星がすでに配備されており，通信・偵察機能のあらゆる役割を果たすとともに，射程の長さにかかわらず主要兵器システムの精度を向上させることのできる終末誘導（terminal guidance）を可能にしている。アメリカの陸・海・空軍が，頭上の軌道を旋回している宇宙配備システムと通信する能力を奪われたら，その効果は戦場における大敗北に相当するだろう。その意味で，宇宙戦争はすでに発生しているのである。

　宇宙システムは従前から戦争遂行に貢献しているが，これとは独立したかたちで宇宙が戦略上の意義を持ち得るかどうかは憶測の域を出ない。宇宙の軍事利用は2つの国際法上の規範によって規定されている。第一の規範とは，国家主権は地球の大気圏を越えて適用されないというものである。第二の規範とは，実際の兵器を宇宙に配備してはならないというものである。ほとんどの協定と同様，これらの規範は行動の障害というより，広く受け入れられているコンセンサスを反映したものである。第一の規範は偵察や通信目的の宇宙利用を促進した。人工衛星を打ち上げる能力さえあれば，いかなる国家でも隣国をのぞき見することができるのである。こうした取り決めのおかげで，アメリカとソ連の両国は互いの行動を把握していると強く確信することができ，冷戦末期における戦略抑止の安定性が向上した。

　宇宙に兵器を配備することが禁止されたのは，それが互いの利益にかなうとの認識があったからというよりも，それが明らかに価値のない行為であったか

らである。宇宙は透明性が高いために，偵察と通信に最適な環境となったが，兵器を配備する場所として透明性の高さは不都合であった。宇宙に配備された兵器は容易に発見・破壊され得るため，きわめて脆弱となり，しかも，地上に戦術上の能力を提供するわけでもない。いまのところ，宇宙の戦略上の用途は今後も情報の収集・配布——これは，宇宙がきわめて魅力的な利点を提供する活動であるが——に限定されることになりそうである。この分野における課題はデータの収集ではなく，データの効果的使用の問題である。人工衛星を発射して，アフガニスタンでの携帯電話による会話を録音し，あるいは上海〔の路上〕にあるすべての平台型貨物自動車の写真を撮影することのほうが，そのデータを分析するために必要な多数のパシュトゥーン語通訳や衛星画像分析の専門家を配置するより容易である。戦争を経験した者は皆，少しでも多くの情報が必要であることを痛感してきた。いくつかの点で，現在，情報は過多となっている。しかし，その結果は，先人が想像したよりも多くの消化不良を生み出すというものになってしまうのではないか。

KEY POINTS

- 宇宙システムは，陸・海・空の戦争遂行に決定的な役割を果たしている。最先端の軍事情報システムはしばしば，宇宙に重要な構成要素を配備しており，これが破壊されると軍事能力が大きく低下することになる。
- 公になっている限りにおいては，現在，宇宙に兵器は配備されていないが，これは，そうすることによって得られる戦術上の利点が明らかでないためである。

6 おわりに
——他の手段をもってする戦争：サイバースペース

いままで，現代戦はつまるところ，人びとが金属片を互いに投げつけ合うというものであった。現代戦の歴史的展開を特徴づけたのは，その金属片の規模，速度，射程，多様性が着実に高まったことと，金属片を飛ばして目標に到達したときの破壊力を拡大する，これまでにない強力な爆薬を導入したことであった。核兵器は，破壊力を異なる手段によって得たという点で，このパターンか

らのささやかな逸脱であった。とはいえ、核兵器も産業化時代の大規模インフラの産物であり、それを用いるためには巨大な経済・兵站(へいたん)・組織面での負担を背負う必要がある。

　もしそうではない方法があるとすると、どうであろうか。仮に、巨大な運動エネルギーを蓄えて放出することなしに戦争を遂行することができるのであれば、どうなるであろうか。それが一体どのようなものかは誰にもわからない。しかし、情報技術の進化によって、これは少なくとも空想上の話ではなくなったのである。「サイバースペース」が、本当に戦争の独立した領域と見なすに値するものかどうかについては疑問の余地がある。それは完全に仮想の空間であり、それをつくりだす物理的システムは、ほかの軍用品や民生品と同様、直接的攻撃によって破壊され得るのである。こうしたシステムは、すでに今日の戦争において中心的役割を果たしていると認識されており、その意味において、「宇宙戦争」が存在するように「サイバー戦争」もすでに存在している。

　情報戦争について多くの研究が行われているが、その理由のひとつに次のような不安な認識がある。すなわち、いまやありふれた軍事作戦でさえ複雑な情報システムなしには実行が困難になってしまっているが、そのような情報システムはほかの大規模な軍事施設と比較して攻撃に対して異常なまで脆弱なのである。これは重大な問題である。しかし、これはあくまで戦術的な問題であり、情報を戦略兵器として直接的に使用する問題と混同してはならない。同様に、戦略兵器としての情報の直接使用は、プロパガンダ（別名「理念上の戦い（the war of ideas）」）とも明確に区別される。戦略は説得とは異なるし、少なくとも、説得が戦略の主たる構成要素ではない。戦略は、物理的な力によって自分の意志を敵に強要する手段である。

　情報のみによって、自分の意志を敵に強要することができるかどうかはわからない。一国の証券取引所を麻痺させるコンピューターウイルスは、大規模な軍事攻撃と同等の結果をもたらすかもしれない。そのようなサイバー攻撃が、「実際の戦闘をともなう（shooting）」戦争において実施された場合、特別な説明を加えるまでもなく、それは、一方が他方に損害を与えることを目的に用いた手段のひとつに過ぎないと言える。しかし、このようなサイバー攻撃を、単独で戦略上の目的のために用いるのは困難であろう。なぜなら、もしそのよう

なサイバー攻撃の実行者と目的が明るみに出た場合，攻撃を受けた国が通常戦力で報復するかもしれないからである。こうしたサイバー攻撃によって，無差別的な巻き添え被害が発生する危険性も大きい。いったんそのようなウイルスが世界中にばらまかれると，それは世界中に拡散するかもしれない。この点で，情報戦争は生物戦と同様の欠点を持っていると言える。生物戦は，百年以上にわたって現実のものになるのではないかと懸念されてきたが，いままでのところ，同士討ちのリスクが期待される効果を上回っていたことによって，実際には回避されてきたのである。

　ほとんどの点で，サイバースペースの戦略上の地形は未知のままである。一般的に，サイバースペースで行動するのは安上がりであり，おそらく相手に気づかれずに戦うことができる。これは，サイバースペースに最も魅力を感じるのはテロリストなどの集団であることを示唆している。彼らはサイバースペース以外の公然の場で戦う手段を持たず，自分たちの行為が世間に認められなくても気にせず，また，自身はとくに情報技術に依存してもいないのである。その意味するところは，先進社会にとって情報戦争はもっぱら防衛上の問題であり，積極的な結果を生み出す戦略の手段とはなり得ないということである。いずれにせよ，戦争がサイバースペースという新しくてわかりにくい領域に拡大した場合に，その破壊的傾向が緩和されると考えるのはナイーブ過ぎるであろう。どこでどのように行われようとも，戦争というものは過去と同様，悲惨な結果をもたらすのである。そして，それに勝利するためには，その重圧に打ち勝つ物質的・精神的能力が必要とされるのである。

KEY POINTS

- 現代兵器が機能するには，精密センサーや先端通信システムが不可欠になっているため，情報そのものが兵器として機能するようになるのではないかという問題がいっそう注目を集めることになった。
- 現代社会は情報技術に依存するようになっているが，こうした情報技術は潜在的な敵たち——とりわけ同様の技術に特段依存していない者——にとっての格好の攻撃目標となっている。

Q 問題

1. 戦争に陸軍を投入するには，海空軍力を投入するよりも高いレベルの政治的コミットメントが必要となる。このことは，平和と戦争を区別する心理的垣根を低くするであろうか，それとも高くするであろうか。
2. 強大な海軍を保有するのが望ましいことであるなら，なぜアメリカしかそのような海軍を持っていないのであろうか。どのような条件がそろえば，アメリカは大規模な海軍を保有するという方針を転換するであろうか。
3. 今日，「海洋を支配している」国は存在するか。実際に海上戦闘が行われることはほとんどないとすれば，海洋の支配はどのように行使されているのか。
4. 平時においては，戦略上の意志決定はしばしば，どのように防衛予算を配分するかを主眼とする。今日，先進国は陸・海・空軍あるいは宇宙システムなどのどこに重点的に防衛予算を投資投入すべきであろうか。
5. 発展途上国を対象とした場合，前項の問いに対するあなたの回答は異なるものになるか。また，アメリカに脅かされていると考えているイランや北朝鮮などの国家についてはどうか。
6. （数十年にわたる急速な進歩を経て）現在，精密誘導兵器は収穫逓減の時期に入っているが，陸・海・空軍が戦闘能力を向上させるためには，何をすべきか。
7. あなたが新兵器をつくるとしたら，どのような機能を備えた兵器を開発するか。
8. 宇宙に兵器を配備することを禁止するという，現在の国際的コンセンサスは存続するであろうか。もし存続しないとすれば，いかなる状況の変化が原因となるか。
9. テロリズムや非正規戦を用いた革命のための反乱は，過去よりも現代において，より大きい成功を収めた。これはなぜか。この傾向は今後も長期にわたって続くであろうか。それとも，正規軍は最終的に戦場における支配的立場を回復するであろうか。
10. 海空および宇宙軍は，対ゲリラ戦においてどのような役割を果たすことができるか。対ゲリラ戦は，基本的に陸軍の任務であり続けるべきか。

文献ガイド

生井英考『空の帝国——アメリカの20世紀』講談社，2006年
　▷写真などのビジュアル史料を多数用いつつ，アメリカにおけるエア・パワーの歴史を概観している。ミッチェル（William Michel），ドゥーエらの役割や，アメリカが参加した主要な戦争におけるエア・パワーの役割についての説明も豊富。

石津朋之・立川京一・道下徳成・塚本勝也編著『エア・パワー——その理論と実践』芙蓉書房出版，2005年
　▷エア・パワーを理論と実際の両面から分析した論文集。「戦略爆撃思想の系譜」「第二次世界大戦までの日本陸海軍の航空運用思想」「自衛隊のエア・パワーの発展と意義」「ドクトリンの意義とその概念に関する考察」などを所収。

第6章 地理と戦略

石津朋之，ウィリアムソン・マーレー編著『21世紀のエア・パワー——日本の安全保障を考える』芙蓉書房出版，2006年
　▷エア・パワー発展の歴史的展開を1900〜45年，1945〜2000年，2000年以降の3期に区分して検討を加えた論文集。

石津朋之編著『戦争の本質と軍事力の諸相』彩流社，2004年
　▷戦争・軍事力のあり方と過去と将来を概観した書。「戦闘空間の外延的拡大と軍事力の変遷」「非通常戦——国家と武力紛争の視点から」「RMAと国際安全保障」「RMAと日本の防衛政策」などを所収。

立川京一・石津朋之・道下徳成・塚本勝也編著『シー・パワー——その理論と実践』芙蓉書房出版，2008年
　▷シー・パワーを理論と実際の両面から分析した論文集。「コルベットとイギリス流の海戦方法」「シー・パワーとしての空母」「日本におけるシー・パワーの誕生と発展」「21世紀のシー・ベイシング」などを所収。

【訳注】

本章で用いた邦訳書は以下のとおり。
Douhet（1923）＝瀬井勝公編著『ドゥーエ 戦略論大系6』芙蓉書房出版，2002年

第7章
技術と戦争

本章の内容
1 はじめに——技術熱中派と技術懐疑派
2 軍事技術に関するいくつかの考え方
3 軍事技術の位置づけ
4 RMA 論争
5 新技術の挑戦
6 おわりに——軍事技術の将来

読者のためのガイド

　技術が発展し軍隊や戦略に応用されていくのは当然と思われることが多い。しかし，戦争で技術がどのような役割を果たすのか，論争は尽きない。戦闘で勝利を得る場合に訓練や士気などほかの要因に比べて，技術の相対的な重要性については議論のあるところである。いかに，そしてなぜ，軍事組織に応用される技術もあれば無視される技術もあるのか，学者もまた相対立する説明をしている。技術が変化する速さは必ずしも同じではない。技術や手順のなかには軍隊で確固とした地位を獲得するものもあれば，たちまちのうちに時代遅れとなり見捨てられるものもある。さらに問題を複雑にしているのが，世界は軍事革命のまっただ中にあると信じている専門家の存在である。軍事革命は，技術が組み合わされ戦争の戦い方に根本的な変化が生まれたときに起こる比較的まれな出来事である。本章では，こうした問題を分析し，軍事革命が軍事組織にもたらす変化について考察する。また本章では，将来の戦争を変えそうな現在の技術傾向についても考察する。

1　はじめに——技術熱中派と技術懐疑派

軍事史家——時には軍人自身も——は，軍事技術をどのように評価すべきか判断できない。技術の専門家やマニアのなかには，ドイツのIV号戦車のさまざまな派生モデルの微妙な違いに心踊らす者もいる。しかし，現代では政策の多くは，どのようなタイプの航空機を何機，どの程度の期間にわたって購入すべきかといった技術的な判断に集中している。一般の人びとは，目を見張る——時には魔法とも思える——ような兵器を最新の軍事技術のたまものであると考えがちである。

対照的に軍事史家や軍人には技術の重要性に否定的な者が多い。彼らは，兵器ではなく技術と組織の有効性が戦闘の結果を決めると信じている。技術熱中派や技術懐疑派は特定の問題の評価をめぐって対立することがあるが，概念のレベルで論争が起きることはめったにない。イギリスの戦略家で機甲戦の先駆者として多くの著作を世に問うた歴史家であるJ. F. C. フラー少将は，戦略研究の分野で技術の役割を理論的に研究した20世紀で唯一の重要人物である（Fuller 1926, 1932, 1942, 1945）。そこで，本章では軍事技術に関する概念を紹介し，現代の主要な技術的問題や傾向について考察してみたい。

J. F. C. フラー

2　軍事技術に関するいくつかの考え方

まず最初に，次の質問から考えてみよう。「軍事技術は何に由来するのか」。技術はあらかじめ方向づけられたものと見なされることが多い。こうした一般

的な見方では，科学者は宝箱がある鍵のかかった部屋の並ぶ廊下を歩くように戦争の技術を開発すると思われている。つまり進歩というのは，廊下を歩き，ドアを開け，宝箱を持ち出すということである。言い換えると，ドアの鍵を持ち，宝箱を運び出す力のある者が技術の成果を入手できることになる。

しかし，実際には技術史家や技術者は通常，こうした見方を否定する。さまざまな要因が技術を形成するのであって，技術の最終的な形態はあらかじめ決められたものとはおよそかけ離れている（Mackenzie 1990）。この文脈で最も一般的な見解は，「機能が形態を生む」ということである。つまり軍事技術は個々の軍事的な必要を充たすよう発展する。しかし，別の可能性もある。ある研究者――ヘンリー・ペトロスキ――は「失敗が形態を生む」と考察している。もともと彼はこの考えを橋梁建設史の研究に用いていたが，軍事技術にも応用できた（Petroski 1982）。この見方では，新しい技術は，既存の技術のなかで明らかになった失敗や欠陥への対応から生まれる。また技術革新に関するほかの理論には，美的配慮あるいは慣習や組織の利便性といったほかの非合理的な考えから生まれると指摘するものもある（Creveld 1989）。このようにさまざまな理論が，技術革新がどのようにして起こるのか，あるいは起こらないのか，いろいろな説明を加えている。たとえば，なぜアメリカはヴェトナムで無人航空機（UAV）を配備し，何の問題もなかったにもかかわらず，軍隊に導入するのに30年以上もかかったのか。技術が未熟だった（廊下・ドア理論），無人機を必要とする任務がなかった（機能・形態理論），既存の技術に目に見える欠陥がなかった（失敗・形態理論），あるいは結局のところ，「非合理理論」が説明するように，パイロット不要の航空機という考えに反発するパイロットが無人機の技術に反対したからかもしれない。

これらの理論のなかでどれひとつとして完全に満足のいくものはない。しかし，このように理論がさまざまであるがゆえに，われわれは軍事技術がどのように，そして，なぜ誕生するかをより詳しく見なければならない。たとえば軍事技術には国家によって特有のスタイルがある。イスラエルのメルカヴァ戦車は，アメリカのM1エイブラムズ戦車とは微妙に異なっている。この差異は，両国がどこで戦うことを想定しているかに由来する設計哲学の違いを反映している（低速のイスラエル戦車は，岩の多いゴラン高原向きに設計されている。

はるかに高速のエイブラムズ戦車は，砂漠での戦いで最高の高速性能が出せるようになっている）。イスラエルは搭乗員の安全を何よりも重視してきた。イスラエルは機械的な効率を犠牲にしてまで，エンジンを後部ではなく（通常は後部），搭乗員の前部に持ってきた。機甲戦ではほとんどの場合，戦車の正面装甲が被弾するため，エンジンで被弾の衝撃を吸収できるからである。アメリカは大量の燃料を消費する強力なタービン・エンジンを導入したが，それは戦場で膨大な量の燃料を簡単に補給できると考えたからである。

　技術における国家のスタイルは，予想される戦争がどのようなものとなるかという，デザインが固まる時点での政治の想定を反映している。たとえば，2006年にアメリカは統合攻撃戦闘機（Joint Strike Fighter: JSF）——短距離戦闘爆撃機——を相当数購入することになっていた。この決定はアメリカが敵と数百マイルの範囲で，おそらくは安全な固定基地に多数のアクセスを維持しながら戦闘するという政治の想定を反映している[1]。

　国家の設計スタイルの本質を理解するひとつの方法は，設計者が何を選び，何を犠牲にしたかを調べることである。技術者はだれでも，兵器に求められる性能のなかからいくつかを選択する。すべての軍事技術はこうした選択の反映である。戦車は3つの基本性能を備えている。防護，火力そして機動力である。装甲を厚くすれば，迅速な機動力が犠牲となる。小口径の低反動砲を搭載すれば，火力を犠牲にして機動力を得ることができる。馬力を増強すれば，戦車のサイズ（したがって防護）を犠牲にするか，あるいは走行距離（したがって機動力）を犠牲にすることになる。

　軍事技術も相互作用の過程を反映している。戦車は，エンジンや砲が発展したために現在のような60トンものモンスターになったわけではない。それは装甲が発展したからである。かつて戦車の装甲は均一の圧延鋼材から成形されていた。今日，戦車の装甲にはさまざまな材料が使われている。たとえば劣化ウランのような特殊金属，金属とセラミックが交互に層をなす複合材，そして金属と高性能爆薬をサンドウィッチ状に挟んだものまである。こうした変化は，劣化ウラン弾やいわゆる成形炸薬弾（装甲を貫通する高温の金属ジェット流を噴出するよう炸薬を成形した砲弾）のような，これまでよりもはるかに強力な対戦車兵器が開発されたことを反映している。平時においてさえ，手段と対抗

Box 7.1 M1A2 エイブラムズ 対 メルカヴァ Mk3

	M1A2 エイブラムズ	メルカヴァ Mk3
重量（全備）（トン）	69.54	62.9
全長（砲含む）（メートル）	9.8	8.8
全高（メートル）	2.9	2.8
全幅（メートル）	3.7	3.7
行動距離（マイル）	265	311
乗員（人）	4	4
路上最高速度（キロ／時）	90	55
主要武装	120 ミリ	120 ミリ
エンジン	ガスタービン	ディーゼル

　メルカヴァと M1 エイブラムズは似ている点もあれば，全く異なる点もある。メルカヴァは M1 に比べてはるかに遅い（おそらく半分程度の速度）。イスラエル軍は速度をそれほど重視しておらず，むしろ砲火を浴びながらの機動性，とりわけ溶岩だらけのゴラン高原での機動性を重視している。またイスラエル軍は，戦車に随伴する高速歩兵戦闘車両を保有していない。メルカヴァは後方にハッチがあるため，負傷者が脱出したり，乗員が敵に身をさらすことなく弾薬の補給ができるようになっている。これもまた，ゴラン高原で敵を食い止めるという特殊な事情に由来している。最後に，メルカヴァは，射入する砲弾をエンジンで受け止めることができるよう，エンジンを車体の前部に置いている。乗員を保護するために機械的な効率を犠牲にしているのである。M1 は並外れて良質（そして高価）な装甲で同様の効果を得ている。

出典：http://army-technology.com/projects/merkava/specs.html; http://www.army-technology.com/projects/abrams/index.html specs.

注：明らかにされている M1A2 エイブラムズの速度は非常に遅い。

M1A2 エイブラムズ［写真：U.S. Army］

メルカヴァ Mk3［Michael Mass 撮影：Yad la-Shiryon Museum］

第7章 技術と戦争

特徴的な形状の初期のステルス機 F-117 ナイトホーク ［写真：U.S. Air Force］

手段が設計者の選択を左右している。こうした相互作用は，兵器システムが「生態学的」な適所に収まるような，ある種の進化論的な過程を生み出す。鳥やトカゲは自分を捕食する動物に対して驚くほど多様な進化を遂げている。一方，捕食動物は餌を見つけ捕食できるよう幅広く適応している。それは兵器システムにも当てはまる。自然同様に，相互作用が思いがけない結果をもたらすことがある。ある種の適応では，特定の〔戦闘〕環境にきわめてうまく適応したために，別の戦場ではプラットフォーム〔航空機，艦船，戦車など兵器を搭載する移動体のこと〕が全く役に立たなくなる場合がある。たとえばステルス機の初期の二世代は，レーダー・エネルギーを分散，吸収するために機体表面を巧妙に成形し，探知を回避できるよう進化した。当時のレーダー技術では発見は困難（不可能ではなかったが）であった。しかし，その奇妙な形状のために，ほかの航空機よりも速度が遅く，操縦性に劣り，昼間には視認されやすかった。そのため，結局，夜間のみの兵器システムになってしまったのである。

　軍事技術を評価する際，隠れた技術にも注目しなければならない。たとえば第二次世界大戦でドイツの戦車がフランスの戦車よりも優れていたのは，装甲，砲，あるいはエンジンではなく，外から見てもほとんど気づかれないあるひとつの技術，すなわち無線にあった（Stolfi 1970）。軍事システムの最も重要な要素は，一般の人びとが見てすぐにそれとわかるような明白なものではない。しかし，そうした技術を確立しておくことは戦争では何よりも重要である。第二

次世界大戦中，南西太平洋でアメリカ軍は日本軍と戦っただけでなく病気とも戦った。殺虫剤の DDT は，爆撃機や戦艦と同じ程度に，ニューギニアの戦闘を勝利に導いたのである。

われわれは，単にシステム技術の部品ではなく，システム技術の役割を考えなければならない。小説家フォレスターが第二次世界大戦中の戦艦について次のように記している。

> 船を巨大な海獣と見なす考え方があった。艦橋（かんきょう）には海獣の頭脳があり，そこからは神経——電話や伝声管——が四方八方に走り，頭脳の命令を各部位に伝達し，命令を遂行する。エンジン・ルームは筋肉となり尻尾——スクリュー——を動かす。銃は海獣の歯であり爪である。見張り台に登れば艦橋全体が海獣の目となり，見張りが座って双眼鏡で海と空を見渡し，敵や獲物を求めていたるところを探す。一方，信号旗と無線機は海獣の声である。それで仲間に大声で警告し助けを求めて叫ぶことができる（Forester 1943: 22-3）。

戦争の進展とともに，船の頭脳は内部へと姿を隠し，現代の艦船のいわゆる戦闘指揮所になった。しかし，フォレスターはこう指摘する。船の性能は，すべての個別の技術の作用だけではなく，むしろ全体としての性能に基づいている。兵器システムという用語が使われているのは，まさしく技術を集積する技法が個々の技術の優秀さよりも重要だという事実を示唆している。ほかのたいていの活動に比べて，戦争では全体が部分の総和よりもはるかに大きくなる可能性がある。

最後の概念は技術的優位である。技術的優位が必ずしも決定的に重要であるということではないが，ほとんどの場合，それなりに重要である。かつてフラーは次のように述べた。ナポレオンでもクリミア戦争では凡庸なイギリスの将軍ラグラン卿に負けたであろう（Fuller 1945: 18）。その理由は簡単である。イギリス軍はライフル銃を持っていたのに，ナポレオンは滑腔（かっこう）型のマスケット銃だったからである。進んだ技術を持った国家が敵を凌駕する圧倒的な技術的優位で戦争を戦い，しかもこの技術的優位が決定的だと考えられるようになったのはつい最近のことである。技術的優位は必ずしも一様に拡大するわけではない。たとえば1991年の湾岸戦争では，一部のイラク軍の大砲（南アフリカ製

マスケット銃［写真：Antique Military Rifles］

G-5 榴弾砲）はアメリカのパラディン自走榴弾砲のような西側の大砲よりも 6 キロあるいはそれ以上も射程が長かった（正確には 30 キロ対 24 キロ）。同様にヴェトナム戦争では，ソ連製 130 ミリ砲はアメリカ製 155 ミリ砲よりも射程が長かった[2]。貧しい弱小の軍隊には豊かで強力な軍隊を驚かすニッチな能力があるのかもしれない。先端技術は劇的なものかもしれない（典型的な例は，ヘンリー・マティーニ・ライフルで武装したキチェナー卿率いるイギリス・エジプト歩兵部隊が銃火で〔オスマン・トルコ帝国の〕カリフのデルビッシュ軍を壊滅させたことである）し，あるいは夜間の空対空ミサイルにおける数秒の差や，戦車砲の有効射程における数百ヤード程度の差となるだけで，大したことはないのかもしれない。第二次世界大戦当時，ぞっとする程のけたたましいサイレンとともに現われたドイツの急降下爆撃機や，ヴェトナム戦争で遠く離れたジャングルの空から現れたアメリカ軍ヘリボーン部隊がそうだったように，技術的優位の効果には時間が経つにつれ薄らいでいく心理的な側面もある。あるいは技術的優位は商用技術ではほんのつかの間の差を表わしているのかもしれない（たとえば，湾岸戦争では商用 GPS 端末を調達したのはアメリカ軍であって，イラク軍ではなかった）。

🔑 KEY POINTS

- 軍事技術の発展について異なった理論が幅広くある。
- 軍事技術にはそれぞれの国家のスタイルが反映されることがよくある。
- それぞれの国家のスタイルは，さまざまな要因によって決まる。たとえば，政治の想定，兵器のさまざまな性能のあいだのトレード・オフ，相互作用の過程，隠れた技術，システム技術，先端技術の研究などである。

ヴェトナム戦争。ヘリで歩兵を運ぶヘリボーン戦術［写真：U.S. Army］

3　軍事技術の位置づけ

　軍事技術に動きがないときに軍事技術を理解するのはなかなか難しい。ナポレオン時代の海戦を描いた小説家，たとえばパトリック・オブライアン（Patrick O'Brian）やC. S. フォレスター（C. S. Forester）たちは努力を傾注して19世紀初頭の海上戦闘の複雑な技術を描写した（2人は非常にうまくまとめた）。軍事技術はつねに変化するため，軍事技術は描写するより理解するほうが難しい。事実，マーチン・ファン・クレフェルト（Martin van Creveld）が名づけた「発明の発明」によって，19世紀の中頃から軍事技術は着実に変化していった。昔から，軍人は馴染んだ技術を好んで新しい技術を疑いの目で拒否すると言われてきたが，それはいつも言い過ぎである。たとえば第一次世界大戦前にはヨーロッパ諸国の軍隊は，すでに機関銃と航空機を受け入れていた。昔も今も軍隊にとって，新技術がどのようにより広汎な変化をもたらすかを知るのは難しい。〔というのも〕組織が強いために，軍事組織は新技術を旧い知的な枠組みや運用上の枠組みに合わせようとする傾向があるからである。

　技術変化を評価する際の問題のひとつに，現在起こっている変化が質的変化

なのか，それとも量的変化なのかという疑問がある。それは，変化が表れるかどうかよりももっとやっかいな問題である。たとえば設計上のほんのいくつかの要素である速度，防護，機動力，積載重量などのわずかな増加も，それは量的な増加となる。このわずかな増加は累積効果をもたらすかもしれないが，しかしそのわずかな増加そのものがそれだけで戦争に劇的な変化をもたらすことにはならない。しかし，一見すると量的に思える変化が，実際には質的変化であることがある。たとえば初期の銃は高性能の長弓（ちょうきゅう）よりも殺傷力は弱かった。船舶用燃油エンジンは石炭動力エンジンに比べてそれほど速度を上げなかった。また第一世代の空対空ミサイルは機関砲よりもほんのわずかしか命中精度を向上させることができなかった。しかし，こうした変化はすべて，戦争遂行における大変動の予兆であった。長弓に習熟するには一生かかる。〔一方〕マスケット銃を使いこなすには数カ月の訓練で済む。轟音，煙，閃光といったマスケット銃につきものの特徴には敵への直接効果はなんらないものの，マスケット銃を長弓以上に恐ろしい，すなわち心理的効果のある兵器にした。燃油機関は乗員の数を減らし，船脚を速めた。そしておそらく最も重要なことは，世界中の油田を最重要の戦略的資産としたことである。空対空ミサイルには改良が加えられ，ほぼ限界にまで達した機関砲の能力をはるかに越え，視界の外の敵目標に対処できるようになった。

　現代の研究者はよく間違いを犯す。軍事組織（とくにアメリカ海軍）は，1960年代初期から，衛星航法システムを実験してきた（Friedman 2000）。しかし，一般の水兵，パイロットや兵士がGPSがあらゆる面で航法を職人技から科学あるいは単なる技術へと変えたことに気づくには1991年の湾岸戦争の経験を必要とした。対照的に，1940年代後期から1950年代の核兵器の登場に一部の専門家は，この新兵器に対応するためにすべての軍事組織を根本的に再編制しなければならなくなると確信した。しかし，結局のところ，特定の部隊が戦術や編制をこの新兵器に対応させただけだった（Bacevich 1986）。軍事組織やプラットフォームが足並みをそろえて変化するわけではない。軍事技術のなかには何十年にもわたってそれほど変化しない側面もある。航空母艦の飛行甲板を訪れてみよう。そうすれば多くの作業手順が半世紀間ほとんど変化していないことに驚くであろう。蒸気カタパルト——まさに紛（まが）うことなき20世紀半

ばの技術の一部——は，第二次世界大戦直後に考案されたアングルドデッキ（斜向甲板）からジェット機を飛ばしている。役割分担を示すためにさまざまな色模様の作業服を着用した乗員が，彼らの父親たちが朝鮮戦争で行ったのと全く同じように作業をしている。艦内では航空司令官やその幕僚が，大きな平らなテーブルの上で模型飛行機を使って航空機の動きを追いかけている。飛行甲板の下には明るく光るガラスの方眼航空図があって，すべての航空機の飛行状況を示している。重要な変化はある。より精密で強力な爆弾，著しく改良された情報伝達，そして性能の向上した航空機である。

戦闘機を飛び立たせる蒸気カタパルト [Mark J. Rebilas 撮影：U.S. Navy]

しかし，爆弾の構造は驚くほど変わらない。同じことは，飛行場に降下し占拠する落下傘部隊についても言えるかもしれない。C-130 輸送機は1950年代初期に設計，1956年に初めて配備された。そして機中に詰め込まれた兵士のパラシュートの基本デザインは第二次世界大戦にまでさかのぼる[3]。また，落下傘兵士の訓練，搭乗，降下の手順は本質的にいまも全く変わらない。

軍事作戦のなかには以前に比べ相当，変化しているものもある。たとえば大規模な砂漠での機甲戦闘は，第二次世界大戦の戦闘に似ている。重い装甲をかぶった獣の大群が何もない広い大地を駆け回り，あたり一面に煙と砂の雲を沸き立たせ，そしてより速く射撃し，より冷静になったほうが優位に立つような戦闘を，敵と味方が入り乱れて戦う。しかし，変わってしまったことも多い。今日の機甲戦は夜間でも可能である。快晴の日中に使用する光学機器よりもさまざまな面ではるかに優れている熱感知〔赤外線〕画像装置を使うからである。1973年のヨム・キプール戦争〔第四次中東戦争〕の夜間戦闘と比べても，現在の機甲戦はそれとは全くかけ離れている。ヨム・キプール戦争ではシリア軍戦車は日没後には発光弾を用いながら攻撃した。現代の機甲部隊では昼夜の視界に大差はない。車体の大きさは同じでも，現代の戦車の装甲，砲の威力，速

3 軍事技術の位置づけ

度は第二次世界大戦のころの戦車をはるかに凌いでいる。これらは重要な量的変化である。しかし，最大の変化は搭載兵器の精確さにある。並みの乗員でも（レーザー測距器や弾道計算機の助けを借りて）精確に照準された砲を使えば，数キロ先の目標に初弾を命中させることができる。これは戦車戦の戦闘では重要な変化である。

　戦闘方法を根本的に変えるような変化がときどき起きる。たとえば航空戦の初日の夜は，第二次世界大戦，朝鮮戦争そしてヴェトナム戦争当時と比べて，現在では全く別物である。優秀な空軍であれば，相手の防空戦闘機と消耗戦を戦って防空システムを弱らせるよりも，一晩か二晩で敵の防空システムを完全に無力化できる。精密誘導兵器——いまでは先進諸国の兵器庫ならどこにでもある——なら，少なくとも理論的には第一撃で相手を麻痺させることができるからである。それは空軍が昔からやっていたことを効率的にできるようになったということではない。過去にやろうとしてもできなかったことが可能になったということである。このようにして，たとえば，十分な情報や計画に基づいて統制のとれた空襲で，以前には大規模攻撃にも結構耐えられた目標（中継塔や交換施設など）を攻撃すれば，国家の通信システムを部分的に麻痺させることが可能になったのである。

🔑 KEY POINTS

- 軍事技術の役割を理解する際の問題のひとつは，絶え間なく変化が起きていることである。
- やっかいな問題は，質と量の変化の関係である。
- もうひとつのやっかいな問題は，効果が表れるのが遅い技術もあれば，すばやく効果が表れ，劇的なインパクトを与える技術もあることである。

4　RMA 論争

　ある一群の変化が同時に起これば，その結果は革命となる（と主張する軍人や歴史家もいる）。通常，軍事技術は緩急をつけながら，不均等に徐々に発展

していくに過ぎない。しかし，時にはいくつかの発展が同時に起こり，より広汎な変化をもたらすことがある。たとえば19世紀の中頃に，電報（文民当局者と軍司令官のあいだ，そして大きな部隊の司令官同士をリアルタイムで結ぶことができた），鉄道（冬季や包城戦のときの糧食や，兵士の大規模な運搬・移動を可能にした），そしてライフル（以前よりはるかに強力な攻撃力を歩兵に与えた）が組み合わさり，戦争を変えた。近代化された大規模な軍隊が参加した，ドイツ統一戦争やアメリカ南北戦争の密集隊形による戦闘は，ある期間内に集中的に限定された狭い場所で戦われる戦闘がもはや終わったことを意味した。少数ながら先見の明のある研究者が気づいたように，これらの戦争は第一次世界大戦での大虐殺の前兆であった。

1970年代後半から，研究者のなかには軍事における革命が進行中であると指摘する者がいた。ソ連の参謀総長ニコライ・オガルコフ（Nikolai Ogarkov）をはじめとする上級将校などソ連の専門家は，遠からず最新の通常兵器が戦術核兵器のような効果を持つであろうと考えた。長距離センサーや強力なレーダーを搭載した航空機と精密誘導兵器を組み合わせれば，戦闘地域に進入するずっと手前で武装部隊を発見して攻撃できる。ソ連軍指導者は同国より優れた技術基盤を有するアメリカがこうした技術を発展させ，その結果，ソ連が著しく不利になると考えた。というのもソ連は，同国西部の出撃拠点からヨーロッパに機甲部隊を波状的に繰り出す作戦に依拠していたからである。

西側陣営でも，それほど明確ではないにせよ，やはり似たような考えを抱く技術者たちがいた。彼らは精度や有効射程，とりわけ「情報」を組み合わせ，複数の標的を追尾し，また（その中から任意の標的を）選択することさえ可能な兵器システムを考えていた。1991年の湾岸戦争で将校から下士官まで幹部たちは，戦争の遂行に非常に大きな変化が起こったことを悟った。湾岸戦争の非対称性，精密誘導兵器の明白な効果，そして数多くの補助的軍事技術の出現（たとえば実際には技術の結集であるステルス技術）が多くの専門家に，戦争が根本的に変わったことを確信させたのである。湾岸戦争で初めて明らかになったこうした変化は，その後の10年間の比較的小規模な戦闘でも引き続き起きた。その戦闘とは，アメリカとイギリスが繰り返し実施したイラクへの空爆や，NATOがユーゴスラヴィアに実施した1995年のボスニア（「深慮の力」

4 RMA論争

作戦）や 1999 年のコソヴォ（「同盟の力」作戦）への軍事作戦である。昼夜を分かたぬ攻撃や主に誘導兵器を用いた攻撃で，アメリカ軍とその同盟国軍（アメリカに比べ小規模だが）は驚異的な精確さで作戦を遂行し，戦闘での損失はほとんど無視し得るほどであった。同様に特殊作戦部隊，無人偵察機そして精密誘導兵器（無誘導兵器も）を運搬する航空機を統合し，2001 年のアフガニスタン戦争では寄せ集めでしかないタリバン部隊に対して壊滅的な効果をもたらした。また上記に加え 2003 年には陸・空のアメリカ正規軍が 3 週間足らずでイラクを占領し，サダム・フセイン政権や貧弱で時代遅れが明白なイラク軍をたたき潰した。

　しかし，いまなおこうした変化を概念的に充分に説明することはできない。アメリカ統合参謀本部副議長ウィリアム・オーエンズ海軍大将は，実現はできないかもしれないが，新技術の究極の可能性を「システムのシステム」と名づけた（Owens and Offley 2000）。長距離の精密誘導兵器と広範な情報収集，監視，偵察とを統合し，情報の処理能力や伝達能力を大幅に改善することで，オーエンズは 200 マイル四方の範囲の地表にあるいかなる敵目標でも発見，破壊を期待できると考えた。アメリカ軍のなかには，クラウゼヴィッツの「戦争の霧」が一見全くないような弱い敵への軍事作戦のときでさえ霧は晴れないと主張し，1999 年に NATO がセルビア戦車部隊への航空機攻撃で限定的な成果しかあげられなかったことを例にとり，オーエンズの期待を技術者のおとぎ話としてあざ笑う者もいた。オーエンズ自身は，官僚制による弊害——とくにそれぞれの軍種文化への固執——が大きく，夢の実現の妨げになっていると述べている。

　実際，RMA（Revolution in Military Affairs, 軍事における革命）に関する議論はいまだに不充分である。大きな変化が起こっていることははっきりしている。しかし，新技術を単に説明するだけでは戦争でどのような変化が現れているかを説明することにはならない。これまで軍事的な検証が行われたのは，はるかに弱小な敵に対して全く不釣り合いなアメリカ軍や同盟国軍の戦いであった。たとえば 1999 年のユーゴスラヴィアの国民総生産は，アメリカの国防予算のほぼ 15 分の 1 しかなかった。かくも不釣り合いな対決の検証結果は，大きな変化が起こっていることを示す指標として役立つが，おそらく証拠とはならないであろう。RMA が起こった可能性はある。しかし，それを明らかにするに

はより大規模な紛争で証拠を集めなければならない。それには，近代軍がそうした変化を完全に実現するために主要大国に通常兵器分野で競争させねばならないということになる。現時点でそのような競争は存在しない。しかし，理論的には，中国が興隆しアメリカの太平洋での優越に対抗すれば，本当にRMAが起きているかどうかを知る機会となる可能性はある。とはいえ，戦争における技術の新時代には少なくとも3つの幅広い特色があることがわかる。それは，量より質の向上，兵器の多種化，そして商用軍事技術の重要性である。

◆量より質の向上

　将来の歴史家は，大規模戦争の時代をフランス革命から少なくとも20世紀の中葉までの期間と考えるであろう（たとえば前述のHoward 1975: 75ff）。この間の軍事力の主要形態は大規模な陸軍で，徴兵制（少なくとも戦時は）により徴兵され，重工業製品を一律に装備していた。最も効率的に国民や軍事物資を動員できた国家が最大の軍事力を生み出すことができた。これは（ソ連のような）大国であれ，（イスラエルのような）小国であれ，同じである。18世紀とは全く異なり，要するに，軍隊は大きければ大きいほど良いということである。18世紀は，特定の適正規模を越えると軍隊は作戦行動ができないと軍当局者が考えていた時代であり，また，戦争の方法や近代経済のおかげで市民社会が広範囲にわたる強制的兵役から免れていた時代であった。

　いまや大規模軍隊の時代はすでに過ぎ去った（Moskos et al. 2000参照）。世界第4位の規模のイラク軍が1991年にほぼ壊滅し，時代遅れの技術はより洗練された兵器の標的にしかならない時代が到来したことが明らかになった。世界を見わたすと，実質的に国防費を増加させた国々（たとえば中国やトルコなど）でさえ徴兵制を止め，軍隊の規模を縮小した。いくつかの発展が合わさって次のような変化が生まれた。民，軍の文化の両立がますます難しくなりつつあること，軍事訓練や軍事技術の支出が増大したこと，そして大規模軍事力が脆弱になったことである。しかし，何よりも重要なのは，現在姿を現しつつある戦闘用先端技術である。

　単純な思考実験によって，戦闘用先端技術の重要性を確かめることができる。佐官級の陸軍将校であればどのグループでもいいので，こう尋ねてもらいたい。

54両のM1戦車と少数の歩兵および支援火器からなるアメリカ軍の大隊規模の機甲任務部隊か，あるいは師団の砲兵部隊や補給部隊をとりそろえた300両以上の高性能T-72戦車からなるイラク共和国防衛隊一個師団の一体どちらの指揮をとりたいか，と。彼らは一致してアメリカの機甲任務部隊を選ぶであろう。優れた技術と良く訓練され統率された兵士が組み合わされば，ある種の戦闘では，これまでなら全く受け入れられないと思われていた戦力比――1対3あるいはそれよりももっと悪くても――でも，一見絶望的なほどに数で劣ると見られる側に勝利をもたらすことができる。たしかに，こうしたことは，すべての戦闘形態に同じように当てはまるというわけではないし，また特定の状況には当てはまらないこともある。しかし，たとえば第二次世界大戦当時に比べて相当に質が量に勝る現在では，当てはまる余地はなおも大いにある。さらに，その質というのは人間と技術の組み合わせにも存在する。よく訓練された部隊は二流の戦車や航空機を用いても，一流の兵器システムを用いる二流の部隊にはうまく対抗できるかもしれない。しかし，現実の世界ではそのような対決はめったに起こらない。たとえば新聞や週刊誌に掲載される粗雑でありきたりな軍事力比較や，損耗に基づくペンタゴン・モデルの一見科学的に見える見積もりなど，軍事力を評価する旧いシステムはもはや適用できない。軍事力の主要な特徴として質が登場したことで，もし間違っていなければであるが，軍事力を相対的に見積もる今日のシステムは時代遅れになってしまったのである。

◆兵器の多種化

19世紀から20世紀の大半，少しばかりの相違はつねにあったものの，世界の軍隊は同じような兵器を保有していた。20世紀の初頭でさえ，モーゼル銃はエンフィールド銃やレベル銃とは異なっていた。より重要な違いが現れ始めたのは第一次世界大戦のときである。たとえば連合国側は戦車に重点的に投資したが，ドイツはしなかった。そして第二次世界大戦までにはっきりと違いが現れた。アメリカとイギリスは，敵でも主要同盟国でもなかったソ連にも真似できないような重爆撃機を開発した。そのうえイギリスは，爆弾積載量が大きく精密な夜間航法装置を搭載した夜間爆撃に最適な航空機に力を注いだ。しかし，防護能力はほとんどなかった。一方，アメリカは産業施設を目標とする昼

間爆撃に専念した。とはいえ第二次世界大戦のあいだ、そして冷戦のほとんどのあいだでさえ、基本的な兵器システムは似通っていた。しかし、20世紀末までに兵器は生態系のような精緻な発展を遂げた。この発展は3つの部分からなる。実際の破壊手段の進化、ユニークなプラットフォームの出現、そして、より大きな軍事技術システムの創造である。

第一番目の発展の例は、イギリスの滑走路攻撃用爆弾JP-233である。この爆弾システムでは低空飛行するトルネード戦闘爆撃機が30発の貫通型ロケット弾と200個以上の撒布地雷を投下する。イギリス空軍は、爆弾の能力にあわせ戦術を開発し技能を訓練した。しかし、湾岸戦争で試してみたもののほとんど役に立たないうえに、イラクの滑走路上空を低空で直進して飛行しなければならないパイロットは大きな危険にさらされることがわかった。きわめて高価な爆弾であるJP-233は、実は、ヨーロッパでの通常紛争というひとつのシナリオに沿って開発された。その目的は、ワルシャワ条約軍の空軍基地を一時的に麻痺させ、西側と東側の戦争の初期に殺到するであろうソ連戦闘機を食い止め、そのあいだに数で劣るNATO軍が制空権を確保することにあった。しかし、湾岸戦争では、（質はさておき）数はイラクが優位であった。イラクの空軍基地はワルシャワ条約軍の空軍基地よりもはるかに大きかった。つまりイギリス軍パイロットはより長く（つまりより危険な状態）防御された周辺上空を飛行しなければならなかった。（ワルシャワ条約軍基地とは違って）イラクの空軍基地には数多くの滑走路や誘導路があり、被弾後もずっとそこで戦闘機の整備を行うことができた。しかし、数では勝っていたもののイラク軍戦闘機は旧式で、離陸する気配はほとんどなかった。

単純な高性能爆弾の時代は——終わっていないとしても——終わりに近い。対戦車ミサイルは単弾頭ではなく複数の弾頭を持ち、戦車の反応装甲を爆発させ、つぎに堅牢な複合装甲を貫通できるよう特別に設計されている。誘導爆弾には、単に幾層ものコンクリートや地面を貫通するだけでなく、目標とする（と思われる）階で爆発するよう、貫通した階数を数える高性能の弾頭をとりつけることもできる。

軍事技術は、もうひとつの方向にも多様化した。過去には一流の大国はすべて似たような兵器システムを保有していたが、もはやそのような事例はない。

Box 7.2 第二次世界大戦の戦闘機

	スピットファイア	P-51	Bf-109	ゼロ戦
運用開始時	1938年7月	1942年4月	1939年9月	1940年7月
重量（全備，ポンド）	5800	8800	5523	5313
航続距離（マイル）	395	950	412	1160
飛行速度（マイル／時）	364	387	354	331
武装	8×303インチ機関銃	4×20ミリ機関砲	2×7.92ミリ機関銃 2×20ミリ機関砲	2×7.7ミリ機関銃 2×20ミリ機関砲
エンジン出力（馬力）	1030	1150/1590	1100	940

多くの要素が航空機の性能に影響を及ぼしている。上記の統計は有効性を示す主要な指標のほんの一部である。たとえば，ほかの指標には上昇率や旋回率がある。しかし以下のいくつかの例外は示唆に富んでいる。日本軍は太平洋地域での作戦にゼロ戦を必要としたために，ゼロ戦の航続距離を驚くほど延伸した。航続距離が延ばせたのは，すばらしいデザインと装甲を外したことによる。その結果，操縦性は高まったものの脆弱な航空機となり，銃撃を受けるとよく撃墜された。P-51は，図体がばかでかい動物のような飛行機で，ライバル機種よりも50パーセント以上もの出力を発揮する強力なマーリン・エンジンが搭載された。こうして連合国軍はドイツ中心部に向かう爆撃機を護衛し，また機関砲だけでなく爆弾も搭載できる長距離戦闘機を保有することになった。より微妙な違い（たとえば，ドイツのBf-109や日本のゼロ戦の兵装の組み合わせに対して，アメリカとイギリスがそれ

〔たとえば〕B-2のような大型のステルス爆撃機を保有する余裕があるのは，唯一アメリカだけである。また，高性能の大型水上艦艇を保有する余裕のある国家は，ほんのわずかしかない。対照的に，ほとんどの国家が地対地弾道ミサイルを保有することができる。これは，どちらか一方に勝利が保証されているということではない。軍拡競争が高まれば非対称になっていくということである。たとえばシリアは1970年代末から1980年代初めにかけてイスラエルと通常戦力で均衡を得ようとしていた。しかし，空でイスラエル空軍と対抗することを止めてしまった。かわりに，シリアは高性能のソ連製防空システムと何千もの多種多様な地対地ミサイルやロケットに頼ることにした。

軍事の進化の第三の形態は，兵器システムそのものではなく，兵器システム

それ何を標準的な武器として選んだかの違い），たとえば航空火力で何を最優先するかを含め，武器の設計で，その国家がどのようなスタイルをとるかがわかる。

イギリスのスピットファイア［写真：U.S. Air Force］

アメリカの P-51［写真：U.S. Air Force］

ドイツの Bf-109［Royal Air Force 撮影：Imperial War Museums collections］

日本のゼロ戦［旧日本海軍撮影］

を超えたきわめて複雑なシステムの発展と関係がある。たとえば，湾岸戦争やユーゴ紛争で多国籍軍の空軍を管制した航空作戦センターのような，ネットワーク化された探知・指揮・統制システムはその一例である。しかし，ほかにもそうした例が今後必ず出てくるであろう。任務部隊のすべての艦船がシステム内の全データに基づいた画像を共有するアメリカ海軍の「共同交戦能力」はその先駆的な例である。また軍の要員が宇宙の近軌道にあるほとんどの物体を追跡し，宇宙船の動きを管制する宇宙指揮・統制システムもその例である。こうしたシステムでは，上位下達の従来の軍の指揮・統制システムがしだいに少なくなっている。情報が階層的に共有されることはさらに少なくなり，それとともに昔から皆が了解していたような権威が薄れてきた。

第7章 技術と戦争

情報 RMA によって進化したアメリカ軍戦闘指揮所（空母エンタープライズ内，2003 年）[Mate Rob Gaston 撮影：U.S. Navy]

　技術者は「システム統合」という言葉を使用するが，これは，目的を達成するためにさまざまな技術をひとつにまとめあげる技法のことを言う。必ずしもすべての国がそのような技法に優れているわけではない。航空・宇宙産業の成功が示すようにアメリカやヨーロッパの一部の国々がその技法を有している。日本にとっては比較的難しい技法であり，中国とロシアは両方をあわせ持っている（Hughes 1998）。通常，軍事力は国家がセンサーと兵器を組み合わせ，それを変化する環境にあわせて一緒に機能させることができるか否かにしだいに左右されるようになりつつある。軍事力の別の形態（一方にテロや低強度紛争，もう一方に大量破壊兵器）には，こうした質は不要である。

◆商用技術の興隆

　軍事技術の何パーセントかはつねに民生部門からの派生技術である。たとえば，第二次世界大戦中に何十万人もの連合国軍兵士を世界中の海岸に上陸させた有名なヒギンズ・ボートは，元々はフロリダ州のエバーグレーズ湿原の作業用に設計された小型ボートを改良したものである。より概括的に言えば，民生技術は戦争の遂行に，ときどき非常に大きな影響をもたらしてきた。電報や鉄道はもちろん，両方とも民生技術であった。しかし，第二次世界大戦後，先進諸国の軍隊は先端技術を開発するため，先例のないほど幅広い研究体制を構築した。軍需部門の発明は，ほかの分野に比べて民生分野に波及しやすかった。

アメリカ軍兵士をレイテ島に運ぶヒギンズ・ボート（1944 年）[写真：U.S. National Archives and Records Administration]

　全く大きさの異なる2つの技術，すなわち，トランジスタと現代のジェットエンジンを例にとれば，これらは軍事の研究開発から生まれた。情報化時代の初期も同様である。インターネットはアメリカ国防総省のアーパネット（ARPANET）が元になった。このシステムは核戦争の際に情報伝達ができるよう高等研究計画局（ARPA: Advanced Research Projects Agency）によって開発された。同様に，宇宙に据えつけられた探知システムは，宇宙を軍事目的に利用しようとする西側諸国やソ連の努力から生まれたものである。

　情報化時代は，この点で根本的に異なる。とくにソフトウェアの分野では民生技術が軍事に応用されている。スーパーコンピューター（かつては諸外国の暗号解読を任務とする国家安全保障局のような主に安全保障組織の特権であった）から大規模な並列処理，すなわち，いままでなら大型コンピューターにしかできなかった仕事を並列に連結した多数の小型コンピューターで行う処理法への移行は，幅広い技術移転の一例である。民生技術が軍事技術（たとえば宇宙据え付け型探知システムの技術）をリードしていないときでも，それほど民生技術が遅れていたわけではない。今日の民間衛星はほんの10年か20年前の軍事衛星とほぼ同じ（1メートルかそれ以下の）解像度を持っている。カーナビだけでなく地図，衛星画像，測位情報を求める旅行者は，コンピューターをインターネットに接続してキーを叩けば，すべての情報が無料で手に入る。研究開発のための巨額な資金やそれにともなう優秀な科学者の軍事部門から民生

部門への移転とともに，こうした傾向は今後も続くであろう。たしかに情報は，それを活用する軍事技術なしでは価値をもたない。しかし，情報，そして情報を処理する能力は，現代の通常戦争の核心である。

　以上の3つの傾向，すなわち，質の向上，兵器の多種化，商用技術の役割の増大は，一般的には発展した開放社会に有利に働く。これらの3つの傾向が必要とするのは製造のための高度な産業基盤，メンテナンスのための熟練労働力，そしてとりわけ情報を利用するための柔軟な組織である。これらは，民主主義国家でこそ見受けられる特性である。ほんの20〜30年ほど前，民主主義国家は権威主義国家や全体主義国家に対して，ほぼ逆転不可能なほど不利な立場にあると考える専門家が多かった。事実，弱点の多くは根が深い。たとえば優柔不断，移り気，放埓さといった気質や，最近では死傷者が出ることに非常に敏感になるなどの弱点である。しかし，こうした弱点やほかの弱点を上回るのが自由民主主義国家の力である。すなわちその富であり，その市民である。富は兵器の保有を可能にする。また市民は，技術の変化や流動的で平等な社会的関係性，つまり情報を抱え込むよりは共有したいという意欲を育むような社会的関係性をむしろ歓迎するのである。ともあれ当面は，情報技術の発展が自由民主主義国家の通常兵器における優位を確実なものとするように思われる。

> 🔑 **KEY POINTS**
> ・新たな戦争の時代には主要な3つの特徴がある。質の量に対する重要性，兵器の多種化，そして商用技術の役割の増大である。
> ・歴史には時折，いくつかの発展が同時に起こり，RMAを生み出すことがある。
> ・1991年の湾岸戦争後，多くの人びとに新たなRMAが起きていると思わせるような精度，射程，情報における変化が起こった。
> ・最近の非対称な敵同士の紛争を見ると，本当にRMAが起きたのかどうかの判断が難しい。

◆非対称な挑戦

　先端技術の向上とともに，先進諸国の通常軍が非正規軍の敵に手こずったり敗北するという明らかな戦略的パラドクスが起きている。イスラエルは南レバノンのヒズボラと10年ものあいだ（1991年から2000年，ただしそれ以前に

も小競り合いはあったが），勝利なき戦いを続けてきた。それは，ハイテク兵器で武装した圧倒的に優秀な軍隊が，狡智に長けた敵に敗北する驚くべき事例である。ヒズボラは，民主主義国家が犠牲者を出すことに敏感で，また一般市民が戦闘に巻き込まれるのを世界が懸念することにつけ込む方法を知っている。2003年にサダム・フセイン政権を

イラク駐留アメリカ軍に配備された IED 起爆装置（2005年）［Bobby J. Segovia 撮影：U.S. Marine Corps］

打倒した後，イラクに駐留するアメリカ軍は，迅速かつ激烈に，そしていっさいの抵抗を排除しながらバグダッドへ進撃したが，そのときよりも，IED（簡易爆発装置）のせいではるかに重大な犠牲をこうむるようになった。それ以前にはチェチェンでロシアも同様の経験を10年間味わっていた。こうした経験からゲリラ戦や非正規戦では，現代戦争での技術的優位の重要性が減少するあるいは失われるとの主張も現れた。

　それは必ずしも正しいとは言えない。現代のゲリラやテロリストは，携帯電話を高性能爆薬を起爆する電子起爆装置として利用している。一方ゲリラやテロを迎え撃つ側は，より高度な電子探知装置や無害化装置，IEDを仕掛ける人物を探し出す無人偵察機，そして特定の車両や建物の特定の部屋を破壊する誘導ミサイルなどを用いて対抗している。2004年11月のファルージャでの激しい市街戦でアメリカ陸軍および海兵隊は，何十人かの犠牲者を出した。それは，ヴェトナム戦争時でさえ市街戦にはつきものであった何百もの人数には至らなかった。これまでのあいだ，イスラエルは西岸とガザの市街地での作戦で，同じようにあまり犠牲者を出していない。技術は低強度紛争においても重要である。爆弾を製造する者と爆弾を捜索する者，待ち伏せをするゲリラとそれをすり抜けようとする車列，そして投票所を守ろうとする者と選挙を妨害しようとする者との戦いは今後も続くのである。

　同じことは技術的に劣る国家にとっての非対称戦略にも当てはまる。非民主主義国家は大量破壊兵器を搭載したミサイルによって，自分達よりも豊かな対

立国家の洗練された通常戦力の優位性に全面的にではないにせよ部分的に対抗できる。どんなに優れたミサイル防衛（すでに配備されているが，さらに開発が続けられている）でさえ，大量破壊兵器を搭載したミサイルの脅威から国家の安全を保障できるわけではない。しかしその一方で，先進国と発展途上国間の競争で，本当の核優位があるとするなら，それは先進国のものとなるであろう。それに続く手詰まり状況では，低強度紛争が全盛となるであろう。

　非正規戦は，戦術よりむしろ戦略という意味で，戦いの場を多少は公平なものにすることは間違いない。ゲリラ戦略やテロ戦略が機能するのは，世論や政治が意志の消耗戦に脆弱なときである。繁栄を謳歌する自由民主主義国家がこうした脅威にいつもうまく対処できるかどうかははっきりしない。民主主義は通常戦争を戦うことができるし，いまもそれは変わらない。しかし，民主主義国家にとってテロや反乱に対処するのははるかに困難である。というのも，長期的に見て民主主義の価値を 蝕（むしば）むような戦略，たとえば自国民に対する広範な監視活動，人口抑制そして暗殺などに頼ることができないからである。そのうえ，〔民主主義〕社会は，第二次世界大戦末期に東京，ドレスデン，広島の住民がこうむった犠牲に匹敵するような突然の大規模な犠牲に耐えなければならなかったことはいまだにない。豊かで自由な国がそのような災厄に直面して，はたしてどのようにして立ち直ることができるか，いまもなお検討が続いている。

　他方でこれまでのところ明らかになっているのは，先進自由主義国家が非正規軍の敵と戦うために生体認証からロボット工学まで最新のテクノロジーを用いて成果をあげていることである。イスラエルはパレスチナの第二次インティファーダを封じ込め，イスラエル側の犠牲者を減らし，過激派組織の中間および上層指導部に大きな打撃を与えることに成功した。これらはハイテクの効果や，社会が脅威とみなすものに直面したときに呼び覚まされる意志の有効性を物語っている。同様に，かなりの犠牲者（2009年の時点で3000人以上の死者とおよそその7倍の負傷者）を出し，また作戦の初期段階で論議を呼んだ非常に誤った作戦運用が行われたにもかかわらず，アメリカの一般市民はイラクでの対ゲリラ作戦に相当な忍耐力を示してきた。いずれの事例でも，ハイテクが一定の役割を果たして犠牲者数を減らし，ある程度の成果を収めることができ

たのである。

> 🔑 **KEY POINTS**
> ・通常兵器の技術的優位には，非正規戦や大量破壊兵器の威嚇といった非対称な対応で，ある程度は対抗できる。
> ・しかし，こうした環境で戦われる紛争でハイテクは引き続き一定の役割を果たす。
> ・いずれにせよ重要な問題は，はたしてそのような紛争に耐える意志が社会にあるかどうかである。

5 新技術の挑戦

　新しい軍事技術の優位を脅かす非対称の脅威は，脅威とわかるまでにいくぶん時間を要する。一方，現代の軍隊が情報革命によってもたらされる難問に対処するのは，かなり難しい。難問のひとつは，人事にかかわることである。工業時代の軍隊は，いくつかのレベルで民間企業と似ていた。そのため，わりと簡単に民間企業と競い合うことができた。兵士，下士官，将校からなる階級制度は，労働者，現場監督，管理職という民間の職位制度を反映したものであった。給与体系と階級構造は似ていたのである。民間同様に軍隊でも，技術専門職にはより多くの給与を支払う余地はあったが。

　情報時代になると，軍事組織と民間組織との類似は失われてしまった。軍事組織は民間組織の多くと比べて依然として階層的なままである。しかし，より重要なことは，軍事組織が必要な人材を得ることがますます難しくなっていることである。民間部門のソフトウェア技術者は高給取りの自律心旺盛な労働者で，あまり監督命令を受けないでも働く。こうした分野で軍隊が技術のある男女を募集する（そしてより重要なことは引き止めておく）のは至難の技である。同様に，能力のある積極的な若い将校は，軍隊の外にはさまざまな可能性が開けていることを昔よりもずっと熟知している。仕事の機会に恵まれた時代に彼らを軍に引き止めようとしても非常にむずかしい。それは単に給与格差がある

第7章 技術と戦争

——これまでもつねに存在していた——というだけではなく，民間部門にはしばしば，変化や自主性，そしてしばられることのない責任などの機会がはるかに多いからである。

　情報技術は戦争の遂行に別の，おそらくもっと微妙な影響を与えている。一般には情報の流れが大きくなればなるほど，情報を集中的に統制できる可能性が高くなる。たとえば第二次世界大戦中，イギリス海軍とアメリカ軍は，沿岸部に対潜水艦戦基地を集約し，そこでは信頼性の高い長波無線通信と情報収集におけるきわめて重要な進歩を利用した。しかし，そのような事態の推移はきわめて例外的であった。今日，テレビ会議や電子データ伝送を用いれば，首都にいる将軍たちは部下を間近で監督できる。こうした影響は軍の階層全体に及んでいる。中間あるいは上級の軍指導者にとって，下級将校の問題を自ら管理したいとの衝動をいかに抑えるかが悩みのひとつとなっている。その気持ちが大きくなればなるほど，軍事行動がますます政治的に見られるようになってきた。作戦に失敗すれば，その結果は直ちにCNNや何百ものウェブサイトに流れる。そのため，上級の当局者たちはますます技術を用いて可能な限り情報を統制しようとする。

　今日，戦争はビデオカメラや地上と結ばれた衛星の監視のもとで行われることが多い。たとえば1990年代初頭のソマリア介入では，アメリカ海軍特殊部隊（SEALs）が正規軍に先立って（1992年12月8日）海岸に上陸した。そこに待ち受けていたのは，慎重に行動する兵士の目がくらむほど煌々とライトを照らすジャーナリストの一団であった。例外はある。たとえばロシア軍は第二次チェチェン紛争ではほとんどのあいだ，報道関係者を排除した。またルワンダでは，ジャーナリストが十分に取材をする前に大虐殺が起こった。しかし，パレスチナ人の暴動がきっかけで2000年に再発したアラブ・イスラエル紛争ではいつもどおりになり，ジャーナリストは投石や銃撃（実際にはやらせも多かった）を取材することができた。戦争につきものの宣伝はアラブ・イスラエル紛争では中心的な要素になった。従来のように地勢や戦術を考慮するだけでなく，双方とも宣伝も考慮に入れながら軍事活動を組み立てた。大人たちは策をめぐらし，投石するパレスチナの子供たちを移動させ，最適の撮影位置に立たせた。そしてライフルで武装した19歳の兵士たちに14歳の子供たちが石で立

ち向かう姿を撮影させたのである。一方，イスラエル軍は攻撃ヘリコプターが空き家を銃撃で吹き飛ばすといった最悪の失敗を犯してからは，確実にジャーナリストを避けるために，再び狙撃，夜間の誘拐や暗殺を行うようになった。紛争がサイバースペースに拡大するにつれ，イスラエル，アラブの双方ともウェブサイトを立ち上げ，また相手のウェブサイトを破壊した。現実空間そして仮想空間の戦場は，複雑に絡まり合いひとつになっていった。イラク戦争でもこのような成り行きとなり，さらにひどい状況になった。反政府勢力は誘拐やおぞましい斬首を行い，それをアラビア語のテレビ放送で放映するだけでなく，イスラム原理主義勢力のウェブサイトにビデオクリップで流した。その目的は，敵を脅迫し，外国の開発援助の意欲をそぎ，新たに支援者を獲得することにあった。そのうえ，これはある程度，うまくいったのである。

🔑 KEY POINTS

- 軍が専門技術を維持するうえで，民間部門が大きな問題をもたらしている。
- 情報技術は軍の統制をさらに集中化することになる。
- メディアの紛争報道が軍の指導者や政治指導者にとって難問となっている。

6　おわりに──軍事技術の将来

　軍事技術は，前世紀よりもはるかに複雑な環境を生み出している。その影響について概括すれば，過去大きな戦争があまりなかった場で現在軍事技術の影響が大きくなっているということである。それに呼応して軍隊が直面する難問は非常に多くなった。

　新技術がもたらす変化に終わりはない。複数の国がますます容易に宇宙にアクセスでき，日常的な通信，交通管制，情報収集のために宇宙に依存するようになると，ほぼ確実に戦争が宇宙にまで拡大するであろう。いまのところどの国家も，相手の衛星や地上の目標を無力化あるいは破壊できるような兵器を宇宙に配備したことはないようだし，少なくとも使用したことはないようである。

第7章 技術と戦争

　複数の国家が宇宙配備システムに影響を与えられるような地上配備の技術を実験したことはあったが、まだ使用したことはない。しかし、これらが使用可能なことは次のような技術から明らかである。たとえば衛星を観測不能にするレーザー光線、あるいは宇宙から何百マイルも離れた地上の目標に向けてすさまじい運動エネルギーで猛突進する金属弾などである。いったん、宇宙で全面戦争が始まれば、第一次世界大戦の航空戦の開幕と同じくらい大きな変化となるであろう。

　戦闘はサイバースペースにも移りつつあるようだ。いたずら好きなティーンエイジャー、頭脳優秀な犯罪者、または邪悪な組織がコンピューターシステムを破壊するという話はこれまでもあった。それにもかかわらずサイバー攻撃だけで多数の生命や財産が失われるような、大規模な損害が実際に起きる明らかな証拠はないようである。しかし、それは依然として理論的には起こり得る。宇宙での〔戦争の〕機会が広がるとともに、サイバースペースにおける戦争の潜在的可能性が現実のものとなれば、相当に異なっているとはいえ通常戦争に似た組織、概念、そして紛争のパターンなどがいっきに現われるであろう。

　現在進行中の第三の変化は製造における進歩、とりわけナノテクノロジー、ロボット工学そして人工知能などの進歩にある。人間が戦場からいなくなるなどということは（単に戦場に人間はつきものだからという一点だけでも）まずありそうにもない。その一方で、危険な任務の多くは小型で自律型の高性能兵器に移り、匍匐したり飛行したり、あるいは単に待ち伏せをして、敵を識別し攻撃する。生き物のような超高性能型地雷は自動的に敷設位置を変えることで、これまでの部隊の移動や作戦をきわめて困難にするであろう。より重要なことは、そのような兵器の創造によって人間が判断能力をシリコンチップに徐々に譲り始めたということである。いくつかの分野ではすでにそうした事態がかなり進んでいる。たとえば現代の航空機は本来は非常に不安定であり、人間よりもむしろ自動システムによって安定を調整する必要がある。

　これらすべての事例における技術変化の最も興味深い重要な結果は、以下の問いに技術変化がどのような影響を与えるかということから恐らくは引き出されるだろう。人間がどのように戦争を考え、そしてどのように戦争を遂行するのか、すなわち軍事行動をどのように考えるのか、任務をどのように割り振る

のか，軍事効果をどのように算定するのか，手段と目的をどのように調和させるのか，である。しかし，おそらく最も重大な変化である第四の変化が不気味にもすでにしだいに大きくその姿を現わしつつある。生物科学によって人間の本性を変えられるようになりつつあるのだ（Fukuyama 1999）。ギリシアの哲学者たちが好奇心をもった理論的な可能性も，現代では科学者の挑戦の対象となった。だれも疑う者はいないであろうが，アドルフ・ヒトラーやサダム・フセインのような者であれば，バイオテクノロジーの知恵を利用して，目的達成のためには恐れを知らず死をものともしないスーパー兵士のような新しい種類の人間をつくりだしたであろう。戦争に対するわれわれの共通理解は，ホメロスやトゥキュディデスの時代から全く変わらないまさに人間の特徴に根ざしている。しかし，ホモサピエンスという同一の種が戦争を続けてきたという理由だけで，そうなのである。いつかわからないが，もし人間がある者は人間以下，またある者は，いくつかの点で超人的なさまざまな生物に置き代わってしまえば，戦争はこれまでの人類の紛争とは異なった，相争う蟻塚同士の残虐な闘争や狼の群れが鹿の群れに襲いかかるような活動となってしまうであろう。

Q 問題

1. 戦車のような代表的な軍事技術をとりあげ，いくつかの事例を用いて，これらの装甲車両のデザインに組み込まれた国家のスタイルの特徴を考察せよ。
2. ステルス技術とは何か。相互作用の概念はステルス技術に応用可能か。
3. どのような場合に軍事技術に高度な技術的専門知識や教育が求められるのか。またどのような場合に軍事技術にそうした要求が少なくなったり不要となるのか。
4. 軍事技術のなかでアメリカだけが実用化した技術にはどのようなものがあるか。ほかの主要大国，小国あるいは非国家主体についてはどうか。
5. 「先端技術」にはどのような例があるのか。国家は他国に対してどの程度，先端技術の優位を保つことができるか。
6. サイバー戦争は本当に「戦争」か。サイバー戦争をもっとうまく説明するほかのたとえはないのか。
7. もし戦争が宇宙に拡大したとすれば，そこにはどのような意味合いがあるのか。商用技術や軍事技術に，いま以上に影響を与えるであろうか。
8. ゲリラ戦やテロ作戦を含めて非正規戦を遂行するのに最も有用な技術とは何か。
9. 技術戦争の性質の変化や諸問題に対処するには，権威主義・全体主義体制よりも

民主主義体制のほうが有利なのか。
10. 政府が現在の規範を破って兵士の能力を高めることを可能にする生物科学の進歩の戦略的，道徳的意味合いは何か。

文献ガイド

加藤朗『兵器の歴史』芙蓉書房出版，2008年
> ▷兵器を身体の模倣ととらえ，身体機能の延長・拡張という視点から，破壊体，発射体，運搬体，運用体という兵器の４つのモジュールごとに，それぞれの兵器の発展の歴史を石器時代から現代まで概説した書。

ダニカン，ジェームズ／岡芳輝訳『新・戦争のテクノロジー』河出書房新社，1992年
> ▷多岐，細部にわたり兵器技術から戦争を多角的に読み解く非常に浩瀚な概説書。ハードとしての兵器とソフトとしての戦略の相互関係が詳述されている。大著ではあるが基本文献として有用。

中村好寿『軍事革命（RMA）——"情報"が戦争を変える』中公新書，2001年
> ▷湾岸戦争でのアメリカ軍の戦闘を事例に，情報という視点からRMAを論究した日本人の手による現代RMA論の基本文献。要打撃と同時打撃における情報の重要性を指摘。

ノックス，マクレガー，ウィリアムソン・マーレー／今村伸哉訳『軍事革命とRMAの戦略史——軍事革命の史的変遷1300～2050年』芙蓉書房出版，2004年
> ▷14世紀から第二次世界大戦までの８つの事例をとりあげ，兵器の発展が戦争をどのように変化させてきたかを歴史的に考察し，21世紀前半までの戦争を見通した概説書。

パーカー，ジェフリー／大久保桂子訳『長篠合戦の世界史——ヨーロッパ軍事革命の衝撃1500～1800年』同文館，1995年
> ▷邦題とは異なり長篠合戦が必ずしも主題ではないが，銃の登場が築城術を，またフリゲート艦の登場が海上戦闘をどのように変化させたかを分析し，歴史上のRMAについて考察。

エリス，ジョン／越智道雄訳『機関銃の社会史』平凡社，1993年
> ▷兵器の発明や発展は，戦争ではなくむしろ社会によって促されるという事実を，アメリカ南北戦争やアフリカでの植民地戦争，あるいは日露戦争で機関銃が使用された社会的背景の分析から明らかにした好著。

トフラー，アルビン，ハイジ・トフラー／徳山二郎訳『アルビン・トフラーの戦争と平和』フジテレビ出版，1993年
> ▷農業，工業，情報の産業構造が兵器技術を決定し，ひいては戦争の形態を決定するという視点から，情報時代である現代のRMAを考察した概説書。トフラーの「第

三の波」の概念を現代の戦争に応用している。

【注】

1) JSFの通常型の戦闘航続距離は，600マイル足らずである。ただし，この数字は精査する必要がある。というのも本当の戦闘航続距離は公表されたこの数字よりも短いことが知られていたからである（Lockheed Martin Corp., "F-35 Lightning II: The Future is Flying." n.d. Accessed at http://www.lockheedmartin.com/data/assets/aeronautics/products/f35/A07-20536AF-35Broc.pdf）。

2) このことは，南ヴェトナム軍がアメリカ軍の大規模な火器管制やエア・パワー〔航空戦力〕を欠いたまま戦争を引き継ぐにつれ，さらにやっかいな問題となった。David Ewing Ott, Field Artillery, 1954-1973, Vietnam Studies (Washington, DC: Department of the Army, 1975), p.226. ソ連のM9154（M-46）の射程距離は27.5キロ，M-114の155ミリ榴弾砲の射程距離は14.6キロ。もちろん両軍で，多くのさまざまな砲が使用された（http://en.wikipedea.org/wiki/130_mm_towed_field_gun_M1954_(M-46)and http://en.wikipedia.org/wiki/M144_155_mm_howitzer）。

3) T-10パラシュートは1950年代の改良型で，それは順々にさかのぼると第二次世界大戦（1944年に導入されたT-7型）にまで行き着く。T-10パラシュートは操縦できないために，まもなく別のパラシュートに交換されると思われる。問題のひとつは，装備を合わせて約250ポンドの重さの兵士のために設計されたパラシュートが，150ポンドかそれ以上もの重さがあることである。特殊部隊はもっと高性能で操縦可能なパラシュートを使用している（とくに以下を参照, http://www.globalsecurity.org/military/systems/aircraft/systems/t-10.htm）。

第8章
インテリジェンスと戦略

本章の内容
1. はじめに
2. インテリジェンスとは何か
3. アメリカの戦略を推進するものとしてのインテリジェンス
4. 戦略的奇襲——原因と対処法
5. 9.11以後の世界のインテリジェンス
6. おわりに

読者のためのガイド

　本章では，インテリジェンスは戦略の成功をもたらし得る一方で，成功を保証するものではないという，そのあり方について考察する。本章ではまず，インテリジェンスとは何か，そして戦略家がその有用性についてどのように論じてきたかについて言及する。つぎに，冷戦期における封じ込めや抑止戦略を支える試みとしてのアメリカのインテリジェンスの発展を振り返る。続いて，真珠湾攻撃，1962年のキューバ・ミサイル危機，1973年の第四次中東戦争（ヨム・キプール戦争），そして2001年の9.11アメリカ同時多発テロ事件といった重要な歴史的事例を用いて，「戦略的奇襲 (strategic surprise)」の問題と原因について分析する。また，避けることのできないインテリジェンスの失敗〔情報の失敗とも呼ばれる〕に対してとり得るいくつかの対処法を示しながら，完全な対策は存在しないと結論づける。さらには，グローバリゼーション，国境を越える脅威，情報の氾濫，予防〔攻撃〕・先制〔攻撃〕の戦略が広がる世界において，インテリジェンスが直面する課題の一部についても明らかにしていく。

1 はじめに

　優れた戦略は，戦争の本質，国際システムの重要な側面，そして敵対国の意図や能力について理解することに依拠している[1]。それゆえ，当然ながら戦略は優れたインテリジェンスに基づかねばならない。しかし，戦略理論家のなかには，インテリジェンスの重要性を認めはするものの，その質や信頼性をめぐって不満を表明する者も少なくない。戦略理論家はインテリジェンスの役割について，楽観派と悲観派に二分される。楽観派に属する孫子は，戦争の当事者に対して「彼れを知りて己れを知れば，百戦して殆うからず」と忠告した（Sun Tzu 1963, 邦訳41〜42ページ）。悲観派のカール・フォン・クラウゼヴィッツは，その著作のなかでインテリジェンスの価値をほとんど認めておらず，「情報の多くは互に矛盾している，それよりも更に多くの部分は誤っている，そして最も多くの部分はかなり不確実である」と結論づけている（Clausewitz 1982, 邦訳上巻128ページ）。しかしながら，戦略が遭遇し得る問題や機会を評価せずに，戦略の形成も実践もできないことは双方が認めているのである。そのことは現代の政策決定者であっても変わりはない。アメリカ政府のある高官は，過去数代にわたる政権の政策決定者を次のように表現している。「〔政府に〕入ったときには懐疑的だった者もしだいに〔インテリジェンスに〕依存するようになるか，少なくとも頼りにするようになった。最初からお気に入りだった者は『私にしてくれることはそれだけか』と言い出した」のである（Center for the Study of Intelligence 2004）。

　歴史を通じて，インテリジェンスは国家戦略の形成と実践において役割を果たしてきた。モーゼはカナンの地にスパイを派遣した。ナポレオンの時代には，外交官が君主や首相の名代としての役目を果たしながら，しばしばスパイとしての役割も担っていた。ポール・リヴィア（Paul Revere）はイギリスがやってくることを知らせて最初の戦争の「警報」を植民地人にもたらしたという者もいるであろう。ジョージ・ワシントン（George Washington）将軍はイギリスに対する工作員に資金を配分していたので，事実上，アメリカの情報機関の初

代長官であった。1941年，日本の軍用暗号を解読したことにより，日本が交渉を決裂させて戦争に訴えかけることを検討しているという機密情報がアメリカの交渉担当者にもたらされた。この警告は，真珠湾攻撃を回避できるほど明確に認識されていたわけではなかった。しかし，この暗号解読は1942年のミッドウェー海戦において日本の艦隊を撃滅するうえで結果的に役立ったのである。1944年，ドワイト・アイゼンハウワー（Dwight Eisenhower）は，ノルマンディー上陸作戦に関してヒトラーのドイツを欺くために最も大胆な戦略的偽装作戦のひとつを立案したが，この作戦は連合国側の意図に対するナチスの先入観の正確な分析に基づいていた。実際に，アイゼンハウワーとイギリスの首相であったウィンストン・チャーチル（Winston Churchill）は，連合国側のインテリジェンスを戦争目的に合致させて活用する方法について，鋭い感覚を持

1 はじめに

Box 8.1　インテリジェンスの定義

「対外インテリジェンス」という用語は，外国政府，もしくはその一部，あるいは外国の組織や人物の能力，意図，活動に関する情報を意味する。
　　　　　　　　　　　　　　——アメリカの国家安全保障法（1947年）

私の言うインテリジェンスとは，高い地位にある文民と軍人が国家の安寧を守るために不可欠な知識のことである。　　——シャーマン・ケント（1949年）

インテリジェンスは公然とは入手できない情報，あるいは少なくとも部分的にはそうした情報に基づく分析であり，政府内の政策決定者などの主体のために用意されたものである。　　　　　　　　　　　　　——外交評議会（1996年）

最も端的に言えば，インテリジェンスはわれわれを取り囲む世界についての知識や予測——アメリカの政策決定者の決断や行為の前提である。
　　　　——中央情報局（CIA）『インテリジェンス利用者の手引き』（1999年）

観察，調査，分析，あるいは解釈を通じて得られた敵についての情報や知識のこと。　　　——アメリカ統合参謀本部，『統合出版物1-02』（2001年4月）

以上，Warner（2002）より引用

っていた政策決定者として抜きん出た存在なのである。

　インテリジェンスは，冷戦期のアメリカの封じ込めと抑止政策を支える戦略の主たる要素であった。今日では，グローバルなテロリズムの打破という課題や大量破壊兵器（WMD）の拡散への対応において，中心的な地位を占めている。情報活動は拡大し，これまで以上に複雑になっており，国家安全保障戦略を支えるために，そうした活動をいっそう効果的に導いていくことに関心が集まっている。1990年代に一部の人びとが考えたように，冷戦後の世界においてインテリジェンスが不要になることはなく，最初の「国家情報戦略」——2005年10月に公表された——は，アメリカにおける戦略論争の大きな特色となっている。その目標には，国内外におけるテロリズムの打破，WMDの拡散の防止・対抗，最も困難な目標に対する潜入と分析，戦略的懸念の発生についての予測，政策決定者にとっての好機と脆弱性の識別が含まれているのである（Director of National Intelligence 2005）。

2　インテリジェンスとは何か

　インテリジェンスという用語は，アメリカ政府の内外を問わず人びとが入手できる広範な情報と区別するため，政府機関によって政策担当者に提供される情報のみを指して一般的に用いられる。インテリジェンスは，秘密裏の手段や技術システム（たとえば，地球の軌道上にある衛星，通信や電子情報の監視）を通じて収集された秘密情報であることが多い。こうした情報を収集するために用いられる情報源や手段は危ういのみならず，費用がかかり，脆弱であることが多く，政府が認めないかたちで敵対国に暴露されるとアメリカの国家安全保障を損なうことになる。それゆえ，インテリジェンスの任務の一部には，こうした情報を防護すること（防諜活動〔counter-intelligence〕と呼ばれる）に加え，敵対国の情報機関に侵入すること（対スパイ活動〔counter-espionage〕）がある。インテリジェンスによる情報は，政府関係者の要求や需要に具体的に応じるために「仕立て」られてもいる。一般的に言えば，インテリジェンスは外

国政府の政策，意図，能力に着目するが，アメリカやその同盟国を脅かす非国家主体の計画や活動についてもしだいに関心を向けるようになっている。現在のインテリジェンス・コミュニティーは秘密情報を収集・分析し，アメリカ政府全体に発信することを目的としているが，インテリジェンスとはこのコミュニティーを構成する16の独立した機関によって用いられるプログラムやプロセスとしても理解できる。最終的なインテリジェンスの成果物は次のような「インテリジェンス・サイクル」を反映してつくられる。政策決定者にとっての必要性が，収集する必要のある情報の要件へと変換され，最終的なインテリジェンスの報告の分析・記述へとつながり，そしてその情報の本来の要求者へと発信されるのである。

　こうしたインテリジェンスのプログラムやプロセスには，アメリカ政府全体の数百にのぼる個別のプログラムや数千もの人びとの調整が必要とされる。本章の執筆時点において，そうした活動は最大10万の人員と年間470億ドルの費用を要している。これらの人員や組織は莫大な量にのぼる生の（未評価の）情報を日常的に収集し，うわさ，プロパガンダ，作り話から事実を選別して抽出している。また，最も価値ある知見を探し求め，ある事象がアメリカの政策的利益に与える意義や影響について，分析に基づいて重要な判断を下すために解釈し，アメリカやその同盟国，友好国の政府の上層部にいる文民・軍人の政策決定者に伝達しているのである。

◆インテリジェンスの収集

　収集された生のインテリジェンス情報は，アメリカのインテリジェンス資源の最も大きな部分（約80パーセント）を占めている。情報収集の試みの大半は国防総省の内部で行われている。国防総省に所属する国家安全保障局（National Security Agency）は主要な通信情報（Signals Intelligence: SIGINT〔シギント〕）プログラムを実施する一方，国家偵察局（National Reconnaissance Office）は大規模な衛星偵察プログラムを立案，実施し，国家地球空間情報局（National Geo-spatial Intelligence Agency）は衛星による情報収集システムから生み出された画像を活用・分析している。これらの部局はアメリカが軍事作戦を実施するうえでとりわけ欠かせないものと考えられており，アメリカのインテリジェン

第8章 インテリジェンスと戦略

アメリカのシギントを担う国家安全保障局本部（メリーランド州フォート・ジョージ・ミード陸軍基地内）［写真：National Security Agency］

ス・コミュニティーの「戦闘支援」部門として指定され，適切な予算や人員の配分と管理が確実に行われるよう国防長官は特別に配慮している。そのほかに，中央情報局（Central Intelligence Agency: CIA）は隠密のヒューミント（Human Source Intelligence: HUMINT），つまり人間〔スパイ〕による情報の収集を中心とした主要なインテリジェンス・プログラムを実施している。敵対国やテロリスト集団の内部組織に侵入できるシークレット・エージェント（秘密諜報員）を取り込むという古典的な仕事は，CIAの国家秘密局の範疇に入る。その担当官（ケース・オフィサー）は，インテリジェンスの重要目標を識別し，アメリカに対する敵の計画や意図を察知するために世界中に派遣される。そうした情報は，上空の衛星や電子通信の傍受では容易に収集できないものである。

新しいことではないが，いわゆる「オープン・ソース（公開されている情報源）」の情報を世界中から収集することも重要になりつつある。外国の出版物を購読し，ラジオやテレビの放送を視聴することへの関心はつねにあった。アメリカの戦略家ジョージ・ケナン（George Kennan）は，政策決定者が知っておくべきことの95パーセントは，図書館，新聞，放送から探し出せると述べたことがある。しかし，インターネットの発明により，外国のオープン・ソースの情報の量と範囲が劇的に拡大したため，インテリジェンス・コミュニティーにおけるオープン・ソース・センター（Open Source Center）の設置につながった。このセンターが数百万の出版物，放送，ウェブサイトを監視し，情報分析官と政策決定者の双方に向けてメディアに関する報告書が作成されているのである。

Box 8.2 インテリジェンスの収集——情報源と手法

- あらゆる情報源に基づくインテリジェンスの最終成果物は，秘密裏に，あるいは公然と収集された複数の情報をまとめ，それらを慎重に比較考量することで生み出される。こうした情報はさまざまな情報源から得られる。
- 人的情報（ヒューミント）は，外交官や駐在武官によって公然と収集されるか，もしくは外敵の計画，意図，能力に通じた外国にいるエージェントによって秘密裏に得られる。
- 通信情報（シギント）は，敵の通信といった電子的システムの技術的な傍受や活用のことである。
- 画像情報（Imagery Intelligence: IMINT〔イミント〕）は，地上，空中，宇宙に配備された画像システム（衛星であることが多い）が光学画像，電気光学，レーダー，もしくは赤外線センサーを用いることで収集される。
- オープン・ソース・インテリジェンス（Open Source Intelligence: OPINT〔オピント〕）は，外国の放送や報道に加え増加しつつあるインターネットのウェブサイトの，収集・翻訳・分析である。

◆インテリジェンスの分析

　インテリジェンスの業務において最も費用のかからないのが分析である。各国を担当する情報分析官や技術情報分析官は，パートナーが収集した数百万もの秘密報告書，電子的な傍受情報やデジタル画像を検討することになっている。こうした分析官は，中央情報局，防衛情報局（Defense Intelligence Agency），国務省情報調査局（Bureau of Intelligence and Research），あるいは連邦捜査局（Federal Bureau of Investigation: FBI），国土安全保障省（Department of Homeland Security）やその他の安全保障関係機関の小規模な部署に所属している。彼らは，効果的な国家安全保障戦略を形成し，実行するために必要な知識をアメリカの政策担当者に提供する責務を負っているのである。そして，彼らはこのような分析を，行政府から議会にわたる広い範囲の政府関係者に対して，書類，口頭，電子媒体によって提供している。最も機密度が高く，内々に作成される大統領日報（President's Daily Brief）から，秘密指定されているインテリジェンス・コミュニティーのウェブサイト（INTELINKと呼ばれる）まで，こうした分析は大統領から外交官，現場の指揮官に至る多彩な政策決定者に応

第8章 インテリジェンスと戦略

じて加工される。これらの報告の目的は、政策決定者に対して情報提供するとともに、アメリカの戦略を推進する政策の形成・実施、脅威の認識、そして海外の敵の行動や意図についての評価を可能にすることである。しかし、情報分析官が政策担当者を完全に納得させるほど十分な事実関係の詳細や、かなり確度の高い予測を提供することはほとんどない。

それゆえ、情報分析官の任務は、まず既知と未知の部分を慎重に区別し、次にこれから発生する可能性が高いと信じる事象を提示したうえで、なぜそれが重要かを説明することにある。こうしたインテリジェンスによる判断に留意しながら、いかなる戦略や政策を形成するかを決めるのは政策決定者である。しかしながら、情報分析の業務はほかのソース〔情報源〕からの情報との競争にさらされるようになってきた。政策決定者は自分自身のことを、CIAやその他の情報機関に所属する情報分析官よりもインターネットを活用し、自前の専門家ネットワークを有しており、外国の政府関係者と直接的な接触を持っている分析者として考えていることも少なくない。それゆえ情報分析官は、より広範なインテリジェンスのソースにあたることにより、独自の知見や専門性を発展させる努力をしなければならない。ある場合には、彼らに対する信頼が、非常に機密度の高い情報へのアクセスだけでなく、学術的資格、海外における滞在歴や語学能力に由来していることもある。また、彼らのような専門家は、勤務時間のすべてをひとつの問題領域や国家に集中させられる有利な立場にある。さらに、情報収集官には、新しい有用な情報を政策決定者に提供するよう、任務を課すこともできる。政策決定者の特定の関心や必要性に応じた新たな評価を迅速に用意することにより、実用的な（決断を下す際に有益な）情報を提供できるのである。

◆特殊なインテリジェンスの任務

情報の収集と分析はインテリジェンスの中核的任務であるが、これらの任務は効果的な防諜活動と対スパイ活動にかかっている。重要な政策決定者に提供される情報が敵に入手されないように防護する必要がある。戦略的欺瞞——敵対国が相手国をどのように脅威として認識しているかを理解し、その脅威を正確に認識するのを妨げ、歪めるのに成功する状況——も起こり得るのである。

アメリカのヒューミントを担う CIA 本部（ヴァージニア州マクレーン）［写真：Central Intelligence Agency］

　〔自国の〕情報機関の内部に相手国のスパイがいないことを確実にするためには，対スパイ活動を行う必要がある。これらの活動は，自国の政府や情報機関の関係者を敵国が工作員として取り込んだかどうかを察知するために，敵国の情報機関の関係者を工作員として勧誘することを狙ったものである。こうした競争は，よく「スパイ対スパイ」ゲームと呼ばれる類の空想的な作品をハリウッドが生むきっかけになることも少なくない。現実には，対スパイ活動は全くロマンチックなものではないが，政府内で最も高位にある政策決定者に提供されるインテリジェンス情報を守るうえでは，ほかと同様重要なのである。
　インテリジェンスにおけるもうひとつの特徴的な任務は，秘密工作（covert action）の遂行である。インテリジェンスの大部分は単に軍事，経済，情報，外交面における力の行使を手助けするものであるが，秘密工作はこうした手段を実際に秘密裏に用いることである。時には「特別活動（special activities）」として知られるが，アメリカでは秘密工作が大統領の特別な要請により，CIA によって実施されている。これらの活動は，アメリカ政府の直接の関与が認められないようなかたちで重要な戦略目的を達成するために，秘匿されている。1940 年代末に国家安全保障会議によって確立された特別活動は，アメリカの外交政策の手段となりつつあり，歴代の大統領のほとんどが何らかのかたちで用いてきた。9.11 アメリカ同時多発テロ事件後の環境において，そうした特別

活動がテロリストの計画やネットワークの拡散を妨害するために不可欠となっている。しかし，いかなる戦略家であっても秘密工作の危険性と利益について比較考量する必要がある。なぜなら，そうした活動は，敵やアメリカ国民，もしくは国際社会に察知されれば，論争を巻き起こすことが少なくないからである。

> **KEY POINTS**
>
> ・戦略は敵の計画，意図，能力を正確に把握することにかかっており，インテリジェンスは政策決定者が優れた戦略を形成・実践することを促す。
> ・インテリジェンスは単なる情報以上のものである。それは，政策決定者がとくに必要とするものに着目し，海外の行為者の真の計画や意図を明らかにするために，通常は秘密の情報収集手段を必要とする。
> ・実用的な（決断を下す際に有益な）インテリジェンスを生み出すには，インテリジェンスの収集，活用，分析，発信を慎重に行うことが必要である。これは，「インテリジェンス・サイクル」と呼ばれる。
> ・優れたインテリジェンスには，情報機関にスパイなどを侵入させる敵の試みを察知するための効果的な防諜活動が必要となる。
> ・敵に対して軍事的，政治的，経済的措置を用いる際に自国の役割を秘匿することを目的とした特別活動を実施する責務も，アメリカのインテリジェンスは負っている。これは一般的に秘密工作として知られている。

3 アメリカの戦略を推進するものとしてのインテリジェンス

冷戦が始まると，アメリカは国家安全保障戦略とインテリジェンスの概念の双方を模索するようになった。いずれも，原型となる重要な概念がアメリカ政府や当時の主要な研究所で生まれるまで，明確に定義されなかった。ジョージ・ケナンは1946～47年に封じ込め戦略を編み出し，国家戦略大学（National War College）と国務省の政策企画室に在籍しているときに，それをさらに発展させた。抑止戦略も，とりわけランド研究所（Rand Corporation）に1950年代の初期に勤務していた，バーナード・ブロディ（Bernard Brodie）とハーマン・

カーン (Herman Kahn) の戦略思想から生まれていた。その間，シャーマン・ケント (Sherman Kent)――エール大学出身の歴史家で，国家戦略大学ではケナンとブロディの同僚であった――が戦略的インテリジェンスの概念を発展させた。ケントは，1949年に発表された画期的な著書『アメリカの世界政策のための戦略的インテリジェンス (*Strategic Intelligence for an American World Policy*)』において，インテリジェンスを導くべき基本原則を示した。最も端的に言えば，インテリジェンスは政策決定者が囲むテーブルでの「議論のレベルを向上」させるべきなのである。ケントの見方によれば，インテリジェンスは特定の政策的立場を主張するのではなく，政策に関する情報提供を行うべきものである。ケントの考えでは，情報分析官はあらゆる政策課題について認識していても，それらから距離を置くべきなのである。ケントは，インテリジェンスが強い意思を持った政策決定者のあいだで行われる白熱した論争によって操作されやすく，偏りのないインテリジェンスを提示するには情報分析官が自らの客観性と高潔さを維持しなければならないことを理解していた。しかしながら，この目的は，口にするだけで現場で容易に実践できるものではなかった。また，戦争か平和かの問題の一部が，彼らの発見したことにかかっているときには，インテリジェンスによる評価が論争を招いてきたのである。冷戦を通じて，アメリカのインテリジェンスは何度となく誤謬，偏見，もしくはその双方によって非難されてきた。また，戦略論争に巻き込まれ，時には「政治化」されている（政治的問題によって歪められている）と，その正否にかかわらず批判されてきたのである。

インテリジェンス概念を発展させたシャーマン・ケント［写真：Central Intelligence Agency］

3 アメリカの戦略を推進するものとしてのインテリジェンス

◆目標としてのソヴィエト

　冷戦が進展すると，ソ連を包む秘密のベールの内側に侵入することがアメリカのインテリジェンスの主な役割となった。情報収集で最も高い優先順位が与えられていたのは，アメリカとその同盟国の安全保障上の利益に対する主要な軍事的脅威であったソ連の戦略目標や軍産複合体と並んで，その共産主義イデオロギーと国内の政治過程を理解するという目標であった。初期のインテリジェンスの失敗によって，アメリカの情報活動に変化が促された。1950年の朝鮮戦争を契機として，シャーマン・ケントがCIAに配置され，国家評価委員会（the Board of National Estimates）が設置されるというように，CIAと国家的な評価のプロセスが幅広く改革された。この評価のプロセスが，ソ連，ワルシャワ条約機構，そしてアジアや第三世界諸国の共産主義陣営諸国に対する国家安全保障政策を形成するうえで，大統領と国家安全保障会議を支えるインテリジェンスの中核となったのである。国家的評価において詳細に組まれたスケジュールのひとつは，中央の防衛計画担当者がアメリカ軍を適切な規模で増強できるように，ソ連の戦略兵器と通常戦力の増大を監視，予測することを目的としていた。ほかの評価は，東ヨーロッパの勢力圏を越え，発展途上国からなる世界に影響力を拡大するソ連のグローバルな政治戦略を把握することを目的としていた。またそれ以外にも，代理戦争や解放戦争を通じて東西間の競争の場となった，いわゆる非同盟諸国や自由主義諸国の一部の強靭さを評価するための評価書が作成された。

　アメリカのインテリジェンスによる評価は完璧ではなかったが，その批判者のほとんどが考えるよりは優れていた。アメリカのインテリジェンスは，ソ連と中国による最初の核兵器製造計画の進展については過小評価していたが，両国の軍事力の発展を一定の正確さをもって追跡していたのである。しかし，ソ連が軍事力を配備もしくは行使する決定について正確に予測することが最も難しいことは明らかであった。情報分析官らは，1962年のソ連によるキューバへの核ミサイルの配備，1968年のチェコスロヴァキアへの進攻，そして1979年のアフガニスタンの占領によって不意を突かれたのである。

　しかし，インテリジェンスの失敗が定期的に起こるのは，1970年代から1980年代を通じて政治制度が不安定になりつつあったソ連の軍事能力の成長，

BOX 8.3　国家情報評価

　国家情報評価（National Intelligent Estinates: NIE）は，大統領や閣僚，国家安全保障会議のほか，ハイレベルの文民，軍人の政策決定者に向けて用意されている。NIE はアメリカの国家安全保障政策にとって中長期の重要性を持つ戦略問題に焦点を当てており，アメリカのインテリジェンス・コミュニティーを形成する 16 の情報機関すべてにまたがる統一見解を示すものである。NIE の作成過程は国家評価委員会によって 1950 年代に最初に確立されてから，時間とともに進化している。現在では，国家情報会議によって作成され，インテリジェンス・コミュニティーの首脳全員による検討を経て，国家情報長官が署名している。

経済状況，指導部の陰謀に情報機関が一貫して注視していたことに比べれば些細なことであった。1980 年代の終わりまでに，CIA はソ連の体制がしだいに不安定になっており，ミハエル・ゴルバチョフ（Mikhail Gorbachev）の改革によって体制が崩壊するか，もしくは彼がより保守的な批判者にとって代わられる危険性があると警告していた。アメリカのインテリジェンスは，ソ連の終焉——ほとんどの外部の専門家も，もしくはソ連の指導者であっても達していなかった結論——を予測するのは遅かった。しかし，CIA をはじめとするインテリジェンス・コミュニティーは，ソ連の軍事能力と政治的行動を冷静に評価することで，アメリカの大統領をおおむねよく支えてきたのである。1970 年代と 1980 年代における技術的情報収集システムの目覚しい発達によって，情報分析官がソ連の戦略兵器システムを追跡することが可能になった。ひるがえってこのことにより，アメリカとソ連のあいだで安定した戦略的バランスを維持し，アメリカの政策決定者が効果的な抑止戦略や封じ込め戦略を推進するうえで有効な防衛・軍備管理政策を形成できるようになったのである。

◆インテリジェンス・コミュニティーの進化

　過去半世紀にわたって，インテリジェンスの分野は進化を続けてきた。10 年ごとに，対処すべき問題，実施されるべき組織的改革，そして追跡しなければならない新たな現実的問題が存在した。1950 年代には増大するソ連の軍事的・政治的脅威が重大な関心事であったため，CIA において中央計画経済に関する非常に独創的な経済モデルと，「クレムリノロジー」——とくに共産主

第8章 インテリジェンスと戦略

アメリカのインテリジェンス・コミュニティーを拡大させたロバート・マクナマラ［写真：U.S. Department of Defense］

義体制の指導部と政策決定の構造についての研究——として知られる分析手法が誕生した。1960年代においてアメリカの国防当局が拡大し、ヴェトナム戦争が開始されると、ロバート・マクナマラ（Robert McNamara）国防長官が国防計画を評価する新たな分析ツールの導入を促し、ソ連の軍事能力の推定を目的とする、さらに高度なインテリジェンスの手法を生み出すよう支援した。マクナマラはアメリカのインテリジェンスから得られる、これまでより優れた分析を歓迎するようになった。マクナマラは自分の指揮下にある軍事情報部門から提供される情報を、自己利益に基づいているか偏った評価と信じており、それに対抗するものとして防衛情報局を創設した。1970年代までには、非常に高度な技術的情報収集手段——電子システムと画像システム——の開発により、国家偵察局や国家安全保障局のような、すでにCIAの資源、人員、影響力を圧倒し始めていた国防情報機関の役割が劇的に拡大したのである。

このような「インテリジェンス・コミュニティー」の拡大により、情報活動に向けて、これまで以上に優れた組織が必要となった。その結果、CIAを率いると同時に、1ダースかそれ以上の数の情報機関が関与する広範囲にわたる活動を調整する中央情報長官（Director of Central Intelligence）のさらに強力な役割の必要性に注目が集まった。また、1970年代には、インテリジェンスをめぐる最も重大な見直し——ウォーターゲート事件後に行われた——と、議会と行政府が情報活動をさらに監視できるようにする大規模な改革が行われた。議会は、上院と下院の情報委員会を通じて、インテリジェンス・プログラムにこれまで以上に関与するようになったのである。これらの委員会は利用者としてインテリジェンスにさらにアクセスすることを求めてきた。また、こうした委員会がインテリジェンスの効果を評価することに深く関与するようになり、何らかの失敗が起こったときにはインテリジェンスをさらに声高に批判したの

である。9.11 テロ事件とイラクの WMD をめぐるインテリジェンスの失敗の原因を究明した議会による最近の調査は，このような流れを示す直近の事例に過ぎない。

　インテリジェンスが政府の機能として認識されるにつれ，戦略や政策を形成するうえでのインテリジェンスの役割に対する賞賛と批判がさらに大きくなった。その過程のまさに当初から，CIA をはじめとする情報機関は論争を巻き起こしてきた。民主主義社会におけるインテリジェンスの役割そのものによって，政治家はインテリジェンスを十分に統制できる手段や資源を持っているか懸念したのである。最近では，インテリジェンス・コミュニティーのテロ対策通信傍受プログラムと尋問方法が暴露され，議会の怒りを買い，調査が開始された。アメリカの指導者は，自国民に対する「スパイ活動」や国内法に違反していることを懸念しただけでなく，インテリジェンスが狭い政治目的に資するように使われ，操作されていると繰り返し批判してきた。アメリカで戦略論争が起きるたびに，インテリジェンスもそうした論争に巻き込まれる可能性が高かった。ヴェトナム戦争は，インテリジェンスをめぐる大論争を巻き起こした。アメリカの軍人と文民双方の高官は CIA の悲観的な評価を疑問視し，時にはそれを却下して，戦争の遂行を妨げないようにした。1970 年代にリチャード・ニクソン (Richard Nixon) 大統領とヘンリー・キッシンジャー (Henry Kissinger) によって立案されたアメリカのデタントや軍備管理をめぐる政策も，ソ連の軍事的脅威の性質，核戦争を行うというソ連の意図，そして米ソの適切な戦略的バランスをめぐるインテリジェンスの論争と無関係ではいられなかった。そうした論争の中心にあったのは，CIA や防衛情報局による戦略的なインテリジェンスの評価であった。

　1980 〜 88 年までのロナルド・レーガン (Ronald Reagan) 大統領の任期において，アメリカのインテリジェンスは，ソ連の軍事的脅威に対してあまりにも穏健な見方をとっており，キッシンジャーの軍備管理の提案を支持する「デタント主義者」の姿勢を受け入れ，「政治化」されることを許容したと見なされていた。最近では，サダム・フセイン (Saddam Hussein) の核兵器，化学兵器，生物兵器の能力についてのインテリジェンスの評価が複数の調査の焦点となっており，このように非常に重大な判断があれほどまでに不正確になった原因が

究明されている。ロブ＝シルバーマン（Robb-Silbermann）WMD 委員会は，CIA をはじめとする情報機関が自ら進んでインテリジェンスを「政治化」したわけではないことを明らかにしたが，アメリカの国家安全保障にとってかなり中核的な問題について情報収集と分析が貧弱であったことを厳しく批判した。同じように，CIA によるイランと北朝鮮の核計画についての分析も，その質や政治化の可能性について批判されている。

　9.11 以後の時代に入り，冷戦終結後によく聞かれた CIA の廃止を求める声は沈黙したが，そうした主張はアメリカがインテリジェンス・コミュニティーを運営する方法を大きく改善すべきという要求にとって代わられた。主な組織的変革は，16 の主要な対外的・対内的情報機関（国土安全保障省の設置を含む）のあいだで情報の共有と調整を改善させることを目的に制度化された。CIA 長官とは別に，アメリカのインテリジェンス・コミュニティーの長として国家情報長官という新しいポストの設置も改革に含まれた。現時点における支配的な哲学は，CIA にはヒューミントによる収集と，あらゆる情報源に基づくインテリジェンスの分析とに集中させる一方で，国家情報長官はすべての情報活動に関して大統領を補佐し，それら活動を組織する代表者となることである。この新たな組織的分業はまだ試されておらず，必要性や状況の変化に応じてさらなる調整の余地があることは疑いないであろう。

4　戦略的奇襲——原因と対処法

　アメリカのインテリジェンス・コミュニティーは，1941 年の真珠湾攻撃の後に戦略的奇襲の再発を防ぐための努力の一環として生まれた。ロベルタ・ウォールステッター（Roberta Wohlstetter）の真珠湾攻撃に関する先駆的な研究で強調されている戦略的奇襲の概念は，現在においてもアメリカのインテリジェンス能力の発展と，CIA などの情報機関がしばしば評価される基準の設定を促すものである。戦略的奇襲の実務上の定義には，少なくとも 3 つの重要な要素が含まれている。

1．国益に対して重大な否定的影響を有する事態であること。
2．その結果を回避できる代替的な戦略をとり得たこと。
3．しかし，正確でタイムリーなインテリジェンスが欠如していたか，伝達されなかった，あるいは政府高官によって正確に理解されなかったこと。

　この定義は戦略的奇襲とインテリジェンスの失敗を峻別している。戦略的奇襲は，主要な脅威を認識し，それに対応するために戦略家とインテリジェンスの専門家がやりとりをしても功を奏さないときに生じることが多い。インテリジェンスの「失敗」とは，一般的に大惨事の一部をインテリジェンス・コミュニティーの責任とするものであり，戦略的奇襲の幅広い概念の一要素をなしているに過ぎない。実際にインテリジェンスで失敗しても，アメリカの戦略全体を危機にさらさない場合もある。なぜなら，その影響がそれほど重大なものでなかったり，戦略そのものが特定のインテリジェンスの判断に依拠していないときもあるからである。

◆奇襲の原因

　戦略的奇襲とインテリジェンスの失敗には多くの原因がある。戦略的奇襲は，インテリジェンスの専門家から提供される情報や分析を政策決定者が受け入れても，その活用に失敗した場合に起こり得る。このような事例は，情報が入手可能であった真珠湾攻撃だけでなく，1962年のソ連による核ミサイルのキューバへの配備，1973年の第四次中東戦争，そして最近では，ニューヨーク市と国防総省に対する9.11テロ事件も含まれる。いずれの事例においても，脅威の存在を示唆する警告があったにもかかわらず，情報がわずかであったか，適切に解釈されなかったのである。さらに，情報分析官のみならず政策決定者も，そのような大胆な行動を敵が起こす可能性を否定し，それゆえそうした奇襲を回避したり，その影響を限定したりする措置をとらなかった。これらほぼすべての事例において，政策決定者とインテリジェンスの専門家の双方が責めを負っているのである。真珠湾攻撃の事例では，日本が太平洋におけるアメリカの権益を攻撃する計画を立てていることを示唆する情報はあった。しかし，

第8章 インテリジェンスと戦略

その情報は上級指揮官へ迅速に伝達されることはなく，真珠湾のようなはるか前方で攻撃を受けるとは想像すらしていなかった。そのため，予防的もしくは防御的措置は最低限でほとんど効果がないものであった。キューバ・ミサイル危機では，アメリカのインテリジェンスはソ連からキューバへの軍事移転を察知していたが，ケネディー（John F. Kennedy）大統領の補佐官のみならず，情報分析官もソ連がアメリカの沿岸から90マイルにある島に核ミサイルが配備される可能性を否定していた。1973年の第四次中東戦争では，アメリカとイスラエルのインテリジェンスはアラブ諸国が攻撃を計画しているという重要な情報を得ていたが，彼らは入手した情報について，戦争準備ではなく軍事演習の証拠だろうと誤って解釈していた。皮肉なことに，アメリカとイスラエルの政策決定者は，1967年の第三次中東戦争（イスラエルがエジプトとシリアに迅速に兵を送ったことから，しばしば「六日間戦争」とも呼ばれる）でエジプトとシリアは決定的に敗北した後ではイスラエルを攻撃することなど考えもしないであろうと信じて，そのような動きを軽視していたのである。

　2001年9月のアルカイダによる攻撃は，政策決定者が戦略的警告に注意を向けず，それが後に大規模な戦略的奇襲の一因となったインテリジェンスの失敗の典型的な事例である。9.11委員会の報告書は，CIAのテロリズム対策センターのテロリズム対策分析官が，オサマ・ビンラディン（Osama Bin Laden）による国益への脅威が高まっていることを明確に認識していた事実を記している。テロリズム対策分析官は2001年の秋に攻撃を受ける可能性が高いと信じていたが，そのような攻撃がいつ，どこで，どのように起こり得るかという詳細を示せなかった。2001年の夏の終わりに，インテリジェンス担当の高官は，何か大きなことが計画されており，テロリズム対策分析官が活動の大幅な増加（「チャッター（chatter）」と呼ばれる）を注視しているとジョージ・W・ブッシュ（George W. Bush）の政権に報告して，「戦略的警告」を与えた。2001年8月6日，大統領はアメリカ本土に対するテロ攻撃が起こり得ると報告を受けたが，アメリカのインテリジェンスはそれがいつ，どこで起こる可能性があるのかを示す具体的な戦術的インテリジェンスを持っていなかった。悲しむべきことに，9.11委員会の説明ではFBIをはじめとする情報機関が保有していた情報もあったが，CIAが察知していたアルカイダの動きと効果的に結合され

| BOX 8.4　大統領日報に見られる戦略的警告

1998年12月4日
主題：ビンラディンによるアメリカの航空機のハイジャックとその他の攻撃の準備
　ビンラディンとその支持者は，シャイフ・ウマル・アブドゥッ=ラフマーン（Shaykh 'Umar' Abd al-Rahman），ラムジ・ユセフ（Ramzi Yousef），そしてムハンマド・サーディク・アウダ（Muhammad Sadiq 'Awda）の釈放を目的とした航空機のハイジャックを含め，アメリカでの攻撃を準備している。ある情報筋は，イスラム集団（Gamaa' at al-Islamiyya）がビンラディンのためにアメリカにおける作戦を10月末までに立案したが，作戦は待機状態にあるというイスラム集団の要人の発言を引用している……ビンラディンの組織，あるいはその支持組織による，不特定の場所でのアメリカに対する攻撃が迫りつつあるが，それが航空機に対する攻撃と関係しているかどうかは不明である。

2001年8月6日
主題：ビンラディンがアメリカにおける攻撃を決意
　内密情報，外国政府からの情報，そして報道によれば，1997年からビンラディンがアメリカにおけるテロ攻撃実行を望んでいたことが明らかになっている。ビンラディンは，1997年と1998年に行われたアメリカのテレビ局によるインタビューにおいて，彼の支持者が世界貿易センタービルの爆破犯であるラムジ・ユセフの例にならい，「戦いをアメリカに持ち込む」であろうと示唆している。
　1998年にアフガニスタンの基地へアメリカがミサイル攻撃をした後，ビンラディンはワシントンで報復したいと自らの支持者に述べた。

注：現時点で機密解除されているわずか2つの大統領日報からの抜粋は，2004年7月22日に公表された9.11委員会の報告書である *The Final Report of the National Commission on Terrorist Attacks on the United States* に収録されている。

ることはなく，すでにアメリカ国内に計画犯が存在し，攻撃に向けた最終準備を整えていると認識するまでに至らなかったのである。さらに，先述した8月6日の報告によって政府内のほかの部署に属する政策決定者がその脅威に着目したり，空港や空路の安全を強化するような行動をとったりすることはなかった。戦略的警告が効果を発揮できず，戦術的インテリジェンスに基づく警告が

欠如していたことで、政策を打ち出せず、大規模な戦略的奇襲を招く条件を生み出したのである。

◆重要な要素——致命的な7つの罪

　大規模な奇襲やインテリジェンスの失敗の原因となる要素はひとつではない。実際には、7つの要素が組み合わさっていることが多い。第一に、情報収集における失敗はよくあることである。クラウゼヴィッツが警告したように、情報は欠如しているか矛盾しており、もしくはその双方であることも少なくない。第二に、情報分析官は情報を入手してもしばしば誤って解釈してしまう。なぜなら、敵の目的、計画、能力について旧態依然とした、あるいは不適切な認識を持っていたからであり、これは「マインドセット（思考様式）」の問題と呼ばれることが多い。最高の専門家と言えども、敵に対する穏健な、あるいは「定式化」された見方を持つことがあるが、そうした見方によって、敵が大きなリスクをとったり非通常的な攻撃を試みたりする可能性を見通す力が鈍るのである。第三に、敵の欺瞞が情報分析官の不正確なマインドセットを増幅し、危険を暗示する兆候をその分析官が見過ごすことも少なくない。第四に、情報分析官が脅威についての正確なイメージを形成するうえで十分な情報を——優れた運用上の情報保全を通じて——敵が与えないようにすることもある。第五に、情報収集官や情報分析官が入手する情報が、彼らのあいだで迅速に、もしくは効果的に共有されない可能性もある。区画化（compartmentation,「ニード・トゥ・ノウ」の原則〔業務上必要のある人間にのみ情報を伝達する原則〕に基づく、情報共有を制限する保全規則）によって、情報機関が手元の情報をほかの組織に伝達し、各自が持つ情報と比較できるようにすることを妨げられる可能性がある。第六に、脅威に関する情報を政策決定者に対して効果的に伝達できない結果、その政策決定者は危険性を認識できず適切な行動をとるのに間に合わない可能性もある。第七に、政策決定者自身が敵の意図や能力について旧態依然としたマインドセットにとらわれ、インテリジェンスによる警告を否定するか、対応措置をとらないこともあり得る。

　戦略的奇襲とインテリジェンスの失敗という問題の中心にあるのは、政策決定者と情報分析官が敵の意図と能力を正確かつ完全に認識しているという前提

> **BOX 8.5　警告をめぐる問題——避けられないインテリジェンスの失敗**
>
> 　インテリジェンスの失敗に関する主な知見は戦略的奇襲から生まれたが，その事例としては，真珠湾攻撃，ドイツのソ連侵攻，北朝鮮による攻撃と中国の介入，1967年と1973年の中東戦争，1968年のテト攻勢とソ連によるチェコ侵攻，1979年のソ連によるアフガニスタン侵攻，1982年のフォークランド（マルビナス）諸島に対するアルゼンチンの侵攻などがある。すべての事例において共通する2つの問題が存在する。第一に，攻撃が切迫している証拠は入手できたが，指揮系統を通じて効率的に伝わらなかった。第二に，断片的な警告が政策決定者に届いても，戦略的評価や想定と矛盾していたため，受け入れられなかったのである（Betts 2007: 22）。

である。実際には，戦略的奇襲の大部分が，敵が自らの状況をどのように把握して戦争の利益とリスクをどう評価しているかを，こちらが正確に見定めていないことで起きている。スターリンは，ドイツが1941年春に東部戦線で攻勢作戦に出るというインテリジェンスを受け入れなかった。連合国の進攻が1944年にどのように開始されるかを正確に把握していると信じたヒトラーも同じ運命をたどったが，そのような信念はアイゼンハウワーが偽装計画を実施することによって強められた。1967年の大敗北の後にアラブ諸国が危険を冒す可能性をイスラエルは過小評価しており，それを利用してエジプトのアンワル・サダト（Anwar Sadat）大統領が軍事演習で偽装し，奇襲攻撃を行ったのである。同じくアメリカの情報分析官と政策決定者の双方も，1962年のキューバ危機だけでなく，1979年のソ連によるアフガニスタン侵攻においても，ソ連の指導者の危うい目論見を過小評価していた。これらすべての事例は，戦略家だけでなく情報分析官もすべからく，人間の認識上の弱点による作用から影響を受けやすいことを明らかにしている。多くの心理学者が認めるように，そうした認識上の偏見は見つけ出すことさえ困難であり，それを取り除くのはなおさら難しいのである。

◆解決策ではなく，対処法

　将来起こり得る戦略的奇襲，もしくはインテリジェンスの失敗に確実な対処法で備えることは不可能ではないにしても，困難である。インテリジェンス研

究者のリチャード・ベッツが述べているように，政策決定者があらゆる脅威に先手を打つために十分な情報や正確な分析を保証する方法はほとんどないため，「インテリジェンスの失敗はほとんど不可避」なのである（Betts 2007）。しかし，戦略的奇襲とインテリジェンスの失敗がもたらす影響を抑えるための対処法が３つ存在する。第一に，当然のことであるが情報収集の改善はつねに望まれる。しかし，完全なインテリジェンスによる情報に頼って分析を導き出せる情報分析官など，ほとんどいない。情報分析官は自分の持つ情報のなかのギャップを検討し，それに従って判断をより正確にして，政策決定者が決断を下す過程で「未知のもの（アンノウンズ）」の存在に警戒するよう導くことができる。第二に，情報分析官は，敵の大規模な欺瞞・拒否（denial）作戦を行う動機と能力を評価することができる。一般的には，相手より弱ければ相手のより強力な軍事力に対応するために，それだけ奇襲に──欺瞞や拒否を用いて──頼る可能性が高くなる。第三に，情報分析官は，自らのマインドセットをはじめとする認識上の偏見を強く自覚して，利用できる情報の解釈を歪めないよう努めることができる。情報分析官がより正確に仕事をするための構造的分析技術に関する社会科学分野の文献は増えつつある。こうした技術──反論討議法，チームＡ／チームＢを用いた手法，競争的仮説による分析，もしくはシナリオ分析──は，情報分析の前提に疑問を投げかけ，分析をめぐる議論を政策決定者のみならず同僚に対しても透明にし，情報収集官を重要な情報の間隙を埋められるように導き，究極的には，政策決定過程において利用可能な情報には制約があることにインテリジェンスの活用者が注意する手助けとなるのである[2]。

　インテリジェンスはすべて不完全であり，あらゆる決定を強い確信に基づいて行うには十分でない可能性が高いことを戦略家は認識しておく必要がある。1962年のキューバ・ミサイル危機，もしくは最近の2002年のイラクのWMD国家情報評価の事例であっても，インテリジェンスは完全に正しかったり，完全に誤ったりしていたのではなく，むしろ長所と短所の双方があったのである。1962年にシャーマン・ケントを中心とする情報分析官は，ソ連がキューバに核ミサイルを配備する可能性は低いと判断した際，その意図と危険性の算定を誤っていた。この分析の誤りにもかかわらず，シギントとヒューミントに加え，U-2偵察機がキューバ上空を飛行することで得られたインテリジェンスにより，

ケネディー政権がソ連と対峙し，最終的にミサイルの撤去を交渉するうえで，その後のソ連の動きについて十分な知見が得られた。この10月の12日間にわたって，秘密裏に開催された国家安全保障会議緊急執行委員会（EXCOM）の会合（ケネディーのハイレベルの政策チーム）では対策が議論され，行動計画が立てられ実施されたが，それを支える十分なインテリジェンスをケネディー政権は有していたのである。

同じように，2002〜03年のイラクのインテリジェンスの顛末は必ずしもすべてが否定的なものではない。

アメリカの偵察機がとらえた，ソ連の貨物船からキューバの港にミサイルが運ばれる様子（1962年）[写真：U.S. Department of Defense]

たしかに，2002年10月のイラクのWMD製造能力に関する国家情報評価には深刻な欠陥があった。古いうえに限定的で，時には捏造すらされていた情報をインテリジェンス・コミュニティーは誤って解釈していた。それゆえ，その分析は旧態依然としたマインドセットと，サダム・フセインによる当初の欺瞞は拒否の成功に影響され過ぎていたのである（Iraqi WMD Commission 2005）。しかし，フセインのWMD製造能力に関する評価は大きく外れていたものの，フセインがどのように戦争を遂行し，紛争後のイラクにおいてアメリカがどのような状況に直面するかという，ほかの2つの重要な見通しについてはほぼ正確であった（Kerr, et al. 2005）。よくあることであるが，インテリジェンスによる判断にはつねにより真実に近いものがある一方，そうでないものもある。イラクの事例で最も驚くべきことは，その正誤にかかわらず，インテリジェンスに対して現実にはいかにわずかな注意しか払われていなかったかという事実なのである（Pillar 2006）。

🔑 KEY POINTS

- 戦略的奇襲は，政策決定者がインテリジェンスの警告に基づいて行動しないか，もしくはそうした警告に効果がないか，警告が全く提供されない場合に起こり得る。
- インテリジェンスの失敗は，不適切な情報収集，効果的な欺瞞・拒否作戦，分析における欠陥，不十分な情報共有，警告を伝達するうえでの失敗によって起こる。
- 情報分析官は，しばしば「マインドセット」と呼ばれる，敵の意図や能力についての不正確な認識を生み出す認識上の偏見にとらわれる可能性がある。
- 敵の意図や能力に関して現実とは一致しない強いマインドセットにとらわれている場合には，政策決定者もインテリジェンスによる警告を否定する危険性がある。
- 敵は，起こり得る攻撃について相手の政策決定者を欺くことを目的として，マインドセットの欠陥を増幅させるために欺瞞や拒否を用いる可能性がある。
- 奇襲を回避するには，情報収集を改善し，情報分析官の偏見やマインドセットに加え〔敵による〕欺瞞の試みが存在する可能性についていっそう注意することが必要となる。
- 戦略的奇襲とインテリジェンスの失敗を根絶することは不可能であるが，情報の収集と分析の改善を図ることで，その可能性を低下させることができる。

5　9.11以後の世界のインテリジェンス

　9.11テロ事件によって，アメリカの戦略家のインテリジェンスに対する考え方が劇的に変化した。脅威だけでなく，戦略のパラダイム——戦略上の目的と手段の双方——も転換した。ジョージ・W. ブッシュ政権は，テロ対策と拡散対抗（counter-proliferation）の明確な戦略を打ち出した。このようなアメリカの戦略見直しの一部には，インテリジェンスの優先順位とそのプログラムの再検討も含まれていた。2004年のインテリジェンス改革・テロリズム予防法（Intelligence Reform and Terrorism Prevention Act: IRTPA）は，過去60年近くのなかで最も劇的なアメリカのインテリジェンス・コミュニティーの再編と再活性化であった。この法律により，かつての中央情報長官以上の権限を付与するポストとして，国家情報長官というインテリジェンスの国家的責任者が新た

に生み出された。また，国家テロ対策センター（National Counter-terrorism Center）や国家不拡散センター（National Non-proliferation Center）のような機関が創設された。そして最後に，新たに国土安全保障省を創設することが明記されたが，この組織の一部にはインテリジェンス機能があり，FBI とともに，アメリカ政府においてこれまで以上に重要な国内インテリジェンス部門を構成することになろう。ジョージ・W. ブッシュ大統領は，情報の収集と分析を向上させるために，CIA の国家秘密局と分析を担当する情報本部（Directorate of Intelligence）の人員を 1.5 倍に増やすことも承認したのである。

◆予防戦略と先制戦略への依存

　世紀の変わり目から行われたインテリジェンスの改革と資源増加の根拠として，戦略的脅威に対する抑止封じ込めへの依存を低下させ，脅威の予防先制〔攻撃〕への依存を強める国家戦略を支えることがあった。この政策の変化によって，予防戦略と先制戦略が正当化され実行に移すことが可能か否かをめぐって論争が引き起こされた。また，アメリカが予防戦略と先制戦略を正当化するのに十分かつ確実なインテリジェンスを形成できるのかという問題も重要である。たしかにアメリカは長年にわたって，予防と先制の要素に依存してきた。テロリストの計画や WMD 関連技術の移転を――秘密工作もしくは公然の準軍事作戦を用いて――阻止・妨害する試みは，ジョージ・W. ブッシュ政権以前から存在しており，それらはつねに優れたインテリジェンスにかかっていたのである。より大きな論争を起こしたビル・クリントン（Bill Clinton）政権のテロ対策や拡散対抗の行動の一部として，アフガニスタンに存在するテロリストのキャンプと，スーダン国内の WMD 製造疑惑のあった製薬工場に対する巡航ミサイル攻撃があったが，これらはいずれも 2001 年の 9.11 テロ事件のはるか前に実施された。ほかにも，クリントン政権は北朝鮮の核施設に対する予防攻撃を検討していたが，インテリジェンスが不十分なこともあって躊躇したという情報もある。これらの事例においては，海外の目標に対する一方的な軍事攻撃を正当化するのにアメリカのインテリジェンスは十分であったか，また，そうしたインテリジェンスが行動を起こすうえでタイムリーであったかをめぐって大論争があった。

しかし、9.11テロ事件以降、攻撃を避けるには静観しないことがきわめて重要であるため、アメリカはインテリジェンスをいっそう重視しなければならないと信じる論者もいる。彼らの主張によれば、テロリスト・グループがWMDを獲得・使用して大量殺戮を行う可能性があるとすれば、政策決定者はWMD能力の拡散を遅らせることや、そうした兵器がアメリカやその友好国・同盟国に対して使用された場合には「報復」するという（抑止を目的とした）脅しのみに依存することはできないのである。2002年の「国家安全保障戦略」においてブッシュ政権は潜在的な敵に対する予防攻撃と先制攻撃の実施を正当化した。サダム・フセインの打倒を目的とした2003年の戦争を世論に対して正当化するうえで大きな部分を占めたのは、フセインがまもなく核兵器を獲得し、それを直接アメリカに対して使用するか、テロリスト・グループに提供する可能性があるという主張であった。しかし、イラクのWMDをめぐる大失態は、予防戦略と先制戦略が依拠するインテリジェンスが本質的に不完全であることを明らかにし、そうした戦略の魅力を大きく失わせる結果となった。事実、専門家のあいだでは北朝鮮とイランの核兵器計画の進展について論争が続いている。彼らは、北朝鮮が2度にわたって核爆発装置の実験を行ったにもかかわらず、その計画がどの程度進捗しているかわからず、北朝鮮が将来の非核化に向けた合意に違反した場合にそれを察知できる可能性についてもあまり自信を持っていない。同じように、イランの核兵器計画についてもインテリジェンスは限定的な見通ししか持っておらず、専門家のほとんどがイランは予防攻撃を困難にするために核施設を秘匿・分散させていると信じている。戦略家は、アメリカ本土に対する破滅的なWMD攻撃を回避したいというこれまでと同じジレンマに直面するだけでなく、敵国のWMD関連施設を標的とするのに必要な軍事的インテリジェンスの要件を満たす難しさも認識するであろう。

◆情報の氾濫

21世紀のインテリジェンスの世界は、9.11テロ事件の結果だけでもたらされたわけではない。実際には、アルカイダの出現やグローバルなテロとの戦いがなかったとしても、新たな課題が数多く存在していたであろう。そのうち最も喫緊の問題は、情報技術革命に加え、国家安全保障上の脅威がもたらすこれ

まで以上にグローバルかつ多面的な意味合いであろう。テロリズムと拡散の脅威が高まると同時に，こうしたグローバルな情勢の変化によって，この世界に対応するための異なった戦略が必要となっている。これまでの時代と同じように，国家安全保障戦略が異なったものになれば国家的なインテリジェンスの戦略と政策も再定義されることが多いのである。

　情報技術によって世界と職場環境は変化しつつある。それに従い，これまで以上に多くの情報が政策決定者に提供され，しだいに早い速度で利用可能になっている。ナノテクノロジーに加え，通信手段やコンピューターシステムの小型化により，世界中の情報の流れがほぼ瞬間的なものとなっている。分析と行動のための時間が短くなっているだけでなく，判断して決定を下すうえで吸収しなければならない情報量はかなり増えている。2006年，当時の国家情報長官であったジョン・ネグロポンテは，「国家安全保障局は来年〔2007年〕にはインターネットで1日647ペタバイト〔1ペタバイト＝1000兆バイト〕の情報が流通されると見積っている。……比較のために言えば，議会図書館の所蔵図書に相当する情報量は0.02ペタバイトしかない」と述べた（Negroponte 2006）。技術が生み出した問題は部分的には技術によって解決できるが，いまやひとりの情報分析官や政策決定者がひとつの国際的問題のあらゆる側面についての専門家にはなり得ない状況になりつつある。あるインテリジェンスの高官が最近述べたように，ひとつの問題に対して政治，経済，軍事，科学技術の分野のそれぞれの情報分析官が持ち寄る特殊な知識を活用するために，インテリジェンスはよりチームに基づいた作業となっていくであろう（Medina 2008）。彼女の見方によると，グローバルな問題のほとんどが純粋な政治的，軍事的，経済的問題に簡単には切り分けられないため，そのような学際的分析が定石となりつつある。

　情報技術によって情報の収集・分析・発信がこれまで以上に「ジャスト・イン・タイム（適時）」の事象となる可能性が高い。インターネット世代が政府で責任ある立場に就くようになると，新たな形態で情報を受け取ることに抵抗のないインテリジェンスの利用者が，ますます増えるであろう。

　インテリジェンスの評価を提供することは24時間・年中無休の活動となっており，さまざまな利用者が電子的に許される限度のスピードでその成果を活

用しようとするであろう。タイムリーであること——つねに重要な要素である——は日単位ではなく，時間や分の単位で計られるようになっている。情報分析官が考えたり，政策決定者に伝達される情報の質や信頼性を検証したりする時間もなく，急いでインテリジェンスを活用することには危険がともなう。生の情報を加工することは重要である。しかし，情報の理解は，証拠を比較考量し，重要な戦略的危険を認識して，その与え得る影響を算定する時間なしには成し遂げられない人間的な要素であり続けている。情報技術は，データの選別やパターンの発見を促す分析手段を提供することにより，情報分析官が大量の情報を処理する手助けとなろう。しかし，そのようなパターンが政策決定者にとって重要であることを認識するには，人間の知性が依然として必要なのである。インテリジェンスがあふれ，よりタイムリーになるにつれて，その質を維持するためには生産者と使用者の双方がこれまで以上に努力しなければならないであろう。

◆グローバルな守備範囲

　アメリカで発生した2008年の住宅・金融危機は，世界全体がどれほど相互に結び付いているかを示すことになった。ヨーロッパ，中東，アジア諸国は当初，そのような混乱から切り離されていると考えていたが，国内の金融取引とグローバルな市場が相互に依存していたため，自国の金融機関も等しく脅かされていることがまもなく明らかになった。同じように，CNNをはじめとする国際的な報道機関によって世界の一部で起こった地域的な出来事が急速に「グローバル化」しており，いまや遠く離れた紛争——それがグルジアのアブハジア，パレスチナ自治区，もしくはダルフールであっても——がアメリカの大統領執務室やダウニング街10番地〔イギリスの首相公邸の所在地〕だけでなく，世界中の家庭に持ち込まれている。

　1947年にアメリカのインテリジェンス・コミュニティーが創設されたとき，ソ連という単一の脅威との戦いにどれほど長く関与するのか誰一人としてわからなかった。50年近くにわたって，インテリジェンスの優先事項のほとんどは，ソ連が保有する軍事力やそのヨーロッパとアジアにおける衛星国の操縦，そしてそれ以外の第三世界の一部を共産化する試みについて監視することに，何ら

かのかたちで結び付けられていた。1990年以降，そしてソ連の崩壊後に中央情報長官であったジェームズ・ウールジーは，「われわれは竜を殺したが，草むらのなかには1ダースほどの蛇がいる」と言った（Woolsey 1993）。彼のメッセージは，アメリカはいまや複数の脅威に直面しており，その事実がアメリカの大戦略（グランド・ストラテジー）の形成を複雑にすると同時に，インテリジェンス・コミュニティーがひとつの問題に資源と能力を集中させることを妨げているというものである。それ以来，アメリカのインテリジェンスはこの新しいグローバルな環境に適応し，ますます多様になるさまざまなテーマに対処してきた。その対処リストはほとんど際限のないものとなっている。分裂したソ連の監視をはじめ，中国やインドの台頭の追跡，イラク，イラン，アラブ・イスラエル間の紛争がニュースを独占する中東情勢の監視，アフガニスタンやパキスタンといった一触即発の南アジア諸国，爆発寸前のバルカン半島，大部分が低開発で苦しむアフリカの一部にまで及んでいる。ある日の大統領日報はこれらすべての問題の報告や分析であふれており，そうした問題をさらに詳細に扱っている他のインテリジェンスの評価でも同様である。

　とくに冷戦終結以降，「グローバルな守備範囲（global coverage）」と表現されるものを提供することが，アメリカのインテリジェンス・コミュニティーにとって主要な問題となっている。ソ連という一枚岩の脅威は消滅し，世界中で突発的に起こる危機がそれにとって代わっている。現在の紛争地域――中東，バルカン半島，もしくはその他のいかなる地域であっても――によって，情報機関は政策決定者の要求に応えるため，さらなる情報の収集・分析に資源を迅速に投入（いわゆる「増派」）することが求められている。下院情報特別委員会は10年以上も前に，「インテリジェンス・コミュニティーがインテリジェンスの『基盤』を維持するための能力は，ほかのさらに喫緊の懸念事項に完全に集中するからといって犠牲にすることはできない」と警告していた（HPSCI 1996）。このグローバルな守備範囲の一部には，オープン・ソースの分析をしだいに取り入れていかねばならなくなるであろう。国家情報長官もインテリジェンス・コミュニティー指令を発し，そこで学界・民間の専門家や卓越した研究拠点（centers of excellence）に手を広げること（アウトリーチ）によってグローバルな専門性を形成する重要性を強調した。実際に，国家情報長官が

2007年に公表した「100日計画」では，これまで以上に知識にアクセスするために，さらなる協力，情報共有，そしてアウトリーチを，外国のパートナーだけでなくアメリカ国内の情報機関に対しても求めたのである（Director of National Intelligence 2007）。

　グローバリゼーションという現象により，われわれは国家安全保障上の利益に関して，従来よりも非伝統的な問題に注意を向けるようになっている。過去10年で，気候変動，環境，エネルギー，希少資源，伝染病，人口動態，宗教の過激化，非国家主体が，国家安全保障上の懸念事項のリストに加わった。そのような多様な問題について情報収集し，専門性を高めるには，新たなインテリジェンス戦略が必要となるであろう。インテリジェンスの専門家の多くが，われわれの直面するグローバルな問題の本質が変化しつつあることを認識している。国家情報会議の副議長であったグレゴリー・トレヴァートンは2003年に，グローバルな金融，気候変動，伝染病のような問題に政策が向けられるようになると，インテリジェンス・コミュニティーは「秘密」よりもさらに多くの謎に取り組まないといけなくなると指摘している（Treverton 2003a）。最新の『世界の展望2025年（*Global Trends 2025*）』において国家情報会議は，「グローバルな多極の国際システムが出現」し，「戦略的敵対関係が，貿易，人口問題，天然資源へのアクセス，投資，そして技術革新を中心に展開される可能性が最も高くなる」という世界の方向性を指し示しているのである。このような世界においては，これまでに前例のない西洋から東洋へのグローバルな富と経済力の移転が起こるであろう。この報告書は世界におけるアメリカの優越した地位は変化すると予想しているが，引き続きアメリカが果たす重要な役割を強調している。それゆえ，アメリカの役割が変化しても，伝統的なものだけでなく，新たな国際的問題に対する新戦略とインテリジェンスへの関心が今後も存在することと予想される。

🔑 KEY POINTS

- 9.11テロ事件によって予防と先制の戦略に新たな重点が置かれるようになっているが，それらの戦略は封じ込めや抑止の戦略よりも優れたインテリジェンスを必要とする。

- 予防戦略と先制戦略に依拠するには，敵が行動する前であっても軍事行動をとることを正当化するために，確実な情報が必要である。
- グローバリゼーションは情報の流通する速度と量を増大させるグローバルな情報革命をともなっており，それをインテリジェンス・コミュニティーは監視し，理解しなければならない。
- グローバリゼーションによって国家安全保障の意味合いは変化しているため，いまやインテリジェンスの新たな課題として気候変動，エネルギー・資源の希少性，グローバルな健康問題，幅広い人口・宗教の動向が含まれるようになっている。

6 おわりに

　インテリジェンスは，効果的な国家安全保障戦略を形成するうえで今日でも欠くことのできない要素である。インテリジェンスは，国家安全保障上の利益をめぐる概念の変化と，それにともなって出現する戦略につねに歩調を合わせていかねばならないであろう。これまでと同じく，いかなるインテリジェンスの制度であっても，すべてにわたって完璧な洞察や予知めいた観測を生み出すことはないであろう。世界はあまりにも複雑であり，海外にいる敵がどのようにしてアメリカやその友好国・同盟国の国益を脅かそうとするのかを知ろうとしても，その敵の意思決定のスタイルを見通すことはあまりにも難しいのである。しかし，われわれに言えるのは，戦略的競争者の将来の行動を取り巻く不確実性を最大限取り除くために，政策決定者はインテリジェンスを必要とするということである。

　これまでと同様に，戦略的奇襲やインテリジェンスの失敗が起こる可能性は排除できない。しかし，奇襲やインテリジェンスの失敗が生起する可能性を低下させ，その被害や影響を抑えるために，情報の収集・分析，そしてインテリジェンスと政策の関係を改善する措置がこれまでとられてきた。さらに，政策決定者とインテリジェンスの専門家とのあいだで協力が求められており，インテリジェンスに何ができて，何ができないかを適切に把握することに戦略が依拠している事実がますます明らかになっている。何世紀も昔のものであるが，

敵だけでなく，「己(おの)れを知れ」という孫子の格言は，当時と同じように現代でも有効なのである。

Q 問題

1. インテリジェンスは優れた戦略に必要な要素であろうか。
2. 戦略家は戦略を向上させるためにどのようにインテリジェンスを用いるのであろうか。
3. 戦略を向上させるうえでインテリジェンスが果たす役割はいかなるものであろうか。
4. 戦略家が注意すべきインテリジェンスの持つ重要な制約とは何か。
5. 過去のインテリジェンスの失敗から学び得る教訓は何か。失敗の実務上の定義は何か。
6. 政策決定者への情報提供を促すよう情報活動を改革する試みはどの程度成功したのであろうか。その問題は何か。
7. 戦略家の役に立つ秘密工作の役割は何であろうか。
8. 分析上の偏見や「マインドセット」の役割は，インテリジェンスの失敗を説明するうえでどの程度役立つと考えるか。
9. インテリジェンスの分析を向上させるために何をなし得るであろうか。一部の論者が示唆するように，失敗は不可避なのか。
10. 9.11以後の新たな現実に対してインテリジェンスはどのように適応していく必要があるのか。

文献ガイド

落合浩太郎『CIA失敗の研究』文春新書，2005年
　▷とくに冷戦後の1990年代初めから9.11アメリカ同時多発テロ事件後までの時期に着目し，CIAによるインテリジェンスの失敗を分析した著作。

北岡元『インテリジェンス入門』第2版，慶應義塾大学出版会，2009年
　▷実務家，研究者の双方の観点から，インテリジェンスの定義やインテリジェンス・サイクルなどの理論的背景を踏まえ，インテリジェンスの収集・管理・分析・評価など幅広い分野を扱った教科書。

情報史研究会編『名著で学ぶインテリジェンス』日経ビジネス文庫，2008年
　▷インテリジェンスに関する基本文献20冊を厳選し，それぞれについて平易に解説したガイドブック。

ローエンタール，マーク・M.／茂田宏監訳『インテリジェンス——機密から政策

』慶應義塾大学出版会，2011年
　　▷アメリカで高い評価を受けているインテリジェンスの教科書。インテリジェンスの基本的概念や役割に加え，インテリジェンスの新たな課題，倫理・道徳上の問題なども網羅。
ワイナー，ティム／藤田博司ほか訳『CIA秘録——その誕生から今日まで』上下巻，文藝春秋，2009年
　　▷公開された公文書やオーラル・ヒストリーを基に，CIAの誕生から9.11アメリカ同時多発テロ事件に至るまで，ジャーナリストとしての批判的な観点から著した通史。

【注】
1) 本章で示されている見解は著者個人のものであり，中央情報局などアメリカ政府のいかなる省庁の見解も代表するものではない。
2) リチャーズ・ホイヤーによる業績（Heuer 1999）は，分析官が持つ認識上の制約についての分析官自身の理解を深めた。構造的分析方法の開発は，ほかの研究機関だけでなく，インテリジェンスの訓練コースにおいても続けられている。

【訳注】
本章で用いた訳書は以下の通り。
Clausewitz（1982）＝篠田英雄訳『戦争論』上中下巻，岩波文庫，1993年
Sun Tzu（1963）＝金谷治訳注『孫子』岩波文庫，1990年

引用・参考文献

Abadie, A. and J. Gardeazabal (2004) *Terrorism and the World Economy*. Cambridge, MA: Center for International Development.
Abrahms, M. (2004) 'Are Terrorists Really Rational? The Palestinian Example', *Orbis* 48/3, 533-49.
Addington, Larry, H. (1994) *The Patterns of War since the Eighteenth Century*, 2nd edn. Bloomington, IN: Indiana University Press.
Allison, G. (2004) *Nuclear Terrorism: The Ultimate Preventable Catastrophe*. New York: Times Books.
Almond, G. and S. Verba (1965) *The Civic Culture: Political Attitudes and Democracy in Five Nations*. Boston, MA: Little Brown.
al-Zawahiri, Ayman (2001) 'Knights under the Prophet's Banner', in *Al-Sahraq al-Awsat* (London), 2 December, translated by the Foreign Broadcast Information Service (FBIS), available at http://www.fas.org/irp/world/para/ayman_bk.html, accessed 1 March. 2005.
——(2005) 'Letter from al-Zawahiri to Zarqawi', translated by The Foreign Broadcast Information Service, October.
American Society of International Law (1994) *United States: Administration Policy on Reforming Multilateral Peace Operations*. Washington, DC: American Society of International Law.
Anderson, William F. (2009) 'Effects-based Operations: Combat Proven', *Joint Force Quarterly* 52 (1st quarter).
Angell, N. (1914) *The Great Illusion*. London: Heinemann.
Annan, K. (1999) *Statement on receiving the report of the Independent Inquiry into the Actions of the United Nations during the 1994 Genocide in Rwanda*. 16 December; available at http://www.un.org/News/ossg/sgsm_rwanda.htm
Anthony, I. and A. D. Rotfeld (eds)(2001) *A Future Arms Control Agenda*. Oxford: Oxford University Press.
Archer, C., J. Ferris, H. Herwig and T. Travers (2002) *A World History of Warfare*. Lincoln, NE: University of Nebraska Press.
Ardrey, R. (1966) *The Territorial Imperative*. New York: Atheneum.
Arend, A. C. and R. J. Beck (1993) *International Law and the Use of Force: Beyond the Charter Paradigm*. London: Routledge.
Arkin, W. M. (1998) *The Internet and Strategic Studies*. Washington, DC: SAIS, Center for Strategic Education.
Arquilla, J. and D. Ronfeldt (eds)(2001) *Networks and Netwars*. Santa Monica, CA: RAND. http://www.rand.org/publications/MR/MR1382/
Aussaresses, P. (2005) *The Battle of the Casbah: Terrorism and Counter-Terrorism in Algeria, 1955-1957*. New York: Enigma.
Bacevich, A. J. (1986) *The Pentomic Era: The US Army between Korea and Vietnam*. Washington, DC: National Defense University Press.
Ball, D. (ed.) (1993) *Strategic Culture in the Asia-Pacific Region (with Some Implications for Regional Security Cooperation)*. Canberra: Strategic and Defence Studies Centre, Australian National University.
Banchoff, T. (1999) *The German Problem Transformed: Institutions, Politics and Foreign Policy, 1945-1995*. Ann Arbor, MI: University of Michigan Press.

Banerjee, S. (1997) 'The Cultural Logic of National Identity Formation: Contending Discourses in Late Colonial India'. In Valerie M. Hudson (ed.), *Culture and Foreign Policy*. Boulder, CO: Lynne Rienner.
Barkawi, T. (1998) 'Strategy as a Vocation: Weber, Morgenthau and Modern Strategic Studies', *Review of International Studies* 24, 159–84.
Barnes, R. (2005) 'Of Vanishing Points and Paradoxes: Terrorism and International Humanitarian Law'. In R. Burchill, N. D. White and J. Morris (eds), *International Conflict and Security Law: Essays in Memory of Hilaire McCoubery*. Cambridge: Cambridge University Press.
Barnett, Thomas P. M. (2004) *The Pentagon's New Map: War and Peace in the Twenty-first Century*. New York: Berkeley Books.
Baylis, J. (2001) 'The Continuing Relevance of Strategic Studies in the Post-cold War Era', *Defence Studies* 1/2, 1–14.
—— and S. Smith (2005) *The Globalization of World Politics: An Introduction to International Relations*, 3rd edn. Oxford: Oxford University Press.
—— et al. (1987) *Contemporary Strategy*. New York: Holmes & Meier.
BBC (2005) 'IAEA urged to refer Tehran to the UN', BBC news 19 September 2005, available at http://www.bbc.news.co.ik/l.hi/world/middle_east/4259018.stm
BBC (2009) 'Stakes High for Obama on Iran', BBC news 15 January 2009, available at http://www.bbc.news.co.ik/l.hi/world/middle_east/7829313.stm
Beam, L. (1992) *Leaderless Resistance*. Available at http://www.crusader.net/texts/bt/bt04.html.
Beaufre A. (1965a) *An Introduction to Strategy*. London: Faber & Faber.
——(1965b) *Deterrence and Strategy*. London: Faber & Faber.
Bellamy, Alex J., P. Williams and S. Griffin (2004) *Understanding Peacekeeping*. Cambridge: Polity.
Benedict, R. (1946) *The Chrysanthemum and the Sword*. Boston, MA: Houghton Mifflin.
Benjamin, D. and S. Simon (2005) *The Next Attack*. New York: Times Books.
Berdal, M. and M. Serrano (eds)(2002) *Transnational Organized Crime and International Security*. Boulder, CO: Lynne Rienner.
Bergen, John D. (1986) *Military Communications: A Test for Technology*. Washington, DC: Center of Military History.
Berger, Thomas U. (1998) *Cultures of Antimilitarism: National Security in Germany and Japan*. Baltimore, MD: Johns Hopkins University Press.
Bernstein, P. (2008) 'International Partnerships to Combat Weapons of Mass Destruction', Occasional Papers 6. National Defense University Center for the Study of Weapons of Mass Destruction, Washington D.C.
Best, G. (1982) *War and Society in Revolutionary Europe, 1770–1870*. London: Fontana.
Betts, R. K. (1997) 'Should Strategic Studies Survive?', *World Politics* 50/1, 7–33.
—— (1998). 'The New Threat of Mass Destruction', *Foreign Affairs* 77/1.
Betts, R. (2007) *Enemies of Intelligence: Knowledge and Power in American National Security*. New York: Columbia University Press.
Beyerchen, A. (1996) 'From Radio to Radar: Interwar Military Adaptation to Technological Change in Germany, the United Kingdom and the United States'. In Williamson Murray and Allan R. Millett (eds), *Military Innovation in the Interwar Period*. Cambridge: Cambridge University Press.
Biddle, S. (2002) *Afghanistan and the Future of Warfare: Implications for Army and Defense Policy*. Carlisle, PA: US Army War College Strategic Studies Institute.
——(2003a) 'Afghanistan and the Future of Warfare', *Foreign Affairs*, 82/2, 31–46.

―――(2003b) Operation Iraqi Freedom: Outside Perspectives. Testimony before the House Armed Services Committee, 21 October.
―――(2004) *Military Power: Explaining Victory and Defeat in Modern Battle*. Princeton, NJ: Princeton University Press.
―――(2005) *American Grand Strategy After 9/11: An Assessment*. Carlisle, PA: US Army War Studies Strategic Studies Institute.
Black, J. (2001) *War*. London: Continuum.
Blomberg, S., G. Hess and A. Orphanides (2004) 'The Macroeconomic Consequences of Terrorism', Working Paper No. 1151. Munich: CESIFO.
Booth, K. (1979) *Strategy and Ethnocentrism*. London: Croom Helm.
―――(1981) *Strategy and Ethnocentrism*. New York: Holmes and Meier.
―――(1997) 'Security and Self: Reflections of a Fallen Realist'. In Keith Krause and Michael C. Williams (eds), *Critical Security Studies: Concepts and Cases*. London: UCL Press.
―――(2005) 'Beyond Critical Security Studies'. In Ken Booth (ed.), *Critical Security Studies and World Politics*. Boulder, CO: Lynne Rienner.
――― and Herring, E. (1994) *Keyguide to Information Sources in Strategic Studies*. London: Mansell 1994.
――― and R. Trood (eds.) (1999) *Strategic Culture in the Asia-Pacific*. New York: Macmillan.
Boulding, K. (1956) *The Image*. Ann Arbor, MI: University of Michigan Press.
Brent, J. and V. P. Naumov (2003) *Stalin's Last Crime: The Plot Against the Jewish Doctors, 1948-1953*. NewYork: Perennial.
Brodie, B. (1959) *Strategy in the Missile Age*. Princeton, NJ: Princeton University Press.
―――(1973) *War and Politics*. London: Cassell; New York: Macmillan.
Brownlie, I. (1963) *International Law and the Use of Force by States*. Oxford: Clarendon Press.
―――(1990) *Principles of Public International Law*. Oxford: Oxford University Press.
Bull, H. (1961) *The Control of the Arms Race*. London: Weidenfeld & Nicolson.
―――(1968) 'Strategic Studies and its Critics', *World Politics* 20/4, 593-605.
―――(1977) *The Anarchical Society: A Study of Order in World Politics*. London: Macmillan.
Burchill, S., R. Devetak, A. Linklater, M. Patterson, C. Reus-Smit and J. True (2005) *Theories of International Relations*, 3rd edn. London: Macmillan.
Burkard, S., D. Howlett, H. Müller and B. Tertrais (2005) 'Effective Non-Proliferation: The European Union and the 2005 NPT Review Conference'. Chaillot Paper No. 72. Paris: EU-ISS.
Butcher, M. (2003) *What Wrongs Our Arms May Do: The Role of Nuclear Weapons in Counterproliferation*. Washington, DC: Physicians for Social Responsibility, available at http://www.psr.org/documents/psr_doc_0/ program_4/PSRwhatwrong03.pdf
Butterfield, H. (1952) *History and Human Relations*. London: Collins.
――― and M. Wight (1966) *Diplomatic Investigations*. London: Allen & Unwin.
Buzan, B. and E. Herring (1998) *The Arms Dynamic in World Politics*. London: Lynne Rienner.
Byers, M. (2000) *The Role of Law in International Politics: Essays in International Relations and International Law*. Oxford: Oxford University Press.
―――(2004) 'Agreeing to Disagree: Security Council Resolution 1441 and International Ambiguity', *Global Governance* 10/2, 165-86.
Byman, Daniel A. and Matthew C. Waxman (2000) 'Kosovo and the Great Air Power Debate', *International Security* 24/4 (Spring).
Caldicott, H. (1986) *Missile Envy: The Arms Race and Nuclear War*. Toronto: Bantam.
Callwell, C. E. (1899) *Small Wars: Their Principles and Practice*. London: Her Majesty's Stationery

Office.
Calvert, J. (2004) 'The Mythic Foundations of Radical Islam', *Orbis* (Winter).
Carr, E. H. (1942) *Conditions of Peace*. London: Macmillan & Co.
——(1946) *The Twenty Years' Crisis 1919-1939*, 2nd edn. London: Macmillan.
Carter, A. and L. Celeste Johnson (2001) 'Beyond the Counterproliferation Initiative'. In Henry Sokolski and James Ludes, *Twenty-First Century Weapons Proliferation*. London: Frank Cass.
Carvin, S. (2008) 'Linking Purpose and Tactics: America and the Reconsideration of the Laws of War During the 1990s', *International Studies Perspective* 9/2, 128-43.
Cashman, G. (1993) *What Causes War? An Introduction to Conflict*. New York: Lexington Books.
Castells, M. (1998) *The End of Millennium, iii. The Information Age, Economy, Society and Culture*. Oxford: Blackwell.
Cebrowski, A., and J. Garstka (1998) 'Network-Centric Warfare', *U.S. Naval Institute Proceedings* 124/1, 29.
Center for the Study of Intelligence (2004) *Intelligence and Policy: The Evolving Relationship, Roundtable Report*, 10 November. Washington, DC: Georgetown University.
Cerny, P. (1986) 'Globalization and the Disarticulation of Political Power: Towards a New Middle Ages', *Civil Wars* 1/1, 65-102.
Cha, Victor D. (2000) 'Globalization and the Study of International Security', *Journal of Peace Research* 37/3, 391-403.
Chandler, D. G. (ed.)(1988) *The Military Maxims of Napoleon*, translated by George C. D' Aguilar. New York: Macmillan.
Chayes, S. (2006) *The Punishment of Virtue*. London: Portobello Books.
Churchill, W. (1926) *The World Crisis, 1911-1914*. New York: Charles Scribner's Sons.
Cimbala, Stephen J. (1997) *The Politics of Warfare: The Great Powers in the Twentieth Century*. University Park, PA: Pennsylvania State University Press.
Cirincione, J., Jon B. Wolfsthal and M. Rajkumar (2005) *Deadly Arsenals: Nuclear, Biological and Chemical Threats*, 2nd edn. Washington, DC: Carnegie Endowment for International Peace.
Clarke, Arthur C. (1970) 'Superiority'. In Arthur C. Clarke, *Expedition to Earth*. New York: Harcourt, Brace & World.
Claude, I. L. (1962) *Power and International Relations*. NewYork: Random House.
Clausewitz, Carl von (1976) *On War*, translated and edited by Michael Howard and Peter Paret. Princeton, NJ: Princeton University Press.
——(1982) *On War*, abridged edn. London: Routledge.
——(1982) *On War*. Harmondsworth: Penguin.
——(1989) *On War*, edited and translated by Michael Howard and Peter Paret. Princeton, NJ: Princeton University Press.
——(1993) *On War*, edited and translated by Michael Howard and Peter Paret. London, NJ: Everyman's Library
Cline, L. (2005) *Psuedo Operations and Counterinsurgency: Lessons from Other Countries*. Carlisle, PA: Strategic Studies Institute. Available online at http://www.strategicstudiesinstitute.army.mil/pubs/display.cfm? PubID 607.
Clutterbuck, R. (1990) *Terrorism and Guerrilla Warfare: Forecasts and Remedies*. London: Routledge.
Cohen, E. (1996) 'A Revolution in Warfare', *Foreign Affairs* March/April, 37-54.
Cohen, S. (2002) *India, Emerging Power*. Washington, DC: Brookings Institution Press.
Cohn, C. (1987) 'Sex and Death in the Rational World of Defense Intellectuals', *Signs: Journal of*

Women in Culture and Society 12/4, 687-718.
Cohn, C. (1993) 'Wars, Wimps, and Women: Talking Gender and Thinking War'. In M. Cooke and A. Woollacott (eds), *Gendering War Talk*. Princeton NJ: Princeton University Press.
Collins, A. (1998) 'GRIT, Gorbachev and the End of the Cold War', *Review of International Studies* 24/2, April.
Congressional Budget Office (2005) *Federal Funding for Homeland Security: An Update*. Available at http://www.cbo.gov/ftpdocs/65xx/doc6566/7-20-HomelandSecurity.pdf
Cordesman, Anthony H. (2002) *The Lessons of Afghanistan, Warfighting, Intelligence, Force Transformation, Counterproliferation and Arms Control*. Washington, DC: Center for Strategic and International Studies.
——(2003a) *The 'Instant Lessons' of the Iraq War, Main Report, Seventh Working Draft*. Washington, DC: CSIS.
——(2003b) *The Iraq War: Strategy, Tactics, and Military Lessons*. Washington, DC: Center for Strategic and International Studies.
——(2004) *The War After the War: Strategic Lesssons of Iraq and Afghanistan*. Washington, DC: Center for Strategic and International Studies.
Cornish, P. and G. Edwards (2001) 'Beyond the EU/NATO Dichotomy: The Beginnings of a European Strategic Culture', *International Affairs*, 77/3, 587.
—— and —— (2005) 'The Strategic Culture of the European Union: A Progress Report', *International Affairs*, 81/4.
Creveld, Martin van (1989) *Technology and War from 2000 B. C. to the Present*. New York: Free Press.
——(1991) *The Transformation of War*. New York: Free Press.
Croft, S. (1996) *Strategies of Arms Control: A History and Typology*. Manchester: Manchester University Press.
Cronin, Audrey K. (2002/3) 'Behind the Curve: Globalization and International Terrorism', *International Security*, 27/3 (Winter), 30-58.
Cruz, C. (2000) 'Identity and Persuasion: How Nations Remember their Pasts and Make their Futures', *World Politics* 52/3, 278.
Daalder, I. and T. Terry (eds) (1993) *Rethinking the Unthinkable: New Directions in Nuclear Arms Control*. London: Frank Cass.
Danchev, A. (1999) 'Liddell Hart and the Direct Approach', *The Journal of Military History* 63/2, 313-37.
Davidson Smith, G. (1990) *Combating Terrorism*. London: Routledge.
Davis, Zachary S. (1994) *US Counterproliferation Policy: Issues for Congress. CRS Report for Congress*. Washington, DC: Congressional Research Service.
Dawkins, R. (1976) *The Selfish Gene*. Oxford: Oxford University Press.
Debray, R. (1968) *Revolution in the Revolution? Armed Struggle and Political Struggle in Latin America*. London: Pelican.
Department of Defence Directive 3000.07 (2008) *Irregular Warfare* (IW).
Department of Holmeland Security (2007a) *After Action Quick Look Report*. Available at http://www.fema.gov/pdf/media/2008/t4_after%20action_report.pdf
Department of Homeland Security (2007b) TOPOFF 4 Frequently Asked Questions. Available at http://www.dhs.gov/xprepresp/training/gc_1179422026237.shtm
Department of Justice (2004) *A Review of the FBI's Handling of Intelligence Information Related to the September 11 Attacks*. Washington, DC: Office of the Inspector General, November, redacted and unclassified: released publicly June 2005.

Department of the Army (1994) *US Army Field Manual 100-23: Peace Operations*. Washington, DC: Department of the Army.
Department of the Army (2007) *FM 3-24, Counterinsurgency Field Manual*. Chicago, IL: University of Chicago Press.
Deptula, David A. (2001) *Effects-Based Operations: Change in the Nature of Warfare*. Arlington, Va. Aerospace Education Foundation.
Desch, Michael C. (1998) 'Culture Clash: Assessing the Importance of Ideas in Security Studies', *International Security* 23/1 (Summer).
De Vol, R. and P. Wong (2005) *Economic Impacts of Katrina*. Santa Monica, CA: Milken Institute.
Diehl, Paul F. and N. Petter Gleditsch (2000) *Environmental Conflict: An Anthology*. Boulder, CO: Westview.
Director of National Intelligence (2005) *The National Intelligence Strategy of the United States: Transformation Through Integration and Innovation*. Washington, DC: Director of National Intelligence.
Director of National Intelligence (2007) *The 100 Day Plan: Integration and Collaboration*. Washington, DC: Director of National Intelligence.
Dixon, C. A. and O. Heilbrunn (1962) *Communist Guerrilla Warfare*. New York: Praeger.
Dobbie, C. (1994) 'A Concept for Post-Cold War Peacekeeping', *Survival* 36/3.
Douhet, G. (1984) *The Command of the Air*, translated by Dino Ferrari. Washington, DC: New York, Coward-McCann; previously published New York, 1942.
Doyle, M. W. (1983) 'Kant, Liberal Legacies and Foreign Affairs', *Philosophy and Public Affairs*, 12.
——(1986) 'Liberalism and World Politics', *American Political Science Review* 80.
Dueck, C. (2004) 'The Grand Strategy of the United States, 2000-2004', *Review of International Studies* 30/4 (October).
Duffield, John S. (1999a) 'Political Culture and State Behavior', *International Organisation*, 53/4, 765-804.
——(1999b) *World Power Forsaken: Political Culture, International Institutions and German Security Policy after Unification*. Stanford, CA: Stanford University Press.
Dunn, D. J. (1991) 'Peace Research Versus Strategic Studies'. In Ken Booth (ed.), *New Thinking About Strategy and International Security*. London: Harper Collins.
Earle, E. (1943) *Markers of Modern Strategy: Military Thought from Machiavelli to Hitler*. Princeton, NJ: Princeton University Press.
Ebel, Roland H., R. Taras and James D. Cochrane (1991) *Political Culture and Foreign Policy in Latin America: Case Studies from the Circum-Caribbean*. Albany, NY: State University of New York.
Eckstein, H. (1998) 'A Culturalist Theory of Political Change', *American Political Science Review* 82, 790-802.
Eden, L. (2004) *Whole World on Fire: Organizations, Knowledge and Nuclear Weapons Devastation*. Ithaca, NY: Cornell University Press.
Ellis, J. (2003) 'The Best Defence: Counterproliferation and US National Security', *Washington Quarterly*, 26/2.
Enders, W. and T. Sandler (2004). 'What do we Know about the Substitution Effect in Transnational Terrorism?', in A. Silke and G. Ilardi (eds), *Terrorism Research*. London: Frank Cass.
Ermath, F. (2009) 'Russian Strategic Culture in Flux: Back to the Future?' In J. L. Johnson, K. M. Kartchner and J. A. Larsen (eds) *Strategic Culture and Weapons of Mass Destruction: Culturally Based Insights into Comparative National Security Policymaking*. London: Palgrave-Macmillan.

European Union (2003) *A Secure Europe in a Better World: European Security Strategy*, available at http://ue.eu.int/uedocs/ cmsUpload/78367.pdf
Fall, B. B. (1998) 'The Theory and Practice of Insurgency and Counter-Insurgency', *Naval War College Review* 15/1, 46-57.
Farrell, T. (2001) 'Transnational Norms and Military Development: Constructing Ireland's Professional Army', *European Journal of International Relations* 7/1, 63-102.
—— and T. Terrif (eds)(2001) *The Sources of Military Change: Culture, Politics, Technology*. Boulder, CO: Lynne Rienner.
Feinstein, L. and A.-M. Slaughter (2004) 'A Duty to Prevent', *Foreign Affairs* 83/1, 136-50.
Feldman, S. (1982) 'The Bombing of Osiraq: Revisited' *International Security* 7/2.
Feng, H. (2009) 'A Dragon on Defense: Explaining China's Strategic Culture'. In J. L. Johnson, K. M. Kartchner and J. A. Larsen (eds) *Strategic Culture and Weapons of Mass Destruction: Culturally Based Insights into Comparative National Security Policymaking*. London: Palgrave- Macmillan.
Ferris, J. (2004a) 'A New American Way of War? C4ISR, Intelligence and IO in Operation lraqi Freedom, a Preliminary Assessment', *Intelligence and National Security*, 14/1.
——(2004b) 'Netcentric Warfare and Information Operations: Revolution in the RMA?', *Intelligence and National Security*, 14/3.
Findlay, T. (2002) *The Use of Force in UN Peace Operations*. Oxford: Oxford University Press.
Flynn, F. (2007) *America the Vulnerable and The Edge of Disaster: Rebuilding a Resilient Nation*. London: Random House.
Flynn, S. (2004) *America the Vulnerable*. New York: Harper Collins.
Fontenot, G., E. J. Degen and D. Tohn (2004) *On Point: The United States Army in Operation lraqi Freedom*. Fort Leavenworth, KS: US Army Training and Doctrine Command.
Forester, C. S. (1943) *The Ship*. Boston, MA: Little Brown.
Forsythe, D. (2008) 'The United States and International Humanitarian Law', *Journal of Human Rights* 7/1 (Spring), 25-33.
Franck, T. M. (1990) *The Power of Legitimacy among Nations*. Oxford: Oxford University Press.
——(2001) 'Terrorism and the Right to Self-Defense', *American Journal of International Law* 95/4, 839-43.
—— and N. S. Rodley (1973) 'After Bangladesh: The Law of Humanitarian Intervention by Force', *American Journal of International Law* 67/2, 275-305.
Freedman, L. (1981) *The Evolution of Nuclear Strategy*. New York: St Martin's Press.
——(1986) 'The First Two Generations of Nuclear Strategists'. In Peter Paret (ed.), *Makers of Modern Strategy: From Machiavelli to the Nuclear Age*. Oxford: Clarendon Press.
——(2000) 'Victims and Victors: Reflections on the Kosovo War', *Review of International Studies*, 26/3 (July).
——(2003) 'Prevention, Not Preemption', *Washington Quarterly*, 26/2.
——(2004) *Deterrence*. Cambridge: Polity Press.
Freud, S. (1932) 'Why War?'. In *The Standard Edition of the Complete Psychological Writings of Sigmund Freud*, xxii, 197-215. London: Hogarth Press.
Friedman, N. (2000) *Seapower and Space: From the Dawn of the Missile Age to Net-Centric Warfare*. Annapolis, MD: Naval Institute Press.
——(2003) *Terrorism, Afghanistan and America's New Way of War*. Washington, DC: US Naval Institute Press.
Friedman, T. (2002) *Longitudes and Attitudes: Exploring the World After September 11*. New York: Farrar Straus & Giroux.

―― (1968) 'Why War?'. In L. Bramson and G. W. Geothals, *War: Studies from Psychology, Sociology and Anthropology*. New York and London: Basic Books.
Fukuyama, F. (1999) 'Second Thoughts', *The National Interest* 56 (Summer), 16–33.
Fuller, J. F. C. (1926) *The Foundations of the Science of War*. London: Hutchinson.
―― (1932) *The Dragon's Teeth; A Study of War and Peace*. London: Constable.
―― (1942) *Machine Warfare; An Enquiry into the Influences of Mechanics on the Art of War*. London: Hutchinson.
―― (1945) *Armament and History; A Study of the Influence of Armament on History from the Dawn of Classical Warfare to the Second World War*. New York: Charles Scribner's Sons.
Gaddis, John L. (1986) 'The Long Peace: Elements of Stability in the Postwar International System', *International Security*, 10/4.
Galula, D. (1964) *Counter-Insurgency Warfare*. New York: Praeger.
Garnett, J. C. (1975) 'Strategic Studies and its Assumptions'. In J. Baylis, K. Booth, J. Garnett and P. Williams, *Contemporary Strategy: Theories and Policies*. London: Croom Helm.
Garnett, J. C. (1987) 'Strategic Studies and its Assumptions'. In J. Baylis, K. Booth, J. Garnett and P. Williams, *Contemporary Strategy: Theories and Policies*, 2nd edn. London: Croom Helm.
Gat, A. (1988) *Clausewitz and the Enlightenment: The Origins of Modern Military Thought*. Oxford: Oxford University Press.
―― (1992) *The Development of Military Thought: The Nineteenth Century*. Oxford: Oxford University Press.
Geertz, C. (1973) *The Interpretation of Cultures*. NewYork: Basic Books.
George, A. L. (2003) 'The Need for Influence Theory and Actor-Specific Behavioral Models of Advarsaries'. In Barry R. Schneider and Jerrold M. Post (eds), *Know Thy Enemy: Profiles of Adversary Leaders and Their Strategic Cultures*. Alabama, GA: US Air Force Counterproliferation Center.
Giles, G. F. (2003) 'The Crucible of Radical Islam: Iran's Leaders and Strategic Culture'. In Barry R. Schneider and Jerrold M. Post (eds) *Know Thy Enemy: Profiles of Adversary Leaders and Their Strategic Cultures*. US Air Force Counterproliferation Center.
Goldman, Emily O. (2003) 'Introduction: Security in the Information Age'. In E. O. Goldman (ed.), National Security in the Information Age, special issue, *Contemporary Security Policy*, 24/1, 1.
Goldstone, J. (2002) 'Population and Security: How Demographic Change can Lead to Violent Conflict', *Journal of International Affairs* 56/1, 3–22.
Goodrich, L. M. Hambro, E. (1949) *Charter of the United Nations: Commentary and Documents*. Boston, MA: World Peace Foundation.
Gordon, M. (1990) 'Generals Favor "No Holds Barred" by U.S. if Iraq Attacks the Saudis', *The New York Times* 25 August.
Gordon, M. and B. Trainor (2006) *Cobra II: The Inside Story of the Invasion and Occupation of Iraq*. New York: Random House.
Gottman, J. (1948) 'Bugeaud, Gallieni, Lyautey: The Development of French Colonial Warfare'. In E. M. Earle (ed.), *Makers of Modern Strategy: Military Thought from Machiavelli to Hitler*. Princeton, NJ: Princeton University Press.
Government Accountability Office (2003) *Nuclear Security: NNSA Needs to Better Manage its Safeguards and Security Program*, GAO-03-471. Washington, DC: Government Accountability Office.
―― (2005) *Terrorist Financing: Better Strategic Planning Needed to Coordinate U.S. Efforts to Deliver Counter-Terrorism Financing Training and Technical Assistance Abroad*, GA0-06-19.

Washington, DC: Government Accountability Office.
Gowans, A. L. (1914) *Selections from Treitschke's Lectures on Politics*. London and Glasgow: Gowans & Gray.
Graeger, N. and H. Leira (2005) 'Norwegian Strategic Culture after World War II: From a Local to a Global Perspective', *Cooperation and Conflict* 40/1, 45-66.
Grant, G. (2005) 'Network Centric: Blind Spot', *Defense News* 12 September, 1.
Gray, C. (2002) 'From Unity to Polarization: International Law and the Use of Force against Iraq', *European Journal of International Law* 13/1, 1-19.
Gray, C. S. (1981) 'National Style in Strategy: The American Example', *International Security*, 6/2 (Fall), 35-7.
——(1982a) *Strategic Studies and Public Policy: The American Experience*. Lexington, KY: The University Press of Kentucky.
——(1982b) *Strategic Studies: A Critical Assessment*. London: Aldwych Press.
——(1986) *Nuclear Strategy and National Style*. Lanham, MD: Hamilton Press.
——(1992) *House of Cards: Why Arms Control Must Fail*. Ithaca, NY: Cornell University Press.
——(1997) 'The American Revolution in Military Affairs: An Interim Assessment', *The Occasional* (Strategic and Combat Studies Institute, Wiltshire, UK), 28.
——(1999a) *Modern Strategy*. Oxford: Oxford University Press.
——(1999b) *The Second Nuclear Age*. Boulder, CO: Lynne Rienner.
——(2002) *Strategy for Chaos: Revolutions in Military Affairs and the Evidence of History*. London: Frank Cass.
——(2003) *Strategy for Chaos: Revolutions in Military Affairs and the Evidence of History*. London: Frank Cass.
——(2008) *International Law and the Use of Force*, 3rd edn. Oxford: Oxford University Press.
——and Payne, K. B. (1980) 'Victory is Possible', *Foreign Policy* 39, 14-27.
Gray, John S. (1982) *Strategic Studies: A Critical Assessment*. London: Aldwych Press.
Green, J. (1986) *The A-Z of Nuclear Jargon*. New York: Routledge.
Green, P. (1966) *Deadly Logic*. Columbus, OH: Ohio State University Press.
Griffith, S. (1961) *Mao Tse-Tung on Guerrilla Warfare*. NewYork: Praeger.
Guardian, The (2009) 'US fears that Iran has the Capability to build a nuclear bomb', *Guardian* 2 March.
Guevara, C. (1997) *Guerrilla Warfare*, 3rd edn. Wilmington, DE: Scholarly Resources.
Gwynn, Charles W. (1934) *Imperial Policing*. London: Macmillan & Co.
Hagood, Jonathan (2007) 'Towards a Policy of Nuclear Dissuasion: How Can Dissuasion Improve U.S. National Security?' In Owen C. W. Price and J. Mackby (eds), *Debating 21st Century Nuclear Issues*. Washington, DC: Center for Strategic and International Studies.
Hamilton (1992) *Parliamentary Debate*, available at http://www.parliament.the-stationary-office.co.uk/pa/cmigg/2g3/cmhansrd/1992-06-29/writtens-6.html
Hammes, T. X. (2004) *The Sling and the Stone: On War in the 2lst Century*. St Paul, MI: Zenith Press.
Handel, M. (1994) 'The Evolution of Israeli Strategy: The Psychology of Insecurity and the Quest for Absolute Security'. In Williamson Murray, MacGregor Knox and Alvin Bernstein (eds), *The Making of Strategy: Rulers, Wars and States*. Cambridge: Cambridge University Press.
——(1996) *Masters of War: Classical Strategic Thought*. London: Frank Cass.
——(2001) *Masters of War: Classical Strategic Thought*, 3rd edn. London: Frank Cass.
Hanson, Victor D. (2001) *Carnage and Culture: Landmark Battles in the Rise of Western Power*.

New York: Doubleday.
Heikka, H. (2005) 'Republican Realism: Finnish Strategic Culture in Historical Perspective', *Cooperation and Conflict* 40/1, 91–119.
Henkin, L. (1968) *How Nations Behave: Law and Foreign Policy*. New York: Columbia University Press.
Herring, E. (ed.) (2000) *Preventing the Use of Weapons of Mass Destruction*. London: Frank Cass.
Herzog, A. (1963) *The War-Peace Establishment*. London: Harper & Row.
Heuer, R. (1999) *Psychology of Intelligence Analysis*. Washington, DC: Center for the Study of Intelligence.
Hoffer, E. (1952) *The True Believer: Thoughts on the Nature of Mass Movements*. London: Secker & Warburg.
Hoffman, B. (1998) *Inside Terrorism*. New York: Columbia University Press.
Holbrooke, R. (1999) 'No Media-No War', *Index on Censorship* 28/3, 20.
Holsti, O. (1976) 'Foreign Policy Formation Viewed Cognitively'. In R. Axelrod (ed.), *Structure of Decision*. Princeton, NJ: Princeton University Press.
Homer-Dixon, Thomas F. (1991) 'On the Threshold: Environmental Changes as Causes of Acute Conflict', *International Security* 16/2 (Fall), 76–116.
Honig, Jan Willem (2001) 'Avoiding War, Inviting Defeat: The Srebrenica Crisis, July 1995', *Journal of Contingencies and Crisis Management* 9/4, 201.
Horowitz, D. L. (1985) *Ethnic Groups in Conflict*. Berkeley, Los Angeles, London: University of California Press.
Howard, M. (1975) *War in European History*. Oxford: Oxford University Press.
——(1991) 'Clausewitz, Man of the Year', *New York Times* 28 January, A17.
Howarth, D. (1974) *Sovereign of the Seas: The Story of British Sea Power*. London: Collins.
Howlett, D. and J. Glenn (2005) 'Epilogue: Nordic Strategic Culture', *Cooperation and Conflict* 40/1.
HPSCI (House Permanent Select Committee on Intelligence) (1996) *IC21: The Intelligence Community in the 21st Century*, Staff Study.
Hudson,Valerie M. (ed.) (1997) *Culture and Foreign Policy*. Boulder, CO: Lynne Rienner.
Hughes, Christopher W. (2004) 'Japan's Re-emergence as a "Normal" Military Power', *Adelphi Paper* 368.
Hughes, Thomas P. (1998) *Rescuing Prometheus*. New York: Pantheon Books.
Hughes, W. (1986) *Fleet Tactics: Theory and Practice*. Annapolis, MD: Naval Institute Press.
Huntington, S. (1993a) 'The Clash of Civilizations', *Foreign Affairs* 72/3.
——(1993b) 'Response: If Not Civilizations, What? Paradigms of the Post-Cold War World', *Foreign Affairs* 72/5.
——(1996) *The Clash of Civilizations: Remaking of World Order*. New York: Simon & Schuster.
Hurd, D., M. Rifkind, D. Owen and G. Robertson (2008) 'Stop Worrying and learn to Ditch the Bomb', *The Times* 30 June, available at http://www.timesonline.co.uk/tol/ comment/columnists/guest_contributors/article4237387.ece
Hurd, I. (1999) 'Legitimacy and Authority in International Politics', *International Organization* 53/2, 379–408.
Hyde-Prince, A. (2004) 'European Security, Strategic Culture and the Use of Force', *European Security* 13/1, 323–43.
Hymans, J. E. C. (2006) *The Psychology of Nuclear Proliferation: Identity, Emotions and Foreign Policy*. Cambridge: Cambridge University Press.
Independent, The (2000) 'UN must Rethink its Peacekeeping Role, says Annan', *Independent* 29 May,

available at http://www.independent.co.uk/news/world/africa/un-must-rethink-its-peacekeeping-role-says-annan-715960.html
Iraqi WMD Commission (2005) *Commission on the Intelligence Capabilities of the United States Regarding Weapons of Mass Destruction, Report to the President*, 31 March.
Isaacson, W. (1999) 'Madeline's War', *Time* 17 May.
Jackson, R. H. (1993) *Quasi-States: Sovereignty, International Relations and the Third World*. Cambridge: Cambridge University Press.
Janda, L. (1995) 'Shotting the Gates of Mercy: The American Origins of Total War, 1960-1880', *Journal of Military History* 59/1:15
Jansen, J. (1997) *The Dual Nature of Islamic Fundamentalism*. Ithaca, NY: Cornell University Press.
Jenkins, B. (1987) 'Will Terrorists Go Nuclear?'. In W. Laqueur and Y. Alexander (eds), *The Terrorism Reader: A Historical Anthology*. New York: Meridian.
Jervis, R. (1976) *Perception and Misperception in International Politics*. Princeton, NJ: Princeton University Press.
Jervis, R. (1979) 'Deterrence Theory Revisited', *World Politics* 31/2, 289-324.
Johnson, J. L., J. M. Kartchner and J. A. Larsen (eds) (2009) *Strategic Culture and Weapons of Mass Destruction: Culturally Based Insights into Comparative National Security Policymaking*. London: Palgrave-Macmillan.
Johnston, Alastair I. (1995) *Cultural Realism: Strategic Culture and Grand Strategy in Chinese History*. Princeton, NJ: Princeton University Press.
Joint Chiefs of Staff (2004) *Joint Doctrine for Combating Weapons of Mass Destruction*. Washington, DC: Department of Defense.
Jones, A. (1987) *The Art of War in the Western World*. Chicago, IL: University of Illinois Press.
Joseph, Robert G. and John F. Reichart (1995) *Deterrence and Defence in a Nuclear, Biological and Chemical Environment*. Occasional Paper of the Center for Counterproliferation Research. Washington, DC: National Defence University.
Juperman, Alan J. (2000) 'Rwanda in Retrospect', *Foreign Affairs* 79/1 (January/February).
Kahn, H. (1960) *On Thermonuclear War*. Princeton, NJ: Princeton University Press.
―――(1962) *Thinking About the Unthinkable*. New York: Horizon Press.
Kaldor, M. (1999) *New and Old Wars: Organized Violence in a Global Era*. Cambridge: Polity Press.
Kaplan, D. E. (2005a) 'Hearts, Minds and Dollars', *US News and World Report* 25 April.
―――(2005b) 'The New Business of Terror', *US News and World Report* 5 December.
Kaplan, E. et al. (2005) 'What Happened to Suicide Bombings in Israel? Insights from a Terror Stock Model', *Studies in Conflict and Terrorism* 28, 225-35.
Kaplan, F. (1983) *The Wizards of Armageddon*. Stanford, CA: Stanford University Press.
Karatzogianni, A. (2004) 'The Politics of "Cyberconflict"', *Journal of Politics* 24/1, 46-55.
Karp, A. (2006) 'The New Indeterminacy of Deterrence and Missile Defence'. In I. Kenyon and J. Simpson (eds) *Deterrence in the New Global Security Environment*. London: Routledge.
Kartchner, K. M. (2009) 'Strategic Culture and WMD Decision Making'. In Jeannie L. Johnson, Kerry M. Kartchner, and J. Larsen (eds), *Strategic Culture and Weapons of Mass Destruction: Culturally Based Insights into Comparative National Security Policy Making*. New York: Palgrave Macmillan.
Katzenbach, Jr., E. J. and G. Z. Hanrahan (1962) 'The Revolutionary Strategy of Mao Tse-Tung', in F. M. Osanka (ed.), *Modern Guerrilla Warfare: Fighting Communist Guerrilla Movements, 1941-1961*. New York: Free Press.
Keegan, J. (1993) *A History of Warfare*. New York: Knopf.

——— (2004) *The Iraq War.* New York: Knopf.
Kegley, C. W. and E. R. Wittkopf (1997) *World Politics: Trends and Transformation.* New York: St Martins Press.
Kenyon, I. and J. Simpson (eds) (2006) *Deterrence in the New Global Security Environment.* London: Routledge.
Keohane, R. (1989) *International Institutions and State Power: Essays in International Relations Theory.* Boulder: Westview Press.
Keohane, R. O. (2001) *International Institutions and State Power: Essays in International Relations Theory.* San Francisco, CA: Westview Press.
——— (2002) *Power and Governance in a Partially Globalizing World.* New York: Routledge.
——— and S. Nye (1989) *Power and Interdependence,* 3rd edn. New York: Longman; originally Reading, MA: Addison-Wesley.
Kerr, R. *et al.* (2005) 'Intelligence and Analysis on Iraq: Issues for the Intelligence Community', *Studies in Intelligence* 49/3.
Kier, Elizabeth (1995) 'Culture and Military Doctrine: France between the Wars', *International Security* 19/14, 65-94.
Kievet, J. and S. Metz (1994) *The Revolution in Military Affairs and Conflict Short of War.* Carlisle, PA: US Army War College Strategic Studies Institute.
Kiras, James D. (2005) 'Terrorism and Globalization'. In John Baylis and S. Smith (eds), *The Globalization of World Politics: An Introduction to International Relations,* 3rd edn. Oxford: Oxford University Press.
Kissinger, H. A. (1957) *Nuclear Weapons and Foreign Policy.* New York: Harper & Row.
Kitson, F. (1977) *Bunch of Five.* London: Faber & Faber.
Klare, M. (2001) 'The New Geography of Conflict', *Foreign Affairs* 80/3, 49-61.
Klein, B. S. (1994) *Strategic Studies and World Order: The Global Politics of Deterrence.* Cambridge: Cambridge University Press.
Klein, Y. (1991) 'A Theory of Strategic Culture', *Comparative Strategy* 10/1, 3-23.
Klonis, N. I. (pseud.) (1972) *Guerrilla Warfare.* New York: Robert Speller & Sons.
Kosal, M. (2005) '*Terrorist Incidents Targeting Industrial Chemical Facilities: Strategic Motivations and International Repercussions*'. Stanford, CA: Center for International Security and Cooperation, unpublished manuscript.
Krause, K. and M. C. Williams (eds) (1997) *Critical Security Studies: Concepts and Cases.* London: UCL Press.
Krepinevich Andrew F. (1994) 'Cavalry to Computer: The Pattern of Military Revolution', *The National Interest* (Fall), 30-42.
Kritsiotis, D. (2004) 'Arguments of Mass Confusion', *European Journal of International Law* 15/2, 233-78.
Kuhn, K. (1987) 'Responsibility for Military Conduct and Respect for International Humanitarian Law', Dissemination, ICRC.
Kupchan, C. (1994) *The Case for Collective Security.* Ann Arbor, MI: University of Michigan Press.
Ladis, N. (2003) 'Assessing Greek Strategic Thought and Practice: Insights from the Strategic Culture Approach'. Doctoral dissertation, University of Southampton.
Langewiesche, W. (2007) *The Atomic Bazaar: The Rise of the Nuclear Poor.* New York: Farrar, Straus and Giroux.
Lantis, Jeffrey S. (2002) *Strategic Dilemmas and the Evolution of German Foreign Policy since Unification.* Westport, CN: Praeger.

―――(2005) 'American Strategic Culture and Transatlantic Security Ties'. In Kerry Longhurst and Marcin Zaborowski, *Controversies in Politics* 24/1, 46-55.
Laqueur, W. (1996) 'Postmodern Terrorism', *Foreign Affairs*, 75/5, 24-37.
―――(1999) *The New Terrorism: Fanaticism and theArms of Mass Destruction*. New York: Oxford University Press.
Larsen, J. (1997) 'NATO Counterproliferation Policy: A Case Study in Alliance Politics', INSS Occasional Paper 17. Denver, CO: USAF Institute for National Security Studies, available at http://www.usafa.af.mil/df/inss/OCP/ocp17.pdf
Lauterpacht, H. (1952) 'The Revision of the Law of War', *British Yearbook of International Law* 29, 360-82.
Lavoy, P., S. Sagan and J. Wirtz (eds) (2000) *Planning the Unthinkable: How New Powers Will Use Nuclear, Biological and Chemical Weapons*. Ithaca, NY: Cornell University Press.
Lawrence, P. (1988) *Preparing for Armageddon: A Critique of Western Strategy*. Brighton: Wheatsheaf.
Lawrence, T. E. (1920). 'The Evolution of a Revolt', *The Army Quarterly* 1/1, 55-69.
―――(1935) *Seven Pillars of Wisdom: A Triumph*. London: Jonathan Cape.
Le Bon, G. (1897) *The Crowd: A Study of the Popular Mind*, 2nd edn. London: Fisher Unwin.
Lee, S. P. (1996) *Morality, Prudence and Nuclear Weapons*. Cambridge: Cambridge University Press.
Legro, Jeffrey W. (1996) 'Culture and Preferences in the International Co-operation Two-step', *American Political Science Review* 90/1, 118-137.
Levy, M. (1995) 'Is the Environment a National Security Threat', *International Security* 20/2, 35-62.
Lia, B. and T. Hegghammer (2004) 'Jihadi Strategic Studies: The Alleged Al Qaida Policy Study Preceding the Madrid Bombings', *Studies in Conflict and Terrorism* 27, 355-75.
Liddell Hart, B. H. (1967) *Strategy: The Indirect Approach*. London: Faber & Faber.
Lind, Jennifer M. (2004) 'Pacifism or Passing the Buck? Testing Theories of Japan's Security Policy', *International Security* 29/1 (Summer).
Lindley-French (2002) 'In the Shade of Locarno? Why European Defence is Failing', *International Affairs* 78/4, 789.
Litwak, R. (2003) 'The New Calculus of Pre-emption', *Survival* 44/4.
Lockhart, C. (1999) 'Cultural Contributions to Explaining Institutional Form, Political Change and Rational Decisions', *Comparative Political Studies* 32/7, 862-93.
Long, J. M. (2009) 'Strategic Culture, Al-Qaeda and Weapons of Mass Destruction'. In J. L. Johnson, K. M. Kartchner and J. A. Larsen (eds), *Strategic Culture and Weapons of Mass Destruction: Culturally Based Insights into Comparative National Security Policymaking*. London: Palgrave-Macmillan.
Longhurst, K. (2005) *Germany and the Use of Force: The Evolution of German Security Policy 1990-2003*. Manchester: Manchester University Press.
――― and M. Zaborowski (eds) (2005) *Old Europe, New Europe and the Transatlantic Security Agenda*. London: Routledge.
Looney, R. E. (2005) 'The Business of Insurgency: The Expansion of Iraq's Shadow Economy', *The National Interest* 81 (Fall), 117-21.
Lorenz, K. (1966) *On Aggression*. New York: Harcourt, Brace & World.
―――(1976). *On Aggression*. NewYork: Bantam.
Lynn, John (2003) *Battle: A History of Combat and Culture*. Boulder, CO: Westview.
McConnell, M. (2008) 'Remarks By Director Mike McConnell to the US Geospatial Intelligence Foundation (USGIF) GEOINT 2008 Symposium', 30 October.

McCoubrey, H. (1998) *International Humanitarian Law*, 2nd edn. Aldershot: Dartmouth.
McCuen, John (1966) *The Art of Counter-Revolutionary Warfare*. Harrisburg, PA: Stackpole.
McGoldrick, D., P. J. Rowe and E. Donnelly (eds) (2004) *The Permanent International Criminal Court: Legal and Policy Issues*. Oxford: Hart Publishing.
MacKenzie, D. (1990) *Inventing Accuracy: An Historical Sociology of Nuclear Missile Guidance*. Cambridge, MA: MIT University Press.
McMillan, J. (2005) . 'Treating Terrorist Groups as Armed Bands: The Strategic Implications'. In Jason S. Purcell and Joshua D. Weintraub (eds), *Topics in Terrorism: Toward a Transatlantic Consensus on the Nature of the Threat*. Washington, DC: Atlantic Council of the United States.
McNeil, William H. (1982) *The Pursuit of Power*. Oxford: Basil Blackwell.
Mahnken, Thomas G. (2001) 'Counterproliferation: A Critical Appraisal'. In H. Sokolski and James M. Ludes (eds), *Twenty-First Century Weapons Proliferation: Are we Ready?* London: Frank Cass.
——(2009) 'US Strategic and Organizational Subcultures'. In J. L. Johnson, K. M. Kartchner and J. A. Larsen (eds) *Strategic Culture and Weapons of Mass Destruction: Culturally Based Insights into Comparative National Security Policymaking*. London: Palgrave-Macmillan.
Malici, A. (2006) 'Germans as Venutians: The Culture of German Foreign Policy Behavior', *Foreign Policy Analysis* 2/1 (January).
Mao, Tse-Tung (1966) *Mao Tse-Tung on Guerrilla Warfare*. New York: Praeger.
——(1966) *Selected Military Writings of Mao Tse-Tung*. Peking: Foreign Languages Press.
——(1967) *Selected Military Writings of Mao Tze-Tung*, 2nd edn. Peking: Foreign Languages Press.
Marighella, C. (1969) *Minimanual of the Urban Guerrilla*. Available at http://www.baader-meinhof.com/index.htm
Matthews, K. (1996) *The Gulf Conflict and International Relations*. London: Routledge.
Medina, C. (2008) 'The New Analysis'. In R. George and J. Bruce, *Analyzing Intelligence: Origins, Obstacles, and Innovations*. Washington, DC: Georgetown University Press.
Meilinger, P. (2008) 'Clausewitz's Bad Advice', *Armed Forces Journal International* August.
Meron, T. (2006) *The Humanization of International Law*. Leiden: Martinus Nijhoff.
Messenger, C. (1976) *The Art of Blitzkreig*. London: Ian Allen Ltd.
Meyer, Christoph O. (2004) *Theorising European Strategic Culture: Between Convergence and the Persistence of National Diversity*. Centre for European Policy Studies, Working Document 204 (June), http://www.ceps.be
Miller, D. (1998) *The Cold War: A Military History*. New York: St Martin's Press.
Minear, L. and T. G. Weiss (1995) *Mercy under Fire: War and the Global Humanitarian Community*. Boulder, CO: Westview Press.
Mitra, Subrata K. (2002) 'Emerging Major Powers and the International System (An Indian View)'. In A. Dally and R. Bourke (eds), *Conflict, the State and Aerospace Power*. Canberra: RAAF Aerospace Centre.
Moir, L (2002) *The Law of Internal Armed Conflict*. Cambridge: Cambridge University Press.
Moran D. and J. A. Russell (eds) (2009) *Energy Security and Global Politics: The Militarization of Resource Management*. New York: Routledge.
Morgan, P. (2003) *Deterrence Now*. Cambridge: Cambridge University Press.
Morris, J. and N. J. Wheeler, (2007) 'The Security Council's Crisis of Legitimacy and the Use of Force', *International Politics* 44/2/3, 214–32.
Morris, J. C. (2005) 'Normative Innovation and the Great Powers'. In A. Bellamy (ed.), *International Society and its Critics*. Oxford: Oxford University Press.
Moskos, Charles C., John A. Williams. and David R. Segal (eds) (2000) *The Postmodern Military:*

Armed Forces after the Cold War. New York: Oxford University Press.
Müller, H. and M. Reiss (1995) 'Counter-proliferation: Putting Old Wine in New Bottles', *Washington Quarterly* (Spring).
―――― D. Fisher and W. Kötter (1994) *Nuclear Non-Proliferation and Global Order*. New York: Oxford University Press.
Munck, R. (2000) 'Deconstructing Terror: Insurgency, Repression and Peace'. In R. Munck and P. L. de Silva (eds), *Postmodern Insurgencies: Political Violence, Identity Formation and Peacemaking in Comparative Perspective*. New York: St Martin's Press.
Murray, W. and R. Scales (1997) 'Thinking about Revolutions in Military Affairs', *Joint Force Quarterly*, 71.
―――― (2003) *The Iraq War: A Military History*. Cambridge, MA: Harvard University Press.
―――― M. Knox and A. Bernstein (eds) (1994) *The Making of Strategy: Rulers, States and War*. Cambridge: Cambridge University Press.
Mutimer, D. (2000) *The Weapons State: Proliferation and the Framing of Security*. Boulder, CO: Lynne Rienner.
Nadelmann, E. (1993) *Cops across Borders*. State College, PA: Penn State University Press.
Naim, M. (2005) *Illicit: How Smugglers, Traffickers and Copycats are Hijacking the Global Economy*. New York: Doubleday.
Nasution, A. H. (1965) *Fundamentals of Guerrilla Warfare*. New York: Praeger
National Intelligence Council (2004) *Mapping the Global Future*. Washington, DC: Government Printing Office.
Negroponte, J. (2006) The Science and Technology Challenge. Remarks of the Director of National Intelligence at the Woodrow Wilson International Center for Scholars, 25 September.
Nelson, K. L. and S. C. Olin, Jr. (1979) *Why War: Ideology, Theory and History*. Berkeley and Los Angeles, CA: University of California Press.
Newman, R. (1961) Review in *Scientific American* 204/3, 197.
Newmann, Iver B. and H. Heikka (2005) 'Grand Strategy, Strategic Culture, Practice: The Social Roots of Nordic Defense', *Cooperation and Conflict* 40, 5–23.
Niebuhr, R. (1932) *Moral Man and Immoral Society: A Study in Ethics and Politics*. New York and London: Charles Scribner's Sons.
Nietzsche, F. (1996) *Beyond Good and Evil*, translated by W. Kaufmann. New York: Random House.
Nofi, A. A. (1982) 'Clausewitz on War', *Strategy and Tactics*, 91, 16.
Nye, J. (1986) *Nuclear Ethics*. London: Macmillan.
Nye, J. (1988) *Nuclear Ethics*. New York: Free Press.
O'Connell, M. E. (2002) 'The Myth of Preemptive Self-Defense', *American Society of International Law*, available at http://www.asil.org/taskforce/oconnell.pdf
O'Connell, Robert L. (1989) *Of Arms and Men: A History of War, Weapons and Aggression*. Oxford: Oxford University Press.
O'Hanlon, Michael E. (2000) *Technological Change and the Future of Warfare*. Washington, DC: Brookings Institution Press.
Olson, W. C., D. S. Mclellan and F. A. Sondermann (1983) *The Theory and Practice of International Relations*, 6th edn. Englewood Cliffs, NJ: Prentice Hall.
O'Neill, B. (1990) *Insurgency and Terrorism: Inside Modern Revolutionary Warfare*. Washington, DC: Brassey's.
Orme, J. (1997). 'The Utility of Force in a World of Scarcity', *International Security* 22/3, 136–67.
Osgood, C. E. (1962) *An Alternative to War and Surrender*. Chicago, IL: Chicago University Press.

Osgood, R. E. (1962) *NATO: The Entangling Alliance*. Chicago, IL: University of Chicago Press.
Ó Tuathail, G. (1996) *Critical Geopolitics: The Politics of Writing Global Space*. London: Routledge.
Owens, W. (1995) *High Seas: The Naval Passage to an Uncharted World*. Annapolis, MD: Naval Institute Press.
—— and E. Offley (2000) *Lifting the Fog of War*. New York: Farrar, Straus, & Giroux.
Paget, J. (1967) *Counter-Insurgency Fighting*. London: Faber & Faber.
Pape, R. (2005) *Dying to Win: The Strategic Logic of Suicide Terrorism*. New York: Random House.
Paret, P. (ed.) (1986) *Makers of Modern Strategy: From Machiavelli to the Nuclear Age*. Princeton, NJ: Princeton University Press.
Paris, R. (2004) *At Wars End: Building Peace After Civil Conflict*. Cambridge: Cambridge University Press.
Parsons, T. (1951) *The Social System*. London: Routledge and Kegan Paul.
Payne, Keith B. (1996) *Deterrence in the Second Nuclear Age*. Lexington, KY: University Press of Kentucky.
——(2001) *The Fallacies of Cold War Deterrence and a New Direction*. Lexington, KY: University Press of Kentucky.
——(2007) 'Deterring Iran: The Values at Stake and the Acceptable Risks'. In P. Clawson and M. Eisenstadt (eds) *Deterring the Ayatollahs: Complications in Applying Cold War Strategy to Iran*. Policy Focus #72. Washington, DC: The Washington Institute for Near East Policy.
——(2008) *The Great American Gamble: Deterrence Theory and Practice from the Cold War to the Twenty-first Century*. Fairfax, VA: National Institute Press.
——(2002) 'Deterrence: Theory and Practice'. In J. Baylis, E. Cohen, C. S. Gray and J. W. Wirtz (eds), *Strategy in the Contemporary World: An Introduction to Strategic Studies*. Oxford: Oxford University Press.
Pelfrey, W. (2005) 'The Cycle of Preparedness: Establishing a Framework to Prepare for Terrorist Threats', *Journal of Homeland Security and Emergency Management* 2/1.
Peoples, C. (2007) 'Technology and Politics in the Missile Defence Debate: Traditional, Radical and Critical Approaches', *Global Change, Peace and Security* 19/3, 265-80.
Perkovich, George (2004) 'The Nuclear and Security Balance' in F. R. Frankel and H. Harding (eds), *The India-China Relationship*. New York: Columbia University Press.
—— J. T, Matthews, J. Cirincione, R. Gottemoeller and J. B. Wolfsthal (2005) *Universal Compliance: A Strategy for Nuclear Security*. Washington, DC: Carnegie Endowment for International Peace.
Peters, R. (1994) 'The New Warrior Class', *Parameters* 24/2, 16-26.
Petroski, H. (1982) *To Engineer is Human: The Role of Failure in Successful Design*. New York: Random House.
——(1992) *The Evolution of Useful Things*. New York: Vintage Books.
Pictet, J. (1985) *Development and Principles of International Humanitarian Law*. The Hague: Martinus Nijhoff.
Pillar, P. (2006) 'Intelligence, Policy and the War in Iraq', *Foreign Affairs* (March/April).
Pollack, Kenneth M. (2002) *Arabs at War: Military Effectiveness, 1948-1991*. Lincoln, NE: University of Nebraska Press.
Poore, Stuart (2004) 'Strategic Culture'. In J. Glenn, D. Howlett and S. Poore, *Neorealism versus Strategic Culture*. Aldershot: Ashgate.
Porch, D. (2001) *Wars of Empire*. London: Cassell.
Preston, Richard A. and Sidney F. Wise (1970) *Men in Arms: A History of Warfare and its Interrelationship with Western Society*, 2nd edn, 104-5, New York: Praeger.

Pye, L. (1985) *Asian Power and Politics: The Cultural Dimension of Authority*. Cambridge, MA.: Harvard University Press.
Quester, G. (1977) *Offense and Defense in the International System*. New York: John Wiley and Sons.
——(1984) 'War and Peace: Necessary and Sufficient Conditions'. In R. O. Matthews, A. G. Rubinoff and J. G. Stein (eds), *International Conflict and Conflict Management*. scarborough, Ontario: Prentice-Hall.
Qurashi, A. (2002) 'Al-Qa'ida and the Art of War', Al-Ansar www-text in Arabic, FBIS document ID GMP20020220000183[0].
Raine, L. P. and F. J. Cilluffo (eds)(1994) *Global Organized Crime: The New Empire of Evil*. Washington, DC: Center for Strategic and International Studies.
Ralph, J. (2007) *Defending the Society of States: Why America Opposes the International Criminal Court and its Vision of World Society*. Oxford: Oxford University Press.
Rapoport, A. (1964) *Strategy and Conscience*. New York: Schocken Books.
——(1965) 'The Sources of Anguish', *Bulletin of Atomic Scientists* 21/ 10 (December).
Rassmussen, M. (2005) '"What's the use of it?", Danish Strategic Culture and the Utility of Armed Force', *Cooperation and Conflict* 40, 67–89.
Rattray, Gregory J. (2002) 'The Cyberterrorism Threat'. In Russell D. Howard and Reid L. Sawyer (eds), *Terrorism and Counterterrorism: Understanding the New Security Environment*. Guildford, CT: McGraw-Hill.
Raudzens, G. (1990) 'War-Winning Weapons: The Measurement of Technological Determinism in Military History', *Journal of Military History* 54 (October), 403–33.
Rauschning, H. (1939) *Germany's Revolution of Destruction*, translated by E. W. Dickes. London: Heinemann.
Record, J. (2003) *Bounding the Global War on Terrorism*. Carlisle, PA: Army War College.
——(2004) *Dark Victory: America's Second War Against Iraq*. Washington, DC: US Naval Institute Press.
Reus-Smit, C. (2004) *The Politics of International Law*. Cambridge: Cambridge University Press.
——(2007) 'International Crises of Legitimacy', *International Politics* 44/2/3, 157–74.
Ricks, T. (2006) *Fiasco: The American Military Adventure in Iraq*. New York: Penguin.
Robertson, S. (2000) 'Experimentation and Innovation in the Canadian Armed Forces', *Canadian Military Journal*, 64.
Robinson, L. (2008) *Tell Me How this Ends: General David Petraeus and the Search for a Way Out of Iraq*. New York: Public Affairs.
Rose, M. (1995) 'A Year in Bosnia: What has been Achieved', *RUSI* 140/3, 23.
Rosen, S. (1996) *Societies and Military Power*. Ithaca, NY: Cornell Studies in Security Affairs.
——(1995) 'Military Effectiveness: Why Society Matters', *International Security* 1914, 5–31.
——(2005) *War and Human Nature*. Princeton, NJ: Princeton University Press.
Rosenau, J. N. (1990) *Turbulence in World Politics*. Princeton, NJ: Princeton University Press.
Rousseau, J. J. (1993) 'A Discourse on the Origin of Inequality'. In G. D. H. Cole (ed.), *The Social Contract and Discourses*. London: J. M. Dent.
Rumsfeld, D. (2003) *Memo on Global War on Terrorism*, available at http://www.usatoday.com/news/washington/executive/rumsfeld-memo.htm
Rynning, S. (2003) 'The European Union: Towards a Strategic Culture?', *Security Dialogue* 34/4 (December).
Sagan, S. (2005) 'Learning from Failure or Failure to Learn: Lessons from Past Nuclear Security Events'. Paper presented to the IAEA International Conference on Nuclear Security, 16 March.

Sageman, M. (2004) *Understanding Terror Networks*. Philadelphia, PA: University of Pennsylvania Press.
Samore, G. (2003) 'The Korean Nuclear Crisis', *Survival* 45/1.
Sarkesian, S. C. (ed.) (1972) *The Military-Industrial Complex: A Reassessment*. Beverly Hills, CA: Sage.
Sassòli, M. (2004) 'The Status of Persons Held in Guantanamo under International Humanitarian Law', *Journal of International Criminal Justice* 2/1 (March), 96–106.
Schabas, W. A. (2004) *An Introduction to the International Criminal Court*, 2nd edn. Cambridge: Cambridge University Press.
Schell, J. (1982) *The Fate of the Earth*. London: Picador.
——(1984) *The Abolition*. New York: Knopf.
Schelling, T. and M. Halperin (1985) *Strategy and Arms Control*. Washington, DC: Pergamon-Brassey's.
Schmid, A. P. and A. J. Jongman (1988) *Political Terrorism: A New Guide to Actors, Authors, Concepts, Data Bases, Theories and Literature*. New Brunswick, NJ: Transaction Books.
Schmitt, B., D. Howlett, J. Simpson, H. Müller and B. Tertrais (2005) *Effective Non-proliferation: The European Union and the 2005 NTPT Review Conference*. Chaillot Paper 77. Brussels: EU Institute for Security Studies.
Schwartz, Stephen I. (1988) *Atomic Audit: The Costs and Consequences of U.S. Nuclear Weapons since 1940*. Washington, DC: Brookings Institution.
——(2003) *China's Use of Military Force: Beyond the Great Wall and the Long March*. Cambridge: Cambridge University Press.
Schwartzstein, Stuart J. D. (ed.) (1996) *The Information Revolution and National Security: Dimensions and Directions*. Washington, DC: Center for Strategic and International Studies.
——(1998) *Cybercrime, Cyberterrorism and Cyberwarfare: Averting an Electronic Waterloo*. Washington, DC: Center for Strategic and International Studies.
Scobell, A. (2002) *China and Strategic Culture*, Carlisle, PA: US Army War College, Strategic Studies Institute, May.
Sepp, K., R. Kiper, J. Schroder and C. Briscoe (2004) *Weapon of Choice: U.S. Army Special Operations in Afghanistan*. Fort Leavenworth, KS: US Army Command and General Staff College Press.
Shaw, M. (2003) 'Strategy and Slaughter', *Review of International Studies* 29/2, 269–77.
Shaw, R. P. and Y. Wong (1985) *Genetic Seeds of Warfare: Evolution, Nationalism and Patriotism*. London: Unwin Hyman.
Shawcross, W. (2000) *Deliver us from Evil: Warlords and Peacekeepers in a World of Endless Conflict*. London: Bloomsbury.
Shay, J. (1994) *Achilles in Vietnam: Combat Trauma and the Undoing of Character*. NewYork: Simon & Schuster.
Shultz, G., W. Perry, H. Kissinger and S. Nunn (2008) 'Toward a Nuclear Weapon-free World', *Wall Street Journal* 15 January A 15. Available at http://online.wsj.com/public/ article_print/ SB120036422673589947.html.
Singer, M. and A. Wildavsky (1993) *The Real World Order: Zones of Peace/Zones of Turmoil*. Chatham House, NJ: Chatham House, Publishers.
Sloan, E. (2002) *The Revolution in Military Affairs*. Montreal: McGill-Queen's Press.
Smith, H. (2005) *On Clausewitz: A Study of Military and Political Ideas*. New York: Palgrave Macmillan.

Smith, S., K. Booth and M. Zalewski (eds) (1996) *International Theory: Positivism and Beyond.* Cambridge: Cambridge University Press.
Smith, Sir R. (2006) *The Utility of Force: The Art of War in the Modern World.* London: Penguin.
Snyder, J. (1977) *The Soviet Strategic Culture: Implications for Nuclear Options,* R-2154-AF. Santa Monica, CA: Rand Corporation.
――― (2002) 'Anarchy and Culture: Insights from the Anthropology of War', *International Organization,* 56/1 (Winter).
Sokolski, H. (2001) *Best of Intentions: America's Campaign Against Strategic Weapons Proliferation.* London: Praeger.
――― and J. Ludes (2001) *Twenty-First Century Weapons Proliferation.* London: Frank Cass.
Spanier, J. W. and J. L. Nogee (1962) *The Politics of Disarmament: A Study of Soviet-American Gamesmanship.* New York: Praeger.
Stedman, Stephen J. (1997) 'Spoiler Problems in Peace Processes', *International Security* 22/2 (Fall).
Stolfi, R. H. S. (1970) 'Equipment for Victory in France in 1940', *History* 55.
Stone, P. (2003). 'Iraq-al Qaeda Link Weak Say Former Bush Officials', *National Journal* (8 August).
Stout, M., J. Huckabey, J. Schindler and J. Lacey (2008) *The Terrorist Perspectives Project: Strategic and Operational Views of Al Qaida and Associated Movements.* Annapolis, MD: Naval Institute Press.
Strachan, H. (2005) 'The Lost Meaning of Strategy', *Survival* 47/3, Autumn.
Suganami, H. (1996) *On the Causes of War.* Oxford: Clarendon Press.
Sun Tzu (1963) *The Art of War,* translated by Samuel B. Griffith. Oxford: Oxford University Press.
――― (1993) *The Art of War,* translated by Roger Ames. New York: Ballentine Books.
――― (1993) *The Art of War.* Courier Dover Publications, New York.
Swidler, A. (1986) 'Culture in Action: Symbols and Strategies', *American Sociological Review* 51/2, 73.
Taber, R. (1972) *The War of the Flea: Guerrilla Warfare Theory and Practice.* London: Paladin.
Tannenwald, N. (1999) 'The Nuclear Taboo: The United States and the Normative Basis of Nuclear Non-Use', *International Organization* 53/3, 83-114.
――― (2005) 'Stigmatizing the Bomb: Origins of the Nuclear Taboo', *International Security* 29/4, 5-49.
――― (2007) *The Nuclear Taboo: The United States and the Nonuse of Nuclear Weapons Since 1945.* Cambridge: Cambridge University Press.
Technology Review (2004) '"We got Nothing until they Slammed into us"' (November), 38.
Terrif, T., A. Karp and R. Karp (eds) (2006) *The Right War? The Fourth Generation Warfare Debate.* London: Routledge.
Tharoor, S. (1995-6) 'Should United Nations Peacekeeping Go "Back to Basics"', *Survival* 37/4 (Winter).
Thompson, K. (1960) 'Moral Purpose in Foreign Policy: Realities and Illusions', *Social Research* 27/3.
Thompson, M., R. Ellis and A. Wildavsky (1990) *Cultural Theory.* Boulder, CO: Westview Press.
Thompson, R. (1966) *Defeating Communist Insurgency: Experiences from Malaya and Vietnam.* London: Chatto & Windus.
Thornton, E. P. (1981) 'A Letter to America', *The Nation* 232, 24 January.
Toffler, A. and H. (1993) *War and Antiwar: Survival at the Dawn of the 21st Century.* Boston: Little, Brown & Co.
Transnational Organized Crime (1998) 'Special Issue: The United States International Crime Control Strategy', 4/1.

Treverton, G. (2003a) 'Intelligence: The Achilles Heel of the Bush Doctrine', *Arms Control Today* 33/6 (July/August).
Treverton, G. (2003b) *Reshaping National Intelligence for an Age of Information*. Cambridge: Cambridge University Press.
Trinquier, R. (1964) *Modern Warfare: A French View of Counterinsurgency*. New York: Praeger.
UK Army Field Manual (1995) *Wider Peacekeeping*. London: HMSO.
US Army Military History Institute (2002) *Operation Enduring Freedom, Strategic Studies Institute Research Collection*, Tape 032602a, CPT H. *et al.*; Memorandum for the Record, CPT H. int., 2 July 2002.
US Army Military History Institute (2003) *Operation Enduring Freedom, Strategic Studies Institute Research Collection*, Tape 042403a2sb St Col al Saadi int.
US Department of Homeland Security (2003) *Characteristics and Common Vulnerabilities Report for Chemical Facilities*, version 1, revision 1. Washington, DC: US Department of Homeland Security.
US Joint Forces Command (2001) *A Concept for Rapid Decisive Operations*. Norfolk, VA: Joint Forces Command J9 Joint Futures Lab.
United Nations (1992) *An Agenda for Peace. Preventive Diplomacy, Peacemaking and Peacekeeping. Report of the Secretary-General Pursuant to the Statement Adopted by the Summit Meeting of the Security Council on 31 January 1992*. New York: United Nations, available at http://www.unh.org/Docs/SG/agpeace.html.
——(2000) Resolution 1296, available at http://daccessdds.un.org/doc/UNDOC/GEN/ Noo/399/03/PDF/Noo39903.pdf?OpenElement
——(1945) *Charter of the United Nations*. New York: United Nations. Available at http://www.un.org/en/documents/charter.
——(1949) *The Geneva Convention*. New York: United Nations. Available at http://www.unhchr.ch/html/menu3/b/91.htm.
United States White House (2002) *The National Security Strategy of the United States of America*, available at http://www.white-house.gov/nsc/nss.pdf.
Vickers, M. (1996) *Warfare in 2020: A Primer*. Washington, DC: Center for Strategic and Budgetary Assessments.
Von Hippel, K. (2000) *Democracy by Force: US Intervention in the Post-Cold War World*. Cambridge: Cambridge University Press.
Wallace, W. (1996) 'Truth and Power, Monks and Technocrats: Theory and Practice in International Relations', *Review of International Studies* 22/3, 301-21.
Walt, S. M. (1991) 'The Renaissance of Security Studies', *International Studies Quarterly* 35, 211-39.
Waltz, K. (1959) *Man, the State and War*. New York: Columbia University Press.
Waltz, K. N. (1962) 'Kant Liberalism and War', *American Political Science Review* 56/2, 331-40.
Waltzer, M. (1978) *Just and Unjust Wars*. London: Allen Lane.
Warner, M. (2002) 'Wanted: A Defintion of Intelligence', *Studies in Intelligence* 46/3, 21.
Weigley, R. (1988) 'Political and Strategic Dimensions to Military Effectiveness', in Allan R. Millett and W. Murray (eds), *Military Effectiveness*, iii. The Second World War. Boston, MA: Allen & Unwin.
——(1991) *The Age of Battles: The Quest for Decisive Warfare*. Bloomington, IN: Indiana University Press.
Weiss, T. and C. Collins (2000) *Humanitarian Challenges and Intervention: World Politics and the Dilemmas of Help*. Boulder, CO: Westview Press.
Weller, M. (2000) 'The US, Iraq and the Use of Force in a Unipolar World', *Survival* 41/4.

Weltman, John J. (1995) *World Politics and the Evolution of War*. Baltimore, MD and London: Johns Hopkins University Press.
Wendt, A. (1992) 'Anarchy is what States Make of it: The Social Construction of Power Politics', *International Organization*, 46/2, 391-426.
—— (1995) 'Constructing International Politics', *International Security* 20/1, 73-4.
—— (1999) *Social Theory of International Politics*. Cambridge: Cambridge University Press.
Wheeler, Nicholas J. (1999) 'Humanitarian Intervention in World Politics', in J. Baylis and S. Smith (eds), *The Globalization of World Politics*. Oxford: Oxford University Press.
—— (2000) *Saving Strangers: Humanitarian Intervention in International Society*. Oxford: Oxford University Press.
—— and A. Bellamy (2005). 'Humanitarian Intervention and World Politics'. In J. Baylis and S. Smith (eds), *The Globalization of World Politics*. Oxford: Oxford University Press.
White, N. D. (1997) *Keeping the Peace*. Manchester: Manchester University Press.
Wheeler-Bennett, J. (1935) *The Pipe Dream of Peace: The Story of the Collapse of Disarmament*. New York: Morrow.
White House (1993) *Gulf War Air Power Survey*. Washington, DC: Government Printing Office.
—— (2000) *A National Security Strategy for a Global Age*. Washington, DC: Government Printing Office.
—— (2002) *National Strategy to Combat Weapons of Mass Destruction*. Washington, DC: Government Printing Office.
—— (2003) *National Strategy for Combating Terrorism*. Washington, DC: Government Printing Office.
—— (2006) *National Strategy for Combating Terrorism*, 2nd edn. Washington, DC: Government Printing Office.
Wilkinson, P. (1986) *Terrorism and the Liberal State*. London: Macmillan.
—— (2001) *Terrorism and Democracy: The Liberal State Response*. London: Frank Cass.
Williams, M. (1993) 'Neorealism and the Future of Strategy', *Review of International Studies* 19/2, 103-21.
Wilson, E. O. (1978) *On Human Nature*. Cambridge, MA: Harvard University Press.
Wilson, H. W. (1928) *The War Guilt*. London: Sampson Low.
Wilson, M. (1978) *On Human Nature*. Cambridge, Ma: Harvard University Press.
Wilson, R. W. (2000) 'The Many Voices of Political Culture: Assessing Different Approaches', *World Politics* 52/2, 246-73.
Woodbury, G. L. (2004) Recommendations for Homeland Security Organizational Approaches at the State Government Level. Monterey, Naval Postgraduate School, Masters thesis.
Woolsey, J. (1993) Testimony to the Committee on National Security, US House of Representatives, 12 February 1993.
Wright, G. (1968) *The Ordeal of Total War 1939-1945*. New York: Harper & Row.
Wright, M. C. (1956) *The Power Elite*. London: Oxford University Press.
Wylie, J. (1989) *Military Strategy: A General Theory of Power Control*. Annapolis, MD: Naval Institute Press.
Wyn Jones, R. (1999) *Security, Strategy and Critical Theory*. Boulder, CO: Lynne Rienner.
Zawahiri, A. Knights Under the Prophet's Banner. Available at http://www.fas.org/irp/world/para/ayman_bk.html.

事項索引

ア 行

アイデンティティ　127, 131, 135, 139, 142-144, 147-149, 159, 185
　──・ポリティクス　92
新しい戦争　73, 90-93, 98, 102, 176, 192, 232-235
　──における軍事技術　232-235
アナーキー　→　無政府状態
アフガニスタン侵攻（1979年）　89, 254, 263
アフガニスタン戦争（2001年）　2, 5, 53, 111, 118, 138, 206, 224
アメリカ　i, iv, 3, 6, 78, 84, 88, 97, 101, 107-110, 112, 116, 124, 126, 139, 149, 169, 187, 190, 194, 195, 200, 213, 217, 223, 226, 228-230, 236, 273
　──のRMA　223-225
　──のインテリジェンス　246-258, 266, 267, 270, 272
　──の海軍　196
　──の国家情報評価　254, 255, 264, 265
　──の戦車　213-215
　──の戦略文化　128-129, 134, 137
　──の封じ込め戦略　246, 252, 255, 267, 272
　イラク戦争における──　44, 45, 110, 187, 224, 233, 268
　ヴェトナム戦争における──　89, 100
アメリカ独立戦争（1775年）　100
アメリカ南北戦争（1861年）　71, 72, 223
アルカイダ　2, 20, 89, 101, 111, 117, 143, 144, 149, 260, 268
アルゼンチン　34, 46
安全保障　iii, 4, 9, 12, 17, 18, 128, 129, 133, 135, 137, 140, 141, 143, 148, 151, 170, 197, 198, 231, 246, 249, 252, 254, 255, 258, 268, 269
　──概念の拡大　4, 19, 20, 272, 273
　──研究と戦略研究の関係　20-22
　──における文化の役割　124, 128, 134

　──のジレンマ　47, 131, 151
　集団──　2, 27, 171-174
　非軍事的──　5, 272, 273
　冷戦後の──研究　4-6, 20, 21, 272, 273
イギリス　32, 44-46, 48, 49, 63, 73, 81, 84-87, 100, 113, 200, 212, 217, 223, 226, 227, 232, 236, 244, 245
　──海軍　75-78, 195, 196
イスラエル　44, 52, 83, 88, 169, 225, 228, 233, 234, 237, 271
　──の戦車　213-215
　──の戦略文化　131
イスラム教　57, 101, 110, 113, 237
イタリア　45, 81, 86
イデオロギー　63, 139, 149, 254
　──戦争　65, 66, 68, 74, 85, 192
　──による戦略文化の変化　140, 141
イミント　249
イラク　35, 44, 53, 99, 108-112, 124, 176, 217, 227, 233, 265, 271
イラク戦争（2003年）　2, 5, 21, 99, 107, 124, 138, 174, 187, 224, 234, 237, 264, 268
　──におけるインテリジェンス　115, 257, 265
　──における摩擦　111, 112, 118
　──の原因　35, 44-45
　──の合法性　170, 173
　非正規戦としての──　233
　非制限戦としての──　109, 110
イラン　iv, 2, 35, 124, 268, 271
　──の戦略文化　149, 150
イラン＝イラク戦争（1980年）　35, 191
　──の原因　35
インターネット　22, 131, 231, 248, 269
インテリジェンス　6, 22, 107, 113-115, 243-275
　アメリカの──　246-258, 266, 267, 270, 272
　イマージェリー・──　→　イミント

299

イラク戦争における―― 115, 257, 265
――・コミュニティー 247, 249, 252, 255-259, 265, 266, 270-273
――・サイクル 247, 252
――と情報技術 268-270
――と戦略的奇襲 258-266
――による警告 245, 255, 259-262, 266
――の収集 247-249, 269, 271, 273
――の「政治化」 257, 258
――の定義 245, 246
――の分析 249, 250, 269-271, 273
――・プログラム 248, 256, 266
オープン・ソース・―― → オピント
9.11 テロ以後の―― 266
クラウゼヴィッツと孫子における―― 114-115, 244
グローバリゼーションのなかの―― 270-273
シグナルズ・―― → シギント
失敗の原因と対処法 262-266
失敗の実例 259-263
ヒューマン・ソース・―― → ヒューミント
民主主義における―― 256, 257
冷戦期と冷戦後の―― 246, 270-272
インド iv, 89, 133, 173, 271
――の戦略文化 136
ヴェトナム戦争（1960年） 52, 88, 89, 100, 107, 218, 222, 233, 256, 257, 263
宇宙 204-206
――における兵器配備の禁止 205, 206
――の軍事利用 205, 229, 231, 237, 238
エア・パワー 80, 85-87, 199-204
――の有用性 199-201
　自由民主主義国にとっての―― 203, 204
　制限戦争における―― 201, 202
　総力戦における―― 202, 203
エジプト 83, 87, 191, 260
欧州連合 169
――の戦略文化 143, 144
オピント 248, 249, 271

カ 行――

海軍 85, 184, 185, 193-199
　遠方投入能力 196, 199
　空軍との比較 196, 197
　陸軍との比較 197
外国人傭兵 63, 68, 90
海戦 86, 184, 193-199
　第二次世界大戦における―― 85, 86
開戦法規 163-165, 168-174
介入 35, 52, 144, 161, 165
　軍事 35, 169
　人道的―― 161, 169
海洋戦略 193-199
――における海洋貿易 193, 194, 196, 199
核拡散 2, 84, 85
――防止条約 13, 144
核戦争 31, 88, 231, 257
核戦略 128-130, 134
――の戦略文化 146-150
核兵器 iv, 15, 70, 86-89, 98, 128-129, 146-150, 206, 207, 220, 268
　戦略―― 88, 128
革命戦争 20, 115, 116, 191-193
画像情報 → イミント
官僚 4, 48, 63, 99, 143, 161, 201, 224
奇襲 → 戦略的奇襲
技術革新 70-75, 84, 87, 118, 212
北大西洋条約機構 101, 138, 150, 224, 227
北朝鮮 iv, 2, 138, 268
――の戦略文化 148, 149
規範 133-135, 141, 142, 146, 151, 157, 158, 167
――の移植 134, 146
　トランスナショナルな―― 133-135
虐殺 35, 54, 140, 178
9.11 アメリカ同時多発テロ（2001年） 1, 2, 5, 6, 111, 124, 137, 138, 169
――以後のインテリジェンス 266-272
――と戦略研究 2-6
――におけるインテリジェンスの失敗 251, 252, 257-261
キューバ危機（1962年） 254, 259, 260, 263
――のインテリジェンス 264, 265

300

強行規範　168, 173
共産主義　57, 58, 254
空軍　83, 184, 185, 199-204, 222
　　——の有用性　199-201
　　自由民主主義国にとっての——　203, 204
　　制限戦争における——　201, 202
　　総力戦における——　202, 203
空戦　199-204, 222
グランド・ストラテジー　→　大戦略
クリミア戦争　73, 217
グルジア　5, 52, 101, 270
グローバリゼーション　21, 52, 90, 145
　　——のなかのインテリジェンス　271, 273
軍拡　31-33, 228
軍艦　75, 185, 187, 193-199, 217
　　遠方投入能力　196, 199
　　航空母艦　84, 86, 87, 196, 220, 221
　　帆走——　193, 194, 199
軍事革命　22, 63
　　RMAとの比較　91
軍事技術　71-75, 211-241
　　——と民生技術　230-232
　　——による戦闘の変化　220-222
　　——の源泉　212, 213
　　——の質的変化と量的変化　219, 220, 225, 226, 232
　　——の将来　237-239
　　——の相互作用　215, 216, 218
　　——の非対称性　232-235
　　——の優位　217, 218
　　国家によるスタイルの違い　213, 214, 218
　　兵器の多種化　226-230, 232
軍事における革命　93, 222-235
　　軍事革命との比較　91
　　——の可能性　224-225
　　——の定義　91
　　——の展開　222-224
　　兵器の多種化　226-230, 232
　　民生技術　230-232
　　量より質の向上　225, 226, 232
軍縮　3, 4, 17, 18, 26, 56
軍事力　iv, 3-5, 7, 9, 14, 18, 21, 53, 56, 92, 103, 138, 148, 154, 185, 191, 225, 230, 254, 264, 270
　　——の有用性　iv, 10, 17, 21, 22, 41
　　政治目的の手段としての——　8, 98, 103, 110, 111
軍人　4, 11, 63, 68, 132, 191-193, 212, 245, 247, 255, 257
軍備管理　26, 56, 257
経済学　iii, 8, 9, 16, 116
啓蒙主義　63, 64, 69
決定的勝利　188, 189, 191
ゲリラ　v, 67, 68, 73, 74, 90, 115, 233, 234
権威主義国家　26, 51, 232
　　——の戦略文化　149, 150
現実主義　2-5, 11-20, 126
　　——における国際法　154, 157
　　——への批判　14-20
限定戦争　→　制限戦争
航空機　79, 80, 82-87, 184, 185, 196, 199-204, 212, 213, 219, 221, 223, 224, 226
　　——の比較　228, 229
攻撃性　28, 40, 43, 51, 56
行動科学革命　127, 128
国益　3, 19, 37, 44, 91, 93, 110, 125, 127, 154, 165, 259, 260, 273
　　——による国際法の遵守　13, 14, 158-160
　　戦争原因における——　48, 49
国際関係論　3, 21, 22, 27, 127, 131
国際刑事裁判所　156, 178, 179
国際構造　34, 125, 151
国際システム　21, 39, 41, 56, 125, 154, 192
　　無政府的な——　13, 18, 26, 35-38, 53
国際司法裁判所　156
国際人道法　175-179
　　——におけるNGO　178
　　——の双務性　175, 176
　　——の適用範囲　176, 177
　　捕虜への適用　176, 177
　　民族紛争への適用　176
　　理論と実際　177, 178
国際組織　14, 38, 56
国際法　13-14, 22, 26, 56, 153-182
　　宇宙の軍事利用の規制　205
　　「——とは法の消失点である」　155, 163

──における認識と現実のギャップ　154-157
　　──に従う理由　157-162
　　──の役割　157
　　──の有効性　154-157
　　不履行の意味　161, 162
国際連合　13, 14, 35, 138, 156
　　──安全保障理事会　156, 169, 171-174
国際連合憲章　168, 169
　　──第2条4項および5項　168-170, 173
　　──第7条のグレーゾーン　172
　　──第39条　171
　　──第41条および第42条に基づく措置　171, 172
　　──第51条　169
国際連盟　14, 138
国民皆兵　65, 66, 75, 189
コソヴォ紛争（1996年）　20, 21, 53, 100, 223
国家中心主義　14, 19
コンストラクティヴィズム　135-139, 142
　　──における文化　135

サ　行──

サイバー攻撃　207, 208, 237, 238
サイバースペース　132, 144, 145, 186, 206-208, 237, 238
サウジアラビア　100, 110
産業革命　64, 74, 194, 195
自衛権　173
　　個別的──　168, 169, 174
　　集団的──　168, 169, 174
シエラレオネ内戦（1991年）　53
鹿狩りの比喩（ルソー）　29, 36
シギント　247, 249, 265
自然状態　29, 38
シー・パワー　75-77, 86, 194-196
自民族中心主義　47, 53, 54, 92, 113, 124, 148
　　──の3つの意味　129
社会学　iii, 8, 44, 126, 127
十月戦争（1973年）　→　第四次中東戦争
宗教　iv, 55, 57, 92, 117, 126, 128, 132, 272, 273
　　──戦争　63
主権国家　35-38, 53, 154, 170

──システム　35, 37
ジュネーヴ諸条約　174-176, 179
ジュネコール　→　青年学派
シュレースヴィヒ＝ホルシュタイン戦争（第二次）（1864年）　79
情報技術　4, 118, 131, 145, 178, 192, 207, 208, 231, 232, 235-237
　　インテリジェンスに対する影響　268-270, 273
　　宇宙における──　205, 206, 229, 231
　　軍事組織に対する影響　235, 236
　　戦争遂行に対する影響　236
情報分析官　253-255, 259, 269, 270
　　──の失敗とその対処法　262-266
　　──の任務　249, 250
　　──のマインドセット　262, 264-266
植民地戦争　52, 73, 74, 91
シリア　191, 221, 228, 260
人工衛星　205-206, 220, 231, 236, 238, 246-248
真珠湾攻撃（1941年）　191, 245, 258
　　──におけるインテリジェンス　259, 260, 263
人的情報　→　ヒューミント
心理学　iii, 8, 27, 43, 52, 113, 263
　　社会──　43, 50, 51
　　政治──　126, 147
人類学　iii, 126
スエズ戦争（1956年）　34, 83, 87
ステルス技術　118, 202, 216, 228
スパイ　244, 251, 252, 257
　　対──活動　246, 250-252
スペイン　67, 73
スリランカ内戦（1983年）　54
正規戦　73, 176
　　非──　90-93, 98, 102, 176, 192, 232-235
制空権　185, 196, 201, 227
制限戦争　3, 17, 63, 65, 70, 87-89, 108-110, 112
　　非──　81, 108-110, 112
政策決定者　iv, 33, 110, 160, 164, 168, 244-250, 252, 253, 255, 259-262, 265, 266, 268-271, 273
　　──による戦略文化の維持　142, 145
政策立案者　2, 11, 13, 18, 19, 97, 100, 151, 161

政治学　　iii, 8, 9, 21, 22, 26
政治文化論　　126-128
政治目的　　iii, 8, 22, 69, 98, 99, 103, 110, 111, 119, 136, 157
青年学派　　76, 78, 79
生物学　　26, 42
精密誘導兵器　　204, 222-224, 227, 233
勢力均衡　　41, 92
世界政府　　13, 27, 37, 38
戦車　　81, 83, 87, 226, 227
　　アメリカの――　　213, 214
　　イスラエルの――　　213, 214
　　――の基本性能　　214
　　――の登場　　80
　　――の比較　　214, 215
先制攻撃　　41, 128, 137, 161, 169, 191, 192, 267, 268, 273
専制国家　　iv, 26
戦争の因果関係　　31, 32
戦争の形態　　27, 62, 63, 68-70, 73, 74, 76, 89, 90, 92, 104, 184, 185, 200, 201
戦争の原因　　26-58
　　近因と遠因　　27, 33-35
　　後天的原因と先天的原因　　27, 40-52
　　――の意識的・無意識的動機による説明　　48, 49
　　――の遺伝による説明　　28-30, 40-42
　　――の学習による説明　　30
　　――の区分法　　27, 41
　　――の誤認による説明　　44-48
　　――の集団による説明　　49-51
　　――の人間の本能による説明　　40-43
　　――の欲求不満による説明　　43, 44
　　能動的原因と受動的原因　　27, 35-38, 53
　　必要条件と十分条件　　27, 38, 39
戦争の工業化　　62, 63, 70-74
戦争の性質　　62, 106-108, 112
戦争の定義　　54, 97, 98, 102
戦争の費用対効果　　49, 99, 110, 164, 165
『戦争論』（クラウゼヴィッツ）　　10, 68-70, 103-114, 119, 120, 166, 184
　　権力の重心　　69, 107, 108, 112
　　三位一体　　105, 106, 112, 120

制限戦争と非制限戦争　　108-110, 112, 120
絶対戦争　　103, 104
戦争の合理的解析　　110-112, 120
戦争の性質の理解　　106-108, 112, 120
　　――における戦闘規則　　166
　　――における戦略文化　　126
　　――への批判と応答　　116-119
　　『兵法』（孫子）との比較　　112-115
　　摩擦　　105, 111, 112, 118, 120
戦闘規則　　163, 164, 166, 167, 174-179
戦略研究　　i-v, 1-22, 47, 105, 125, 184, 188, 212
　　安全保障研究との関係　　20-22
　　学問としての――　　17
　　政策のための――　　3, 8, 16-17, 26
　　――の方法論争　　9
　　――への批判　　14-20
　　冷戦期の――　　2-4
　　冷戦後の――　　4-6, 20, 21
戦略的奇襲　　258-266, 273
　　――の原因　　259-263
　　――の対処法　　263-265, 273
戦略の定義　　7, 98-100
　　術（アート）としての戦略　　7, 99, 100, 103, 107
　　科学としての戦略　　9, 16, 99, 100, 103, 107
戦略文化　　123-151
　　アメリカの――　　137
　　――とコンストラクティヴィズム　　135-139
　　――の観念的源泉　　131-134
　　――の守護者　　141-143
　　――の定義　　130
　　――の物質的源泉　　130, 131
　　――を変化させる要因　　139-141, 145
　　中国の――　　136, 137, 148
　　ドイツの――　　138, 140
　　日本の――　　137, 138
　　北欧の――　　138
　　抑止の――　　146-150
　　ロシアの――　　139
戦略理論　　8, 95-120, 184
　　クラウゼヴィッツの――　　68-70, 103-112
　　孫子の――　　112-116

事項索引

303

――の役割　96, 97
――の有用性　116-119
総力戦　31, 63, 73, 74, 79-89
　　――としての第一次世界大戦　79-81
　　――としての第二次世界大戦　81-87
　　――における空軍　202, 203
　　――の展開　79-89
組織文化　136, 142, 143
ソマリア内戦（1982年）　53, 110, 236
ソ連　iv, 3, 81, 83-85, 89, 132, 138, 223, 225-227, 231, 270, 271
　　インテリジェンスの目標としての――　254, 255
　　――の核戦略　87, 88, 128, 129
　　――の戦略文化　128, 129, 134

タ 行――

第一次世界大戦（1914年）　10, 164, 167, 189, 191, 199, 219, 226, 223
　　総力戦としての――　79-81
　　――における海戦　78
　　――の原因　33, 34
第三次中東戦争（1967年）　83, 191
　　――におけるインテリジェンス　260, 263
大衆軍　66, 68, 70, 74, 189, 223
大戦略　8, 271
対テロ戦争　2, 6, 111, 124, 137, 151, 169, 233, 234, 246, 267, 268
大統領日報　249, 271
　　――の戦略的警告　260, 261
第二次世界大戦（1939年）　32, 63, 85, 98, 126, 189, 191, 192, 222, 230, 234
　　総力戦としての――　81-87
　　――におけるインテリジェンス　263
　　――における海戦　78, 195, 196
　　――における軍事技術　216-218, 221, 222, 226, 227
　　――における情報技術　236
　　――における電撃戦　83, 84
　　――の原因　32, 34, 45, 46, 49
大パラグアイ戦争（1864年）　74
第四次中東戦争（1973年）　88, 191, 221, 259, 263

――におけるインテリジェンス　260
大陸国家　77, 194
大量破壊兵器　6, 124, 230, 233-235, 246, 265
　　――と戦略文化　146-150
　　――の拡散　124, 144, 149, 151, 169, 246-248
多国籍軍　31, 44, 109, 138
タリバン　111, 117, 224
チェコスロバキア侵攻（1968年）　254, 263
チェチェン紛争（1999年）　20, 21, 53, 233
地上戦　79, 80, 184-193
　　機動戦と消耗戦の区別　190, 192
　　――の困難性　187, 188
　　――の最終性　187
　　非正規戦における――　191, 192, 233
中央情報局　245, 248-251, 254-258, 267
中国　iv, 124, 150, 225, 230, 254, 271
　　――の戦略文化　135-137
朝鮮戦争（1950年）　88, 89, 107, 191, 222, 254, 263
徴兵制　63, 65, 66, 68, 79, 81, 83, 132, 225
地理学　8
地理的環境　22, 81, 130, 184-186
通常戦争　31, 89, 232, 234, 238
通常兵器　86, 232, 234, 235
通信情報　→　シギント
低強度紛争　230
　　――における軍事技術　233-235
哲学　26
鉄道　66, 70, 71, 73, 74, 77, 79, 80, 223, 230
デモクラティック・ピース論　→　民主的平和論
テロリズム　21, 53, 145, 191, 192, 230, 252
　　イスラム・――　iv, 98, 101, 115, 118, 119, 233, 237
　　――と非正規戦　233, 234
　　――によるサイバースペースの利用　208
　　――の戦略文化　144, 145, 147
　　トランスナショナルな――　iv, 19, 20, 91, 144, 169
電撃戦　82-84, 191
ドイツ　32, 45, 46, 48, 49, 71, 73, 76, 79, 164, 167, 216, 226, 228, 229, 263
　　第一次世界大戦における――　80, 81

第二次世界大戦における―― 83-86
――海軍 78
――の戦略文化 136, 138, 140, 143
統合軍事作戦 86, 185
道徳 13, 15, 22, 29, 35, 42, 127, 128
動物行動学 42
独裁国家 41, 57, 82
特別活動 251, 252

ナ 行――

内政干渉 35, 51, 58
内戦 iv, 5, 37, 89-92
　――の原因 52-55
ナショナリズム 50, 63, 68, 139
　――の近代戦争に対する影響 65, 66, 74, 79, 83
ナノテクノロジー 238, 269
ナポレオン時代 22, 65-68, 73, 80, 133, 194, 219, 244
ナポレオン戦争（1803年） 66-68, 70, 71, 73, 75, 78, 79, 83, 105
　「祖国から離れて生活する」 64, 66
　――におけるイギリスの海洋戦略 194-196
　――におけるフランス軍 66, 67
日露戦争（1904年） 74, 191
日本 76, 86, 126, 127, 228, 229
　――の戦略文化 136-138, 143
　――への原爆投下 84, 85, 87
人間の本性 11-12, 18, 26-30, 36, 56
　――による戦争の説明 40-52

ハ 行――

バイオテクノロジー v, 239
パキスタン iv, 89, 271
爆撃 82, 83, 101, 175, 199-200, 202, 226, 227
　戦略―― 80, 81, 85-87, 187, 192, 201, 203
ハーグ諸条約 174-176, 179
ハマス 52, 117
東ティモール紛争（1999年） 53
非国家主体 6, 20, 90, 102, 147, 149, 247, 272
　国際人道法における―― 178
　戦略理論における―― 117-119

――による戦略文化の維持 142-145
ヒズボラ 52, 117, 232, 233
秘密工作 251, 252, 267
ヒューミント 248, 249, 258, 265
『兵法』（孫子） 112-116, 119, 133, 187
　『戦争論』（クラウゼヴィッツ）との比較 112-115
　――における戦闘規則 167
　毛沢東への影響 115, 116
普墺戦争（1866年） 69, 73, 79
フォークランド紛争（1982年） 34, 263
　――の原因 46
仏墺戦争（1859年） 73
物理学 9, 117
普仏戦争（1870年） 69-73, 79, 189
プラットフォーム 216, 220, 227
フランス 32, 71-73, 75, 78, 79, 136, 195, 216
フランス革命（1789年） 64-68, 105, 225
　――戦争（1792年） 64-66, 189
武力行使 iii, 102, 103, 119, 127-129, 136, 148, 184, 201
　――の国際法による規制 156, 160, 161, 163-168
武力行使禁止原則 160, 161
　集団安全保障との関係 170, 171, 174
　――の例外 169, 170, 174
武力紛争法 163, 164, 180
プロイセン 68-73, 96, 184
プロパガンダ 83, 207, 247
文化の定義 125, 135
分析レベル 32, 41
文明の衝突 55
兵器システム 17, 76, 185, 193, 205, 216, 223, 226-228
　――の多様化 226-230, 232
　――を超えた発展 229, 230
平和的変革 18, 19, 56, 57
ペロポネソス戦争（紀元前431年） 13, 133
ボーア戦争（第2次）（1899年） 74
砲艦外交 197
防諜活動 246, 250-252
法の三位一体 155, 156
法の支配 iv, 13, 160

事項索引

305

保守主義　3, 5, 40
ポストモダン戦争　90-92
ボスニア紛争（1992年）　20, 21, 53, 223
ポーランド　46, 48

マ 行

マスケット銃　71, 217, 218, 220
南オセチア紛争（2008年）　5, 52, 101
民主主義　41, 51, 52, 58, 63, 64, 124, 127, 137, 138, 141, 160, 232-234
　　戦略文化の源泉としての――　131, 132
　　――と対テロ戦争　234
　　――にとっての空爆　203, 204
民主的平和論　26, 41, 51, 52, 148
民生技術　70, 71, 74, 230-232
民族浄化　54, 92, 140, 178
民族紛争　5, 20, 53-55, 92
　　――への国際人道法の適用　176
六日戦争（1967年）　→　第三次中東戦争
無政府状態　iv, 12-13, 26, 35-37, 41, 133, 154, 170
メディア革命　52, 236, 237

ヤ 行

宥和政策　2, 45, 46
ユーゴスラヴィア紛争（1991年）　5, 20, 21, 51, 54, 176, 229
ユス・アド・ベラム　→　開戦法規
ユス・イン・ベロ　→　戦闘規則
ユス・コーゲンス　→　強行規範
ユートピア思想　2-5
抑止　3, 17, 30, 31, 32, 88, 252, 254, 255, 272
　　核――　5, 15, 30, 32, 82, 88, 92, 128, 129, 205, 246
　　個別状況対応型――　147
　　――の戦略文化　146-150
予防攻撃　169, 267, 268, 273

ラ 行

ライフル銃　71-75, 217, 218, 223
ランド・パワー　→　大陸国家
リアリズム　→　現実主義

陸軍　184-193, 203
　　海空軍との比較　187
　　軍事力の中核としての――　186, 225
　　第一次世界大戦での――　79, 80
　　短所　187, 188
　　長所　186, 187
　　非正規戦における――　191, 192
利己主義　11, 12, 29, 30, 42, 50, 56
領土保全　160, 165, 168, 169
ルワンダ内戦（1990年）　53, 176, 236
冷戦　2-6, 32, 58, 82, 98, 205, 227, 252
　　――期のインテリジェンス　252-257
　　――期の戦略文化　128-130, 134, 146
　　――期の紛争　88-89, 91
　　――後のインテリジェンス　246, 271, 272
　　――後の紛争　90-93
歴史学　9, 26
歴史の終わり　5
歴史の物語　127, 138, 140-142, 145, 149
レバノン紛争（2006年）　5, 52
ロシア　iv, 52, 66, 101, 124, 132, 133, 230, 233, 236
　　――の戦略文化　139
ロボット工学　234, 239

ワ 行

ワルシャワ条約機構　227, 254
湾岸戦争（1991年）　5, 21, 34, 44, 108, 161, 191, 217, 218, 220, 225, 227
　　制限戦争としての――　109, 110
　　――におけるRMA　223, 229, 232
　　――の原因　44, 51

アルファベット

CIA　→　中央情報局
EU　→　欧州連合
ICC　→　国際刑事裁判所
ICJ　→　国際司法裁判所
NATO　→　北大西洋条約機構
RMA　→　軍事における革命
WMD　→　大量破壊兵器

人名索引

ア 行――

アイゼンハウワー (Dwight Eisenhower) 245, 263
アインシュタイン (Albert Einstein) 40
秋山真之 76
アドレイ (Robert Adrey) 41
アーマース (Fritz Ermarth) 139
アーモンド (Gabriel Almond) 125, 127
イーデン (Anthony Eden) 34
イーデン (Lynn Eden) 143
イーベル (Roland Ebel) 137
ヴァーバ (Sidney Verba) 125, 127
ウィルソン (Edward Wilson) 42
ウィルソン (Woodrow Wilson) 41
ウィルダフスキー (Aaron Wildavsky) 141
ヴェートマン＝ホルベーク (Theobald von Bethmann-Hollweg) 164
ウェーバー (Max Weber) 127
ウェルズ (Herbert George Wells) 199
ウェント (Alexander Wendt) 135, 143
ウォールステッター (Albert Wohlstetter) 3, 9
ウォールステッター (Roberta Wohlstetter) 258
ウォルツ (Kenneth Waltz) 36, 41, 43
ウォルツアー (Michael Walzer) 15
ウォレス (W. Wallace) 55
ウールジー (James Woolsey) 271
エクスタイン (Harry Eckstein) 139
エドワーズ (Geoffrey Edwards) 144
エリス (Richard Ellis) 141
エンジェル (Norman Angell) 49
オーエンズ (William Owens) 116, 224
オガルコフ (Nikolai Ogarkov) 223
オスグッド (Robert Osgood) 7
オバマ (Barack Obama) 137, 177
オブライアン (Patrick O'Brian) 219
オルブライト (Madeline Albright) 100

カ 行――

カー (E. H. Carr) 28
カーチナー (Kerry Kartchner) 124, 148
カック (Kapil Kak) 91
ガーネット (John Garnett) 17
カープ (Aaron Karp) 147
カプチャン (Charles Kupchan) 143
ガルストカ (John J. Garstka) 117
カーン (Herman Kahn) 3, 9, 15, 253
キアー (Elizabeth Kier) 136
ギアーツ (Clifford Geertz) 125
キーガン (John Keegan) 117
キッシンジャー (Henry Kissinger) 3, 8, 9, 257
ギベール (Jaques Antoine Guibert) 64
金正日 (Kim Jong-il) 149
キャッシュマン (Greg Cashmann) 44
キラス (James Kiras) 145
グデーリアン (Heinz Guderian) 83
クラウゼヴィッツ (Carl von Clausewitz) 6, 7, 10, 11, 17, 48, 55, 62, 68-70, 76, 79, 88, 89, 93, 95-97, 99-114, 116-120, 126, 166, 167, 184, 224, 244
グリムズリー (Mark Grimslay) 7, 8
グリーン (Philip Green) 15
クリントン (Bill Clinton) 267
クルース (Consuelo Cruz) 142
グレイ (Colin Gray) 10, 11, 17, 129
クレフェルト (Martin van Creveld) 219
クレマンソー (Georges Clemenceau) 10
クーン (Klaus Kuhn) 166
ゲーテ (ohann Wolfgang von Goethe) 68
ケナン (George Kennan) 248
ケニヨン (Ian Kenyon) 147
ケネディ (John F. Kennedy) 260, 265
ケント (Sherman Kent) 245, 253, 254, 264

孔子　41
コクラン（James Cochrane）　136
コーニッシュ（Paul Cornish）　144
コヘイン（Robert Keohane）　180
コールウェル（C. E. Callwell）　73
ゴルバチョフ（Mikhail Gorbachev）　255
コルベット（Julian Corbett）　77
コロム（Philip Howard Colomb）　76

サ 行──

サダト（Anwar Sadat）　263
サッチャー（Margaret Thatcher）　34
ザワヒリ（Ayman al-Zawahiri）　101
シェリング（Thomas Schelling）　3, 9
ジャイルズ（Gregory Giles）　150
ジャービス（Robert Jervis）　44
ジョージ（Alexander George）　149
ジョミニ（Antoine-Henri Jomini）　76
ジョンストン（Alastair Iain Johnston）　135, 136
ジョンソン（Jeannie Johnson）　124
シラー（Friedrich von Schiller）　68
シルバーマン（Laurence Silberman）　258
シンプソン（John Simpson）　147
スウィドラー（Ann Swidler）　127, 141
スガナミ（Hidemi Suganami）　31
スコベル（Andrew Scobell）　136, 137
スターリン（Joseph Stalin）　263
スナイダー（Jack Snyder）　128, 130, 146
スミス（Hugh Smith）　104
スミス（Rupert Smith）　52
セブロフスキー（Arthur K. Cebrowski）　117
ソートン（E. P. Thornton）　16
孫子　95, 96, 100, 112-116, 118-120, 167, 187, 244

タ 行──

ダイモンド（Jonathan Dymond）　41
タネンウォルド（Nina Tannenwald）　150
タラス（Raymond Taras）　136
チェンバレン（Nevile Chamberlain）　34, 45
チャ（Victor Cha）　145
チャーチル（Winston Churchill）　45, 245

テイラー（A. J. P. Taylor）　45
ドイル（Michael Doyle）　51
ドゥーエ（Giulio Douhet）　85, 199, 200
トゥキュディデス（Thycidides）　13, 126
ドゥ・テイル（Jean du Teil）　66
ドーキンス（Richard Dawkins）　30, 42
ドゴール（Charles de Gaulle）　83
トライチュケ（H. von Treitschke）　28
トレヴァートン（Gregory Treverton）　272
トロツキー（Lev Trotsky）　16
トンプソン（Kenneth Thompson）　36
トンプソン（Michael Thompson）　141

ナ 行──

ナイ（Joseph Nye）　15
ナポレオン（Napoléon Bonaparte）　65-68, 70, 126, 195, 217
ニクソン（Richard Nixon）　257
ニーチェ（Friedrich Nietzsche）　50
ニーバー（Rheinhold Niebuhr）　13, 43, 50
ニューマン（J. R. Newman）　15
ネグロポンテ（John Negroponte）　269

ハ 行──

パイ（Lucian W. Pye）　125
ハイド゠プラス（Adrian Hyde-Price）　148
ハイマンズ（Jacques E.C. Hymans）　147
バーガー（Thomas Berger）　138
パーソンズ（Talcott Parsons）　125, 127
バターフィールド（Herbert Butterfield）　11, 12, 47
ハード（Ian Hurd）　158
ハドソン（Valerie Hudson）　135
バーリング（Evelyn Baring）　48
ハワード（Michael Howard）　10
ハンチントン（Samuel Huntington）　55
ヒトラー（Adolf Hitler）　32, 34, 45, 48, 49, 239, 245, 263
ビドル（Stephen Biddle）　10
ビン・ラディン（Osama Bin Laden）　260, 261
フェルディナンド（Franz Ferdinand）　33, 34

フォスター（Gregory D. Foster） 7
フォレスター（Cecil Scott Forester） 217, 219
フォン・ビューロー（Dietrich Adam Heinrich von Bülow） 69
フォン・マルツェン（von Maltzen） 76
フクヤマ（Francis Fukuyama） 5
ブース（Ken Booth） 129
フセイン（Sadam Hussein） 34, 35, 44, 45, 99, 107-109, 224, 239, 257, 265, 266, 268
ブッシュ（George W. Bush） 137, 177, 260, 267
フラー（J. F. C. Fuller） 212
ブル（Hedley Bull） 56
フロイト（Sigmund Freud） 40
ブロディ（Bernard Brodie） 3, 9, 10, 16, 97, 252
ペイン（Keith Payne） 146
ヘーゲル（G. W. F. Hegel） 28
ベッツ（Richard K. Betts） 10, 118, 264
ペトロスキ（Henry Petroski） 213
ベレンホルスト（Georg Heinrich von Berenhorst） 68
ヘンキン（Lews Henkin） 154, 158
ホッファー（Eric Hoffer） 50, 51
ホッブズ（Thomas Hobbes） 11, 12, 37, 53, 54
ホーナー（Charles A. Horner） 100
ボーフル（Andre Beaufre） 7
ポーリング（Linus Pauling） 56
ホルスティ（Oli Holsti） 147
ボールディング（Kenneth Boulding） 44
ボールドウィン（Stanley Baldwin） 202

マ 行

マイヤー（Christoph Meyer） 144
マクナマラ（Robert McNamara） 256
マーシャル（Andrew Marshall） 91
マシューズ（Ken Matthews） 154
マッキンダー（Halford Mackinder） 76, 77
マックーブレー（Hilaire McCoubrey） 156
マハン（Alfred Mahan） 75-77, 194
マーレー（Williamson Murray） 7, 8, 91

マンケン（Thomas Mahnken） 137
ミード（Margaret Mead） 127
ムッソリーニ（Benito Mussolini） 45
メイリンガー（Philip Meilinger） 117
毛沢東 113, 115, 116
モーゲンソー（Hans Morgenthau） 13
モーゼ（Moses） 244
モルトケ（H. Von Moltke） 6, 7
モンテクッコリ（Rimond de Montecuccoli） 188
モンテスキュー（Charles-Louis de Montesquieu） 64

ラ 行

ラウシュニング（Herman Rauschning） 49
ラウターパクト（Hersch Lauterpacht） 155, 163
ラーセン（Jeffrey Larsen） 124
ラパポート（Anatol Rapoport） 17
ランティス（Jeffrey Lantis） 140
リー（Steven P. Lee） 15
リヴィア（Paul Revere） 244
リデルハート（B. H. Liddll Hart） 6, 7, 83
リニング（Sten Rynning） 144, 148
リンドレー＝フレンチ（Julian Lindley-French） 144
ルソー（Jean-Jack Rousseau） 29, 36, 41, 64
ルーデンドルフ（Erich Ludendorff） 82
ル・ボン（G. Le Bon） 50
レヴィ＝ストロース（Claude Levi-Strauss） 127
レーガン（Ronald Reagan） 257
レグロ（Jeffrey Legro） 136
ローゼン（Stephen Rosen） 136
ロビンソン（Linda Robinson） 107
ロブ（Charles Robb） 258
ローレンツ（Konrad Lorenz） 41, 42
ロング（Mark Long） 144

ワ 行

ワイグリー（Russell Weigley） 117
ワイリー（J. C. Wylie） 7
ワシントン（George Washington） 244

●著者紹介

ジョン・ベイリス（John Baylis）〔編者，序章担当〕
ウェールズ大学博士課程修了，Ph.D.
現在：スウォンジー大学政治・国際関係学部名誉教授
主著：『同盟の力学——英国と米国の防衛協力関係』佐藤行雄ほか訳（東洋経済新報社，1988年），*Globalization of World Politics: An Introduction to International Relations*, 4th ed. (Oxford: Oxford University Press, 2008; co-edited with Steve Smith and Patricia Owens) など。

ジェームズ・ウィルツ（James J. Wirtz）〔編者，序章担当〕
コロンビア大学博士課程修了，Ph.D.
現在：アメリカ海軍大学院大学国家安全保障学部教授
主著：*Complex Deterrence: Strategy in the Global Age* (Chicago: University of Chicago Press, 2009; edited with T.V. Paul and Patrick M. Morgan), *Intelligence and National Security: The Secret World of Spies* (Oxford: Oxford University Press, 2007; edited with Loch K. Johnson) など。

コリン・グレイ（Colin S. Gray）〔編者〕
オクスフォード大学博士課程修了，D.Phil.
現在：レディング大学政治・国際関係学部教授
主著：『胎動する地政学——英、米、独そしてロシアへ』奥山真司訳（五月書房，2010年，共著），『戦略の格言——戦略家のための40の議論』奥山真司訳（芙蓉書房出版，2009年）など。

ジョン・ガーネット（John Garnett）〔第1章担当〕
元・ウェールズ大学アベリストウィス校国際政治学部教授
主著：*Commonsense and the Theory of International Politics* (London: Macmillan, 1984), *British Foreign Policy: Constraints and Choices for the Twenty-first Century* (London: Royal Institute for Foreign Affairs, 1997; with Lawrence Martin) など。

マイケル・シーハン（Michael Sheehan）〔第2章担当〕
アベリストウィス大学博士課程修了，Ph.D.
現在：スウォンジー大学政治・国際関係学部教授
主著：*The International Politics of Space* (London: Routledge, 2007), *International Security: An Analytical Survey* (Boulder, Colo.: Lynne Rienner, 2005) など。

トマス・マンケン（Thomas G. Mahnken）〔第3章担当〕
ジョンズ・ホプキンス大学博士課程修了，Ph.D.
現在：ジョンズ・ホプキンス大学ポール・ニッツェ国際問題高等研究大学院（SAIS）客員研究員
主著：*Technology and the American Way of War Since 1945*（New York Columbia University Press, 2008），*Uncovering Ways of War: U.S. Intelligence and Foreign Military Innovation, 1918-1941*（Ithaca: Cornell University Press, 2002）など。

ダリル・ハウレット（Darryl Howlett）〔第4章担当〕
サザンプトン大学博士課程修了，Ph.D.
現在：サザンプトン大学政治・国際関係学部上級講師
主著：*Euratom and Nuclear Safeguards*（London: St. Martin's Press, 1990），*Neorealism versus Strategic Culture*（Burlington: Ashgate, 2004; edited with John Glenn and Stuart Poore）など。

ジェフリー・ランティス（Jeffrey S. Lantis）〔第4章担当〕
オハイオ州立大学博士課程修了，Ph.D.
現在：ウースター大学政治学部教授
著者：*The Life and Death of International Treaties: Double-Edged Diplomacy and the Politics of Ratification in Comparative Perspective*（Oxford: Oxford University Press, 2009），*Strategic Dilemmas and the Evolution of German Foreign Policy Since Unification*（Westport: Praeger, 2002）など。

ジャスティン・モリス（Justin Morris）〔第5章担当〕
現在：ハル大学政治・国際関係学部長
主著：*Regional Peacekeeping in the Post-Cold War Era*（Boston: Kluwer, 2000; with Hilaire McCoubrey），*International Conflict and Security Law: Essays in Memory of Hilaire McCoubrey*（Cambridge: Cambridge University Press, 2005; edited with Richard Burchill and Nigel White）など。

ダニエル・モラン（Daniel Moran）〔第6章担当〕
現在：アメリカ海軍大学院大学国家安全保障学部教授
主著：*Wars of National Liberation*, rev. ed.（New York: Harper-Collins, 2006），*Energy Security and Global Politics: The Militarization of Resource Management*（London: Routledge, 2009; edited with James Russell）など。

エリオット・コーエン（Eliot A. Cohen）〔日本語版への序文，第7章担当〕
ハーヴァード大学博士課程修了，Ph.D.

現在：ジョンズ・ホプキンス大学ポール・ニッツェ国際問題高等研究大学院（SAIS）教授
主著：『戦争と政治とリーダーシップ』中谷和男訳（アスペクト，2003 年），*Military Misfortunes: The Anatomy of Failure in War*, new ed. (New York: Simon & Schuster, 2006; with John Gooch) など。

ロジャー・ジョージ（Roger George）〔第 8 章担当〕
タフツ大学フレッチャー法律・外交大学院博士課程修了，Ph.D.
現在：国家戦略大学安全保障学部准教授
主著：*Analyzing Intelligence: Origins, Obstacles and Innovations* (Washington, D. C.: Georgetown University Press, 2008; co-edited with James B. Bruce), *Intelligence and the National Security Strategist: Enduring Issues and Challenges* (Lanham: Rowman and Littlefield, 2005; co-edited with Robert Kline) など。

●訳者紹介

石津 朋之（いしづ ともゆき）〔監訳，序章・第 3 章担当〕
ロンドン大学キングスカレッジ戦争研究学部修士課程修了。英国王立統合軍防衛安保問題研究所（RUSI）客員研究員などを経て，
現在：防衛省防衛研究所戦史研究センター国際紛争史研究室長
主著：『リデルハートとリベラルな戦争観』（中央公論新社，2008 年，国際安全保障学会最優秀出版奨励賞受賞），『戦略原論――戦争と平和のグランド・ストラテジー』（日本経済新聞出版社，2010 年，共編）など。

加藤 朗（かとう あきら）〔第 1・7 章担当〕
早稲田大学大学院政治経済学研究科修士課程修了。防衛庁防衛研究所所員などを経て，
現在：桜美林大学リベラルアーツ学群教授
主著：『入門・リアリズム平和学』（勁草書房，2009 年），『兵器の歴史（ストラテジー選書 1）』（芙蓉書房出版，2008 年）など。

吉崎 知典（よしざき とものり）〔第 2・5 章担当〕
慶應義塾大学大学院法学研究科修士課程修了。ロンドン大学キングズカレッジおよびハドソン研究所客員研究員，防衛省防衛研究所理論研究部長などを経て，
現在：防衛省防衛研究所特別研究官（政策シミュレーション担当）
主著：『NSC 国家安全保障会議――危機管理・安保政策統合メカニズムの比較研究』（彩流社，2009 年，共著），『冷戦後の NATO――"ハイブリッド"同盟への挑戦』（ミネルヴァ書房，2012 年，共編）など。

道下 德成（みちした なるしげ）〔第4・6章担当〕
ジョンズ・ホプキンス大学ポール・ニッツェ国際問題高等研究大学院（SAIS）博士課程修了，Ph.D.，韓国世宗研究所客員研究員などを経て，
現在：政策研究大学院大学教授
主著：*North Korea's Military-Diplomatic Campaigns, 1966-2008*（London: Routledge, 2009），『シー・パワー――その理論と実践（シリーズ 軍事力の本質2）』（芙蓉書房出版，2008年，共編）など。

塚本 勝也（つかもと かつや）〔第8章担当〕
タフツ大学フレッチャー法律・外交大学院修士課程修了。
現在：防衛省防衛研究所政策研究部主任研究官
主著：『名著で学ぶ戦略論』（日本経済新聞出版社，2009年，共著），『エア・パワー――その理論と実践（シリーズ 軍事力の本質1）』（芙蓉書房出版，2005年，共編）など。

戦 略 論	現代世界の軍事と戦争	

2012年9月20日　第1版第1刷発行
2017年5月20日　第1版第3刷発行

編　者	ジョン・ベイリス ジェームズ・ウィルツ コリン・グレイ
監訳者	石　津　朋　之 <small>いし　づ　とも　ゆき</small>
発行者	井　村　寿　人

発行所　株式会社　勁　草　書　房
<small>けい　そう</small>

112-0005 東京都文京区水道2-1-1　振替 00150-2-175253
（編集）電話 03-3815-5277／FAX 03-3814-6968
（営業）電話 03-3814-6861／FAX 03-3814-6854
プログレス・三秀舎・中永製本所

©ISHIZU Tomoyuki　2012

ISBN978-4-326-30211-6　Printed in Japan

JCOPY　＜(社)出版者著作権管理機構　委託出版物＞
本書の無断複写は著作権法上での例外を除き禁じられています。
複写される場合は、そのつど事前に、(社)出版者著作権管理機構
（電話 03-3513-6969、FAX 03-3513-6979、e-mail: info@jcopy.or.jp）
の許諾を得てください。

＊落丁本・乱丁本はお取替いたします。

http://www.keisoshobo.co.jp

―――― 勁草書房の本 ――――

戦争
その展開と抑制

加藤朗・長尾雄一郎・吉崎知典・道下徳成

何が戦争を制約するのか？ 国家，内政，国際社会，技術，倫理の観点から考察し，「戦争」の実態を解明する。　　　　　3000円

現代戦略論
戦争は政治の手段か

道下徳成・石津朋之・長尾雄一郎・加藤朗

「戦争は政治の手段である」というクラウゼヴィッツの命題を受け継ぎ，現代におけるその意味と有用性を問う。　　　　　　2700円

安全保障ってなんだろう

佐島直子

抑止とは何か？　何が脅威なのか？　なぜ日本は核兵器を持たないのか？　ポイントをわかりやすくまとめた平易な入門書。　2800円

国際政治の理論

ケネス・ウォルツ　河野勝・岡垣知子 訳

国際関係論におけるネオリアリズムの金字塔。政治家や国家体制ではなく無政府状態とパワー分布に戦争原因を求める。　　　3800円

表示価格は2017年5月現在。
消費税は含まれておりません。